高等学校教材

弹载电源技术

俞卫博　陈　丽　主编

西北工業大學出版社
西　安

【内容简介】 本书从技术与应用的角度阐述了弹载电源的基本概念、基本要求及发展情况，弹载化学电源的结构原理、基本性能、设计要求，铅系列、锌系列、锂系列等弹载贮备电源和热电池的特性与应用，以及涡轮电机、压电电源两类弹载物理电源的结构组成、性能设计和应用等内容。

本书可作为高等学校弹药工程与爆炸技术专业的辅助教材，也可作为从事弹药质量监控、弹药检测和弹药试验等工作领域的工程技术人员的参考用书。

图书在版编目(CIP)数据

弹载电源技术 / 俞卫博，陈丽主编. -- 西安 ：西北工业大学出版社，2024. 11. -- ISBN 978-7-5612-9718-6

Ⅰ. TP338

中国国家版本馆 CIP 数据核字第 2025MD8732 号

DANZAI DIANYUAN JISHU

弹 载 电 源 技 术

俞卫博　陈丽　主编

责任编辑：王　水　　**策划编辑**：华一瑾

责任校对：高茸茸　　**装帧设计**：高永斌　李　飞

出版发行：西北工业大学出版社

通信地址：西安市友谊西路 127 号　　邮编：710072

电　　话：(029)88493844，88491757

网　　址：www.nwpup.com

印 刷 者：陕西向阳印务有限公司

开　　本：787 mm×1 092 mm　　1/16

印　　张：11.375

字　　数：298 千字

版　　次：2024 年 11 月第 1 版　　2024 年 11 月第 1 次印刷

书　　号：ISBN 978-7-5612-9718-6

定　　价：48.00 元

《弹载电源技术》

编 委 会

主　编：俞卫博　陈　丽

副主编：赵　然　乔志明　马会娟

编　委（按姓氏笔画排序）：

马会娟　乔志明　苏泽涵

张　力　陈　丽　赵　然

侯会卿　俞卫博　甄建伟

主　审：王金柱　傅孝忠

审　定：施冬梅

校　对：张林静

前言

弹载电源,又称弹上电源,是一种特殊的军用电源,特指专门用在弹药和导弹上,将机械能、化学能或其他形式的能量转换为电能的装置,在弹道修正、目标识别、起爆指令生成与传输中扮演着关键角色,对提高弹药、导弹的命中率,充分发挥弹药导弹的毁伤能力至关重要,是弹药和导弹的重要和关键部件之一。

作为一种特殊的电源,弹载电源在转换原理、发电技术、输入输出性能表征等方面,有着与其他领域电源相同或相似的共性。理论上讲,所有领域电源相关技术都可用于弹载电源。但因用于弹药和导弹,弹载电源在结构组成、质量尺寸、功能特性、激活与工作时间、储存寿命、可靠性和安全性等方面,又有着明显区别于其他电源的特殊性,也因此带来了弹载电源技术的特殊性。

弹载电源技术内容十分广泛,涉及多学科、多专业的理论和技术方法。鉴于目前能够检索到的资料多出现在相关装备国际会议论文、学术论文、技术手册,数量少且分散,系统性不强,没有专门论述弹载电源相关技术的专著;因此,编写组结合多年教学和科研实践,在参考近年来相关文献资料的基础上,以弹载电源相关技术与应用为主要内容编写本书,以期作为高等学校弹药工程与爆炸技术相关专业的辅助教材,并供从事弹药质量监控、弹药检测和弹药试验等工作领域的工程技术人员参考。

全书分为三篇共十章,主要内容包括弹载电源的基本概念、基本要求及发展情况,弹载化学电源的结构原理、基本性能、设计要求,常用铅系列、锌系列、锂系列等弹载贮备电池和热电池的特性与应用,以及涡轮电机、压电电源两类弹载物理电源的结构组成、性能设计及应用等。全书由俞卫博、陈丽主编，其中第一章、第六章、第九章、第十章由俞卫博、甄建伟编写，第二章由赵然、马会娟编写，第三章由张力、乔志明、苏泽涵编写，第四章、第五章、第七章、第八章由陈丽、侯会卿编写，张林静参与了部分章节的编写和文稿校对工作。全书由俞卫博统稿，王金柱副教授、傅孝忠副教授主审，施冬梅副教授审定。

在编写本书的过程中，得到了各位领导和同事的大力支持，他们并对本书的编写提出了宝贵意见，书中也参考了大量质量监控、制导与控制领域前辈多年来积累的研究成果，在此一并表示感谢。

由于水平有限，不足之处在所难免，恳请有关专家及读者提出宝贵意见和建议。

编　者

2024 年 7 月

目录

第一篇 绪论

第二篇 弹载化学电源

第一篇 绪论

第一章 电源概述

第一节 能量与能源

一、能量

广义上，能量(energy)是物理学中表述一个系统或一个过程的量。一个系统的能量可以被定义为：从一个被定义的零能量的状态转换为该系统现状的功的总和。比如，在人体生命活动的过程中，物质代谢的合成反应、肌肉收缩、腺体分泌等生命活动都需要能量。物理上，一个系统的能量并非定值，是随着对系统的表述方式变化而变化的。

按其存在的基本形式，能量可分为机械能、分子势能、辐射能、光能、磁能、电能、化学能和核能等 8 种。其中：机械能是动能和势能(包括重力势能和弹性势能)的总和，决定动能的是质量和速度，决定重力势能的是质量和高度，决定弹性势能的是弹性系数和形变量；分子势能又称内能，是由于分子间存在的相互作用力而具有的与其相对位置有关的能量；辐射能是各种电磁辐射的能量，包括光和热的辐射能；光能是光子运动对应的能量形式，是由发光体以可见辐射形式转换而来或转换成可见辐射形式的能量；磁能又叫磁场能，泛指与磁相联系的能量；电能是使用电以各种形式做功的能量；化学能是物质在发生化学变化时以热或其他形式释放的能量；核能又称原子能，是通过核反应从原子核释放的能量。

根据能量守恒定律，每种形式的能量都可以转换为其他形式，但能量不能被消灭或无中生有，能量的损失常转换为其他形式的能量。

在国际单位制中，能量的单位是千焦(kJ)，传统的单位为千卡(kcal)，其换算关系为 1 kJ=0.239 kcal。单位时间内所做的功或消耗的能量叫做功率(power)，国际单位为 W。在数值上，1 W=1 J/s；在电路中，1 W=1 V·A。

二、能源

顾名思义，能源(power source)就是能量的来源。从近现代的用途来看，能源是指能够提供热和光，以及任何可有效转换为热和光、供机器或运输工具工作的能量。

能源有可再生能源和不可再生能源之分。传统工业生产中广泛使用的煤炭、石油和天然气等燃料是不可再生能源的代表。通过燃料燃烧释放的热能，直接或间接驱动机器和运输工具工作。这些能源不可再生，具有储量有限、不环保等特点。可重复利用的能源包括核能、水能、风能、地热能、潮汐能、生物能和太阳能等。其中，核能用铀或钚作为能源，通过核裂变产生能量，利用核能需要解决的主要问题是核裂变的控制和核废料的处理。水能和风能是通过涡轮、水轮和风车等，将自然界中水和风蕴含的机械能转换为电能，是目前工业用电的重要能源之一。地热能是指以火山等形式释放的地球内部的热能。生物能主要是利用农作物（含木材），或其发酵后产生的酒精或甲烷（沼气）作为燃料使用的。对太阳能的利用有两种形式：一种是直接将其蕴含的热作为能源；另一种是通过光伏电池将其转换为电能使用。目前，所有的再生能源还不能替代传统燃料单独使用，都是通过各种方式混合使用的。相信在不远的将来，随着能量存储、转换等技术的发展，再生能源能够替代传统燃料单独作为能源使用。

第二节　电能与电源

一、电能

电能（electric energy）是诸多能量形式的一种，是近现代生产生活中使用最为广泛的能量形式，是直接驱动电类与电气类器件、设备和机器工作的能量。在大多数情况下，其他形式的能量只有通过一定的形式转换为电能后，才能发挥其作用。

二、电源

（一）定义

电源（electric power source）是一种将化学能、机械能、热能、光能、风能和核能等非电能量转换为电能的装置。

（二）表征参数

在通常情况下，表征电源的参数包括输出电压（电流）范围、功率、持续工作时间（寿命）、激活时间、质量大小、规模、环境适应性、工作稳定性、可靠性和安全性等。用于不同领域、电源种类不同时，重点关注的电源参数差异较大。本书涉及的弹载电源参数将在后续章节中陆续说明。

（三）分类情况

电源的分类依据有很多，可按照其用途、发电原理、能量来源、供电规模、结构参数等对电源进行分类。其中，用途是最常用的分类依据。

按照用途，可将电源分为普通电源和特种电源两类。普通电源在日常生产生活中经常遇到，用量很大，对技术指标无特殊要求。再根据具体用途细分，普通电源又可以分为交流稳压电源、直流稳压电源、开关电源、逆变电源、DC（直流电）/DC 电源、通信电源、模块电源、变频电源、UPS（不间断）电源、EPS（紧急电力供给）应急电源、净化电源、PC（个人计算机）电源、整流电源、定制电源、加热电源、照明电源、焊接电源、电镀电源、电力操作电源、适配器电源等。特种电源是指特殊种类的电源，其特殊之处在于衡量电源的技术指标要求不同于常用电源，主要表现在输出电压非常高(或低),输出电流特别大(或小),对稳定度、动态响应要求非常高,对质量大小有严格限制,必须适应特殊甚至复杂、恶劣的工作环境等。按照具体用途,特种电源又可分为安防电源、高压电源、医疗电源、军用电源、航空航天器电源、激光电源、弹载电源等。

按照发电原理,可将电源分为物理电源和化学电源两大类。物理电源是按照物理学定律或基于材料的物理特性工作的电源。比如,基于楞次定律工作的风力发电机、水力发电机、热力发电机、核能发电机,基于压电效应的压电电源,基于光伏效应的光伏电池,基于塞贝克效应的温差发电器等都属于物理电源。化学电源是以电化学原理为基础工作的,典型的化学电源包括原电池、液体贮备电池、热电池、燃料电池等。在通常情况下,发电技术都是基于发电原理来分类的。

按照转换前的能量来源,电源可分为风能电源、水能电源、核电源、热电源、化学能电源等种类。

按照供电规模,电源可分为大型电源、中型电源、小型电源和微型电源等。供电规模则是依电源的外形质量大小、总电量规模等综合确定的。

第三节　常用发电技术

一、机械能-电能转换技术

在日常生活、工农业生产、武器装备使用等领域,应用最广泛、供电量最大的是通过能量的一次或多次转换,并基于磁电发电机实现的机械能-电能转换技术,包括水力发电技术、风力发电技术、热能发电技术和核能发电技术。

水力发电和风力发电用风的动能和水介质的动能(或势能)驱动磁电发电机中的转子(风轮或水轮)旋转,并最终通过磁电转换发电(典型结构见图 1-1 和图 1-2)。这两种技术皆可用于日常生活和工农业生产发电,而风力发电的相关原理和技术还可为武器装备电气电子类部件供电,比如用于引信的风动涡轮发电机等。

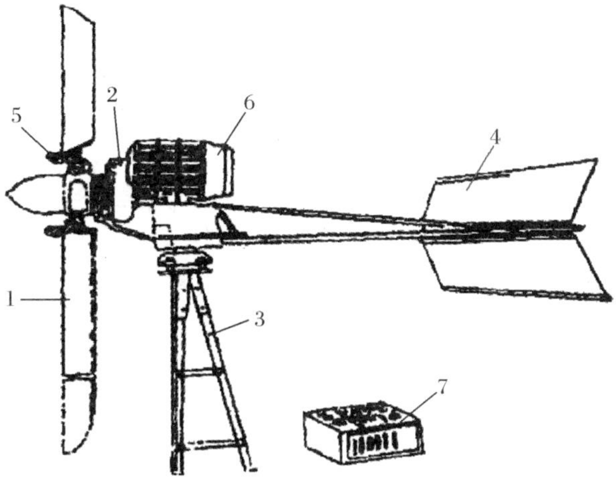

图 1-1　小型风力发电机

1—风轮;2—传动装置;3—塔架;4—尾舵;5—调速机构;6—发电机;7—蓄电池

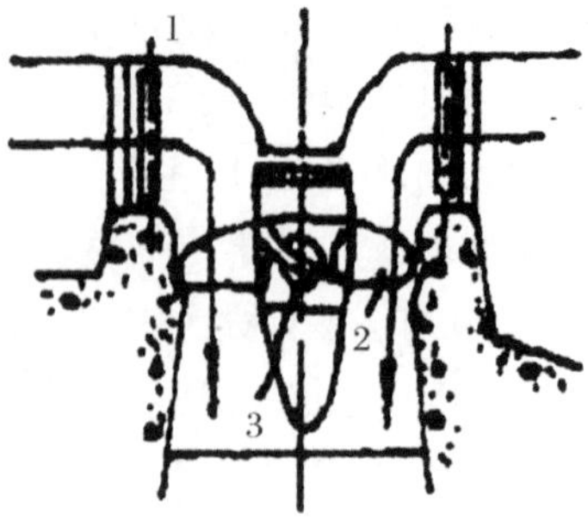

图 1-2 轴流式发电机中的水轮机结构示意图

1—导叶;2—转轮叶片;3—转轮体

热能发电技术和核能发电技术则是通过蒸汽机,将燃料燃烧或核反应产生的热能使工质(一般为燃气、蒸汽或空气)呈高温高压态,转换为工质的内能,工质作用到燃气轮组上,将内能转换为发电机中转子的动能,最后由发电机完成机械能-电能转换。由于这种发电形式需要经历化学能(核能)-热能-内能-动能-电能的多环节转换过程,所以能量转换效率非常重要。据估算,基于磁动力学的磁电发电机将动能转换为电能的效率为 50%,而将燃料燃烧和核反应产生的热能转换为动能的效率分别为 41%和 30%,因此在假定化学能和核能转换为热能的效率皆为 100%的情况下,这种发电方式的能量转换效率非常低,分别是 20.5%和 15%。热能发电技术和核能发电技术既可用于日常生活和工农业生产发电,也可为航空母舰、潜艇等大型船只供电。

在机械能-电能转换技术中,还存在一种特殊的情况,即通过压电材料的正压电效应,将作用在压电材料上的力、力矩等对应的机械能直接转换为电能。该发电技术的主要特点是:电能量小,约在微瓦至兆瓦之间;电压幅值高,约在几百至几万伏之间(与施加的力和力矩大小、压电材料的压电系数有关);持续时间短,供电时长在毫秒至秒之间;电能存储困难,普通电容无法满足长时间供电需求,必须用超级电容存储电能等。同时,由于压电材料自身低频响应性能差、脆性大等原因,该技术在民用领域主要用于为蓝牙、运动功能监测器件等小功率设备供电,也可在大面积铺设压电材料的前提下,为地铁、火车站等人员密集地区的照明设备供电。在军用领域,可基于人员行进时与地面的相互作用力,利用该技术为单兵系统的通信、夜间照明等设备供电,也可基于弹药发射、飞行、碰击目标时的机械能,在提高机械能采集效率的前提下,为引信微功耗电路持续供电,或为引信传爆序列的起爆提供高幅值电压。

二、化学能-电能转换技术

化学能-电能转换技术是基于电化学原理工作的,直接将物质的化学能转换为电能的技术。虽然部分化学能-电能转换技术的物质基础仍为氢、碳氢化合物、乙醇等燃料,但它与机械能-电能转换技术中的热能发电有很大区别:燃料不需要燃烧,发电过程也不需要经过化学能-热能-内能-机械能-电能的诸多能量转换环节,故其转换效率明显高于热能发电。

化学能-电能转换技术的实现形式有燃料电池和原电池两种类型。

燃料电池主要由阳极、阴极、电解质和外部电路组成,在等温贮存条件下,燃料(一般为氢、碳氢化合物、乙醇或其他燃料)在阳极上放出电子,电子经外电路传导到阴极并与氧化气(一般为氧气)结合生成离子。离子在电场作用下,通过电解质迁移到阳极上,与燃料气反应,构成回路并产生电流。由于燃料电池是通过电化学反应,把燃料的化学能中的吉布斯自由能部分直接转换成电能,不受卡诺循环效应的限制,能量转换环节少,因此能量转换效率较高。和水力发电、风力发电、热能发电和核能发电相比,燃料电池具有高达 50%～60%的能量转换效率。同时,由于没有机械传动部件,排放出的有害气体也很少,故没有噪声污染和有害气体污染。从节约能源和生态保护角度看,燃料电池是最有发展前途的发电技术之一,但高成本限制了它的应用。

化学能-电能转换技术的另外一种实现形式是原电池。原电池是一个集能量转换和储存于一体的装置。作为能量转换装置,原电池可以实现化学能与电能的双向转换,分别对应其放电和充电过程。作为能量储存装置,不接外界负载时,无论是其原有的化学能,还是通过电能转换来的化学能,都可以被储存起来。结构上,原电池主要由极板(含正极和负极)、电解质和外壳组成,在特殊情况下还包括激活机构。在正极、负极与负载接通后,负极物质失去电子发生氧化反应,电势上升,负极失去的电子由电解质运载至正极并被正极物质得到,正极发生还原反应,电势下降,如此便在正负极间产生电动势。因有负载存在,回路中便产生了由负极流向正极的电流,此为原电池的放电过程。由外界电源对电池充电时,情况与放电时相反,正极上发生氧化反应,负极上发生还原反应,电子由正极向负极转移。

三、热能-电能转换技术

在机械能-电能发电技术中,热能是能量转换的中间环节。与此不同,热能-电能转换技术可直接将热能转换为电能。其基本原理是塞贝克效应(seeback effect),即不同金属或半导体材料组成闭合回路,在材料间两个节点的温度不同时,会因为材料间载流子浓度不同,以及不同温度下载流子的能量不同,形成载流子扩散并在节点之间产生电势的现象,如图 1-3 所示。塞贝克效应是汤姆逊效应(thomson effect)和珀尔帖效应(peltier effect)的综合效应:前者是指因节点间温度不同产生的电势,称为温差电势,又称汤姆逊电势;后者是因材料间载流子浓度不同产生的电势,称为接触电势,又称珀尔帖电势。

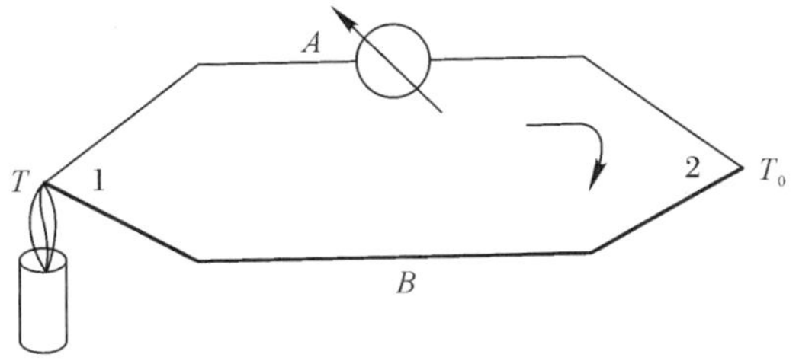

图 1-3　塞贝克效应原理图

塞贝克效应最初是作为传感器使用的。用铂、铑、铜、铬等金属或金属合金制成的热电偶,具有结构简单、使用方便、精度高、响应速度快、测量范围大(−200～1 600 ℃)等突出优点,在高精度测温和温度表(计)校正等领域应用广泛。

塞贝克效应最早发现于金属材料,但因电能非常微弱,无法作为电源使用。半导体含有的载流子浓度高于金属材料,因此在采用杂质半导体材料和适当的结构后,其产生的电能可以为微功耗的器件供电,典型的例子是温差手表。图 1-4 给出了温差手表中热电元件的结构和发电原理,这种采用多个 N 型半导体和 P 型半导体交错设置的结构,使人的体温与外界间的温度差所产生的电能可以满足手表运行的需求。截至目前,基于塞贝克效应的温差发电器在军事、航天等特殊领域有广泛应用。

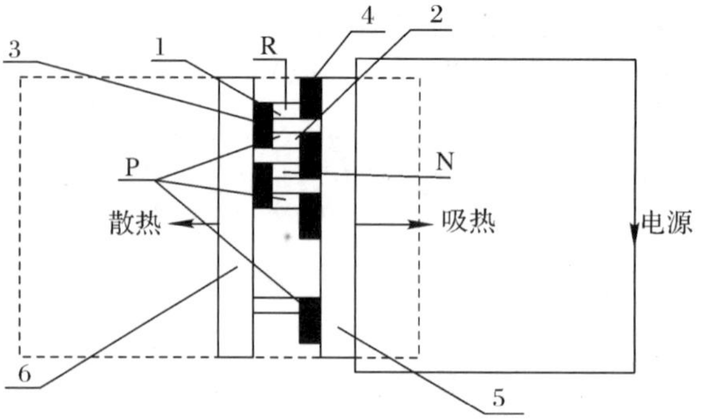

图 1-4　温差手表的热电元件结构及发电原理

1—N 型半导体；2—P 型半导体；3—连接电极；4—输出端子；5、6—支承体

四、太阳能-电能转换技术

太阳能-电能转换技术是通过采集太阳辐射能量，并将其转换为电能的技术。根据转换原理，太阳能-电能转换技术又可以分为太阳能热发电技术和太阳能光伏发电技术两种。

太阳能热发电技术的基本原理与机械能-电能发电技术相似，是利用聚光集热器把太阳能聚集起来，将某种工质加热至数百摄氏度的高温，经热交换器产生高温高压过热蒸汽，驱动汽轮机并带动发电机发电。基于该技术的太阳能发电系统主要由集热子系统、热传输子系统、蓄热与热交换子系统和发电子系统组成，如图 1-5 所示。其中：集热子系统主要用于吸收太阳辐射，并将其转换为热能；热传输子系统用于将吸收到的太阳能转换为吸热工质的热能，并通过输热管道输送到蓄热和热交换子系统；蓄热和热交换子系统用于对工质热能的贮存，并将热量以高温高压蒸汽的形式传递至发电子系统；发电子系统则通过汽轮机等机构将热能转换为机械能，并通过发电机转换为电能。

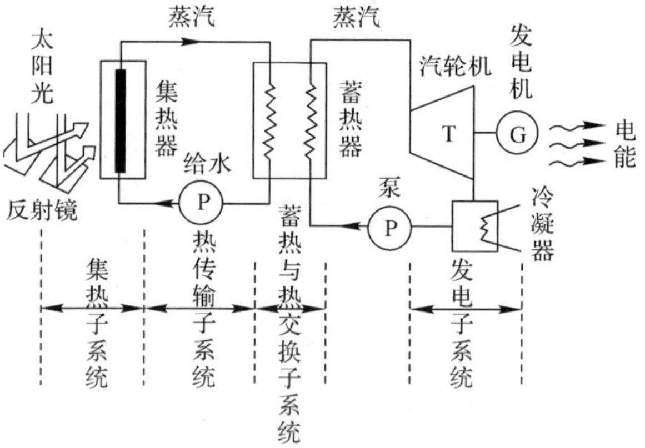

图 1-5　太阳能热发电系统组成

太阳能光伏发电技术是基于光的粒子特征，通过光生伏特效应工作的。光生伏特效应（简称光伏效应），又称阻挡层光电效应，是指在光线作用下，物体产生一定方向的电动势的现象。光伏效应在液体、固体物质中都会发生，但只有在固体（特别是半导体）中才有较高的能量转换效率。因此，通常选用半导体作为能量转换材料，将其做成太阳能电池（又称光伏电池），并通过太阳能电池把太阳辐射转换为电能。

太阳能资源分散性很强，且随处可得，因此，在组成太阳能电池方阵后，可独立组成太阳能发电系统(见图 1 - 6)，满足边远地区村庄及家用供电、照明、通信等需求，也可以上车作为移动军用电源车(见图 1 - 7)使用。同时，太阳能发电系统还可以和其他发电系统组成混合供电系统，并入国家电网或区域电网。近年来，随着光伏电池制造技术的发展、光伏电池产能的大幅提高，以及光伏模块成本的不断下降，光伏发电技术在我国已经得到广泛应用。

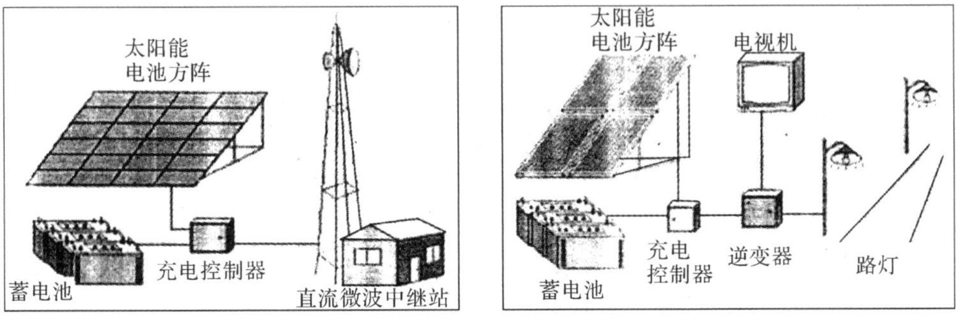

(a)　　(b)

图 1 - 6　独立太阳能光伏发电系统

(a)大中型直流发电系统；(b)交流发电系统

(a)　　(b)　　(c)

图 1 - 7　军用野战太阳能电源车

(a)收拢姿态；(b)展开姿态 1；(c)展开姿态 2

第二章　弹载电源概述

第一节　弹载电源的概念及分类

一、概念

弹载电源，又称弹上电源，是一种特殊的军用电源。弹载电源特指专门用在弹药和导弹上，将机械能、化学能或其他形式的能量转换为电能的装置。

弹载电源可以独立产生电能(如电池)，也可由弹道环境中的其他形式能量(如机械能)转换而来。

弹药和导弹中的引信、控制(修正)舱在弹道修正、目标识别、起爆指令生成与传输中扮演关键角色，对提高弹药、导弹的命中率，充分发挥弹药导弹的毁伤能力至关重要，故被称为弹药、导弹的"大脑"，即兼具"大脑"和"五官"两个功能。弹载电源主要为弹药、导弹的"大脑"供给工作能量，因此，被称为电类引信、控制(修正)舱的"心脏"，是弹药和导弹的重要部件和关键部件之一。

二、分类及特点

弹载电源可分为物理电源、化学电源、复合电源和智能电源四类。其中，物理电源、化学电源是目前广泛使用的弹载电源。物理电源、化学电源在使用中都存在诸多问题，且功能单一，因此，复合电源和智能电源代表了弹载电源的发展方向。

复合电源是由两种(或两种以上)电源组合(如物理电源与化学电源，或物理电源与物理电源、化学电源与化学电源复合等)而成的一种电源形式。复合电源是通过取长补短、优势互补满足弹药导弹供电需求的。智能电源是以传感器作为一种电源形式，具有机械性能好、体积小、成本低、无需补偿或补偿简单等特点，并兼有传感器、信号传输、信号处理与控制功能等特点。

(一)弹载物理电源

弹载物理电源是通过将弹道环境赋予弹载部件的能量(包括发射时的后坐力、外弹道上的气流或气动加热、终点弹道上目标的反作用力等)转换为电能而发电的。按照能量来源，弹载物理电源可分为利用弹药导弹飞行时的气动力驱动的涡轮发电机、风动环形发电机，利用火药气体驱动的燃气式涡轮发电机，利用发射时的后坐力或碰击目标时的前冲力发电的磁后座发电机、撞击磁发电机，利用预制弹簧的弹簧力驱动发电的扭力矩发电机、直线磁发电机，以及压电发电机、温差发电机、射流发电机、热电偶和引信体外射频电源等。

弹载物理电源具有环境适应性好、储存寿命长等特点，主要体现在以下几个方面：

(1)绝大数物理电源在使用前可百分之百进行无损检测，大大提高了电源的使用可靠性。

(2)在元件表面进行防腐蚀处理后，不存在电化学腐蚀问题，具有与弹药导弹相同甚至更长的储存寿命。

(3)所选材料的温度适应范围宽，不存在温度变化引起电源工作性能变化的问题。

(4)相对于膛内供电的电源(化学电池)，大多数物理电源在弹药导弹具有特定飞行速度后才开始工作，满足引信安全设计准则相关要求，具有良好的安全性；电源的工作条件还可作为解除安全保险结构的激励；电源输出功率与弹药导弹飞行速度、受力情况等呈特定函数关系，可作弹道参数传感器或力传感器使用，拓展了电源的功能。

(5)电源输出的电量来源于后坐力、前冲力、章动力、燃气推力或内储能弹簧力等。因为这些力的大小受弹道中诸多力学环境影响，所以输出电量能量大小不可控，稳定性较差，需要增加电源管理电路。

(6)大多数弹载物理电源含有运动部件，工作时需要与弹道环境交互，结构件的强度、运动部件间的摩擦等都会引起工作不可靠甚至损坏等问题。对依靠弹道气动力发电的弹载物理电源来说，还存在弹道顶点不发电、空气稀薄地区供电量不足、储存过程中失封后的质量变化等问题。

(二)弹载化学电源

弹载化学电源基于电化学原理工作，由正极、负极、电解质、壳体和激活装置组成。为确保弹药导弹的安全性和长储性，弹载化学电源通常以贮备式电池形式存在，即在弹药导弹储存、运输和使用前不工作，化学能是以一定形式贮备起来的，只有在发射后满足特定条件时，通过电池内的激活装置作用才开始工作。

按照贮备和作用方式，弹载化学电源可分为液态贮备式电池和固态贮备式电池。两者的主要区别有两个：一是电解质在非工作状态下分别呈液态和固态；二是结构和激活方式不同。液态贮备式电池的典型结构如图 2－1 所示，电解质在非工作状态下被置于玻璃或塑料容器内，与正、负电极在物理上是隔离的，激活装置的主要功能是击碎或击破容器，并借助弹药导弹的旋转，使电解质与正、负电极充分接触并反应放电。固态贮备式电池中的固态电解质物理上与正、负电极不隔离，但在非工作状态下不会发生电化学反应。固态贮备式电池有两种：第一种是干电池，即通过外界负载激活，由于存在非工作状态缓慢放电、储存时间短而达不到弹药储存寿命要求等，目前弹载电源已很少使用干电池。第二种是热电池，工作状态下，电解质由火帽、雷管等加热元件作用后放出的热量熔化，使其呈液态，液态电解质与正、负电极充分接触后反应放电。

与物理电源相比，弹载化学电源具有以下特点：

(1)与物理电源输出依赖弹道上的各种机械能力不同，化学电源的结构和工作过程相对独立，供电稳定性较好，能完全满足。

(2)对化学电源的测试必须以激活为前提，因此，化学电源检测属于破坏性检测。

(3)其工作原理决定了其储存寿命要低于物理电源。

(4)一旦被激活,只能在规定时间内正常供电。

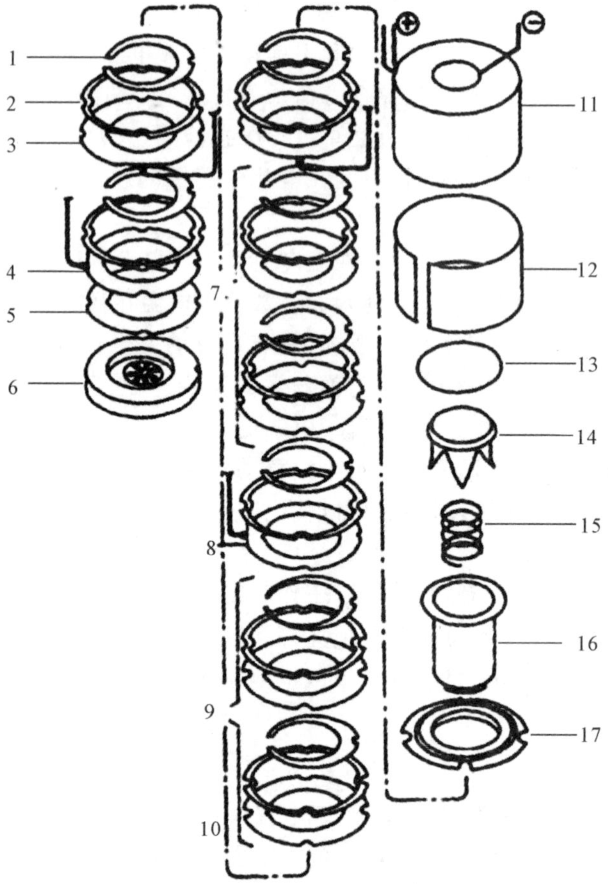

图 2-1 基于旋转环境工作的贮备电池

1—内隔离片;2—外隔离片;3—负极;4—测试用标准单元;5—容器;6—支撑盘;
7—叠堆 2;8—正极;9—叠堆 1;10—电极叠堆;11—外壳;12—绝缘体;13—容器盖;
14—剪切组件;15—弹簧;16—容器壳;17—蓄液槽

第二节 对弹载电源的基本要求

一、弹载电源的作用

弹载电源是近炸引信、电子时间引信、压电引信等电类引信,以及导弹、部分火箭弹和子母弹的重要组成部分,用于为弹上的传感器、弹载计算机等电子器件供电,并作为起爆电类火工品的外部激励,在弹道探测与修正、目标探测与识别、传爆序列作用以及弹药自毁中发挥着关键重要作用。

弹药导弹及部件中,需要弹载电源供电的部件有很多。比如:近炸引信中的振荡器、信号处理电路、安全控制电路、发火控制电路等;电子时间引信中的计时电路、延期解除保险电路、安全控制及发火控制电路;某些弹药导弹控制(修正)舱中的测高计、用于敏感弹道环境和目标的传感器、弹载计算机;等等。

弹载电源的性能和质量关系到弹药导弹的可靠性、安全性和长期储存性能，并可能造成引信或弹药导弹瞎火、早炸，影响电子时间引信的定时精度、引信及弹药导弹的炸点分布，以及弹药导弹系统储存寿命。

二、对弹载电源的基本要求

理论上，所有发电技术都可用于弹载电源。实际上，弹药导弹设计、制造中的特殊限制条件，储存、运输和使用中的特殊环境，决定了必须满足弹药导弹的特殊需求才能作为弹载电源使用。

不同的弹药导弹工作环境差异较大甚至很大，但弹载电源必须满足以下共性要求。

1. 电性能

对弹载电源电性能的要求包括四个方面：一是具有一定的能量密度，能满足电子部件工作所需电流或电压幅值要求。二是具有一定的能量值，满足工作或放电寿命要求。对炮弹引信而言，弹载电源的工作寿命是用秒来计量。而对射程较远的导弹来说，工作寿命却是以分来计量的。三是满足激活时间的要求。所谓激活时间，是指电源激活至达到规定的电压和电流值所需要的时间。弹载电源必须在电子部件工作前激活并达到稳定值。在特殊情况下，激活时间还可作为引信保险机构远距离解除保险的延迟时间。四是供电必须稳定，不随工作环境变化和时间变化发生明显变化，保证电部件在复杂甚至恶劣的弹道环境中工作可靠。

2. 尺寸与重量

弹药导弹的类型不同，对电源尺寸和质量的要求差异很大。对引信和小口径弹药而言，其尺寸和质量的设计空间很小，因此，必须在满足其他需求的前提下，尽可能实现弹载电源的小型化，为引信及弹药内其他元部件提供更多设计空间。对大口径火箭弹和导弹来说，对弹载电源在尺寸和重量方面所受限制较为宽松。

3. 环境适应性

对弹载电源环境适应性的要求，与弹药导弹的储存运输、装填发射、工作过程的特殊性有关，主要包括耐机械过载、耐高低温和温度冲击、耐高湿，以及恶劣电磁环境的适应性等要求。

对耐机械过载的要求，主要体现在两个方面：一是在弹药导弹发射前的装卸、运输、装填、意外坠落等环节，在所经受的冲击、振动等机械过载作用下，不提前作用，结构不被破坏；二是在经受弹药导弹的弹道机械环境，特别是发射时的高机械过载作用后，仍能可靠工作。对身管武器弹药来说，弹载电源必须能经受数千至数万 g，甚至数十万 g 的直线加速度过载，部分线膛武器弹药上的弹载电源还要承受很高的离心过载，且能正常工作。液态贮备式电池正是利用发射时的高直线过载，完成击碎或击破电解质容器，并利用离心过载使电解质与电极充分接触的，而弹载物理电源正是利用弹药导弹弹道环境中蕴含的机械能工作的。

按照目前对弹药导弹及部件提出的要求，弹载电源必须具备耐高温、低温和温度冲击的能力，即能够在−55～71 ℃范围高温、低温和反复的温度冲击下，性能不发生变化；在−40～50 ℃，能正常工作。对干电池、贮备式化学电池而言，在低温，特别是极低的工作温度下，电解液中分子活性降低，正、负极氧化还原反应速度减缓，导致干电池、贮备式化学电池的激活时间延长、放电功率减小、工作时间缩短。对物理电源来讲，低温会导致某些塑料运动结构件延展性变差，在工作过程中发生脆裂破坏。

另外，弹载电源必须在复杂的战场环境，特别是恶劣的电磁环境下，仍能可靠工作。

4. 可靠性

根据可靠性的定义，弹载电源的可靠性是指在规定的储存运输和使用条件下，在弹药导弹规定的工作时间内，按要求完成激活、供电的能力。目前，对弹上的关键部件工作可靠度的通用要求为：在置信水平为 0.90 的条件下，其可靠度不得低于 0.995（甚至达到 0.998 或 0.999）。因此，弹载电源的作用可靠必须接近或达到上述要求，至少不能低于弹药导弹系统的可靠度。

5. 长储性能

弹载电源的储存寿命不得低于弹药的设计寿命。虽然对不同种类弹药的设计储存寿命的要求有所不同，但一般情况下应大于或等于 20 年，且部分弹药还面临延寿，因此，弹载电源的储存寿命应不少于 20 年。这一点对长时间内可能发生缓慢放电的化学电源来说尤其重要。

6. 经济性

对弹载电源的经济性要求，主要体现在费效比低，满足经济性要求，以及原料、制造工艺和采购成本低。

第三节　弹载电源的发展历史及趋势

一、弹药发展简史

公元 808 年，中国人发明了黑火药。公元 970 年（北宋时期），黑火药首次被用于军事领域。黑火药以药包形式置于箭头射出，或从抛石机中抛出，起到延伸冷兵器作用距离的效果，从此拉开了冷兵器时代向热兵器时代过渡的序幕。13 世纪，中国出现了竹筒制“突火枪”，它所发射的“子窠”就是现代弹药的雏形。“子窠”外壳由石头、铸铁制成，壳体内装填黑火药，壳体上设有黑火药制成的“信捻”。“子窠”由黑火药燃烧发射到敌方阵地后，由“信捻”点燃壳体内的黑火药，通过黑火药的高温燃烧产物，以及黑火药在壳体内的燃爆效应所产生的石块和铸铁破片杀伤敌人。之后，黑火药通过古代丝绸之路，经印度、阿拉伯、西班牙传入欧洲后，欧洲诸多历史战争中也出现了用黑火药作为发射和毁伤能源的弹药。19 世纪后半期，伴随着化学工业、制造业的蓬勃发展，欧洲出现了现代意义上的弹药，即由引信、底火、战斗部、药筒和发射药组成的弹药。

第二次世界大战之前，弹药都是机械件与化工材料的综合体，即通常所说的“铁壳＋火炸药”。这一时期弹药配用的引信皆为机械引信，靠引信头部碰击目标产生的反作用力引起战斗部爆炸，其作用模式仅限于碰炸和延期两种。因此，20 世纪 40 年代苏联将引信定义为“供弹丸在发射后在所要求的弹道某点上（在碰击障碍物之前或在碰击障碍物之后）爆炸之用的特殊机构”。这个阶段的弹药被称为“无控”弹药，即弹药一旦被发射出去，就无法控制，其对目标的命中概率和作用效果，在很大程度上取决于射击前射手对武器的操作使用能力。

1943 年，首个无线电引信研制成功，并装备部队投入实战。近炸引信中首次出现了电部件，使弹药首次成为机械件、化学材料和电子部件的组合体。这个阶段的引信在原有的碰炸、延期模式的基础上，增加了近炸作用模式，具备了定高近炸功能（距离目标一定距离爆炸）。20

世纪 50 年代，美国将引信定义为“发现目标并在最佳时机使弹头起爆的部件”。之后，随着引信技术的快速发展，引信结构中出现了含有敏感目标特征和弹道环境信息的多种传感器，以及信号处理装置等电子部件。至此，引信具备了碰炸、延期、近炸和定时等功能，射击前可针对具体作战需求对引信进行装定。基于引信功能的拓展，20 世纪 80 年代末，《中国大百科全书》中将引信定义为“利用目标信息和环境信息，在预定条件下引燃或引爆战斗部的控制装置”。进入 21 世纪以后，随着作战概念的拓展，快速发展且成熟的传感器技术、通信技术、网络技术被应用到引信中，引信进入信息化、网络化、智能化时代。2006 年，北京理工大学马宝华教授对引信进行了重新定义，即“利用目标信息、环境信息、平台信息和网络信息，按预定策略引燃或引爆战斗部装药，并可选择攻击点、给出续航信号或增程发动机点火指令以及毁伤效果信息的控制系统”，这使得引信的功能得到了进一步拓展，也使可编程引信和智能引信成为可能。

几乎与无线电引信投入实战同时，1944 年德国研制的 V－1 导弹投入实战。之所以称为导弹(guide missile)，是因为它在无控弹药结构的基础上，增加了能够识别弹道、控制弹道的装置，使其能将战斗部导引到目标处，命中精度和毁伤效能大大提高。进入 20 世纪 90 年代，特别是进入 21 世纪后，随着微机电技术、微型计算机技术、传感器技术、通信技术的快速发展，无控弹药与导弹的界面逐渐模糊，在对无控弹药进行信息化、智能化改造，或为无控弹药增加具有弹道修正、目标探测与识别等功能的引信后，传统的无控弹药已经基本具备了导弹的弹道探测控制、目标探测识别等能力。从结构组成上看，电子部件在弹药中的比例越来越大，高度计、光纤陀螺、卫星信号接收器、弹载计算机、通信模块，以及基于光、磁、震动、声及各种光谱探测的传感器，成为弹药导弹的重要组成部分，且在弹药导弹中发挥的功能无可替代，对发挥其战场效果的作用也越来越突出。

二、弹载电源的发展历史

弹载电源随电类部件用于弹药而成为弹药的一部分，也随电类部件在弹药中的广泛应用成为弹药能否可靠作用、安全储存的关键元部件。

1943 年，为通过空炸、近地炸等方式对飞行器、掩体内和工事后人员等目标取得更为良好的杀伤效果，由美国国家标准局下属的军械发展部牵头组织，研发了用于装备防空导弹、航空炸弹、火箭弹、炮射弹药，以及滑膛迫弹的无线电近炸引信，并在战场上取得了巨大成功。为了对弹目相对距离与速度等参数进行有效探测，并根据对目标的探测和识别结果引爆弹体装药，无线电近炸引信采用了振荡器、信号放大器和执行电路等电部件，首次提出了弹载电源的需求。

最初的无线电引信在研制过程中，曾分别提出了用干电池、储液电池和风动涡轮发电机三种方案。其中，干电池在高温和低温，特别是在高海拔弹舱中－400 ℃低温和热带地区 600 ℃高温等极端温度条件下，工作性能差，使其不能作为无线电引信的电源。随后提出的储液电池方案有效解决了这个问题，但储液电池在激活过程中需要靠弹丸旋转使电解液充分飞散，以达到规定的电参数要求，限制了其在航空炸弹、火箭弹，以及滑膛迫弹等非旋转和微旋转弹药引信中的使用；为解决干电池和储液电池的使用缺陷，研发了风动涡轮发电机。可以说，伴随着无线电引信研制而产生的风动涡轮发电机，拉开了引信电源研发的序幕。基于军事需求的强力牵引和相关技术快速发展的持续推动，弹载电源的发展取得了长足的进步。由于具有通用性，因此引信电源和弹载电源的研究、装备几乎同步进行并相互借鉴，形成了化学电源和物理电源两个分支。

化学电源方面，在满足其他环境适应性要求的前提下，国内外都将输出标称电压、能量密度和放电时间作为3个主要指标，分别按照贮备电池（包括液态贮备电池和热电池）和一次电池（原电池）两个体系进行研究探索。

经过长年研究，液态贮备电池方面形成了三大系列，即铅酸电池（$Pb/HBF_4/PbO_4$）系列、锂电池（$Li/SOCl_2/C$）系列和锌电池（Za/KOH/AgO）系列。其中，锂电池系列电池的标称电压和能量密度明显好于其他两个，分别为3.5 V和150 W·h/kg，但其放电时间太短（≤1 h），目前主要用在旋转炮弹和地雷上。相对于锂电池系列，铅酸电池的放电时间最长，可达到5个月，但其标称电压和能量密度相对较小，分别为2.0 V和80 W·h/kg，目前主要用在枪弹和旋转炮弹上。锌电池系列的能量密度（90 W·h/kg）高于铅酸电池系列，但其他两个指标均低于铅酸电池系列，分别为1.6 V和1～3天。

相对于液态贮备电池，热电池能通过电池电堆的形式，满足弹药导弹要求的标称电压、电流、激活时间以及形状，采用火工品加热方式激活，无需复杂且依赖于后坐力和离心力的机械激活机构。另外，还具有激活时间短、峰值功率密度高、温度和机械环境适应性强、自放电可忽略不计等优点。因此，自1955年第一个热电池用于核武器开始至今，热电池的研究和装备得到了长足的进步。工艺上，发生在20世纪50年代中期的杯型工艺向先进的片型工艺转变，是热电池发展的里程碑，使热电池可通过电堆形式满足各种电源需求。工艺问题解决后，热电池的发展经历了镁热电池（$Mg/LiKCl_2/V_2O_5$）系列、钙热电池（$Ca/LiKCl_2/CaCrO_4$）系列和锂热电池（$Li/LiKCl_2/FeS_2$）系列三个阶段。电性能参数上，镁热电池和钙热电池系列的放电时间可分别达到5个月和10个月，标称电压分别为2.7 V和2.6 V，但其能量密度（10 W·h/kg和10～30 W·h/kg）远低于锂热电池系列（29～75 W·h/kg）。从目前的应用情况看，镁热电池和钙热电池系列已经被锂热电池系列取代。与此同时，锂热电池系列也存在诸多缺点：工作时间短（通常小于10 min），且存在输出电压呈非线性（随工作时间增加而降低）、体积或质量能量密度相对于供电需求仍然偏低，以及工作时表面温度高（≥230 ℃）等问题。即使如此，热电池在导弹、炸弹、地雷、诱饵弹、干扰机、鱼雷、空间探测系统、逃生装置等领域有广泛应用。

相对于贮备电池，一次电池（原电池）能够提供长达1～5年的工作时间，最高可达300 W·h/kg的能量密度，也是弹载化学电源研究重点关注的电池之一。截至目前，已经形成锌系列（$Zn/KOH/Ag_2O$）、铬系列（Cd/KOH/HgO）、镁系列（$Mg/KOH/MnO_2$）和锂系列[（$Li/SO_3/C$、$Li/SOCl_2/C$、$Li/LiClO_4/(CF)_4$、$Li/LiClO_4/CuS$和$Li/LiAsF_6/V_2O_5$]四个大的系列。该类电池存在的最大问题是有自放电现象，且一旦激活（通过手工装定引信接入负载），工作时间很短。据报道，早期美军的电子时间引信采用的就是$Li/SOCl_2/C$锂电池，激活15天之后，便不能正常工作。

物理电源方面，最早应用有风动涡轮发电机和压电陶瓷两种。风动涡轮发电机之后，出现了工作原理相似的风动环形发电机。这两种发电机的工作受制于弹道气流的大小，存在弹道电压输出不稳定，甚至弹道顶点不发电等问题。鉴于此，出现了同样基于磁电转换原理的磁后座发电机、撞击磁发电机、扭力矩发电机、直线磁发电机及压电发电机。这三种物理电源的主要问题在于其可用来转换的机械能量非常小，只能将其用于起爆传爆序列，不能为弹载电部件供电。而基于火药气体驱动的涡轮发电机则是利用导弹和火箭弹中推进剂的燃气工作的，工作时间与导弹和火箭弹主动段相同，且可用电能储存元件或装置，保证全弹道电部件的工作。

该种电池在应用时的主要问题在于发射部与战斗部之间的物理隔离可能带来安全性问题。

三、弹载电源的发展趋势与动态

根据目前检索到的资料，弹载电源的发展具有以下特点和趋势。

1. 多种电源体系并存，化学电源仍占主流

近年来，美国在继续发展原有弹载物理电源、化学电源的基础上，正在研究新型电源。由于各类弹载电源各有优缺点，以及弹载电源使用环境的多样性、复杂性，需要适宜各种不同使用环境的供电装置来保证电能供应，因此，造成了多种电源并存、各有相对固定使用范围的局面。截至目前，尚未出现某一体系弹载电源完全取代其他体系的迹象。

多种弹载电源中，贮备式化学电源仍然是各国使用最多、最普遍的弹载电源。比如，德国、英国、美国等国几乎为各种口径火炮开发了铅酸电池。其中：德国铅酸电池的配用范围涵盖了76～203 mm 的各种火炮；英国小口径火炮有 MX49、MX67、MX68、MX69 等铅酸电池，中大口径火炮有 MX66、MX70 等铅酸电池，滑膛炮上有 MX80 铅酸电池。而在导弹和火箭弹上，普遍采用了热电池作为弹载电源。从种类上看，化学电源的种类占弹载电源种类的 70%。

2. 电源技术纵深发展，产品趋向系列化

在近 80 年的发展中，热电池技术出现了两次突破，分别是 20 世纪 50 年代片形的热电池工艺取代杯形的单体电池工艺，以及 20 世纪 70 年代锂合金/二硫化铁体系热电池的问世。20 世纪 80 年代以来，热电池在隔热保温材料、加热片材料、电化学体系等方面发展迅速，在缩短激活时间、延长工作时间、提高功率密度上有较大改进。

锂电池技术的应用，已由当初专门用核武器拓展到配用于地雷引信、电子时间引信、大中口径炮弹近炸引信、多选择引信及导弹。早期配用于美军 M762 炮弹电子时间引信上的电源组件，由 $Li/SOCl_2/C$ 电池及激活机构组成，具有良好的湿搁置性能。后来，该锂电池也被用于迫击炮弹电子时间引信 M845 上。荷兰 Philips Usfo 公司设计了能通用于 76～203 mm 旋转弹丸近炸引信的 $Li/SOCl_2/C$ 多单元叠层贮备电池。

热电池内部的绝热爆温系统能最大限度阻止电池内部热量向外流失，确保电池有效工作。20 世纪 80 年代之前，最常用的保温系统材料是石棉。之后，新型轻质高效热电池保温材料陆续问世并应用，为改善热电池综合性能发挥了巨大作用。

基于磁电原理的振动式磁电机包括舌簧射流发电机和调制型射流发电机，国外已将其用于火箭弹电子时间引信上，并形成了系列化产品，如美国的 M433、M443、M444，以及遥控装定的 M445、M747 等系列产品。液体贮备电池方面，美国从 20 世纪 40 年代开展研发装备的铅酸电池，有 PS112、PS117 和 PS127、PS128、PS115、PS116、PS217 两大序列，并分别用于小口径和大口径弹药引信。其中 PS115 铅酸贮备电池可适应很大范围内的后座加速度(1 100～25 000 g)和转速(2 700～21 600 r/m)环境，因此，可适用于 35 ～203 mm 口径内的旋转弹药引信。热电池方面，美国、俄罗斯、英国、法国、德国和以色列等国已发展了 10 余个弹载电源体系。因为可充分利用成熟技术，减少产品研发技术风险，减低生产成本，所以系列化是弹载电源发展的必由之路。

3. 电源新技术不断涌现，关键技术逐步突破

目前，弹载电源发展迅速，种类和体系不断增加，关键技术逐步突破，应用领域也不断

扩大。

压电材料最早用于破甲弹引信，通过引信碰击目标时的反作用力，压电材料可产生高幅值电压，为引爆引信传爆序列中的电雷管提供电能。21世纪初至今，为解决涡轮电机等依靠风动能量发电带来的密封性差、弹道顶点不发电等问题，提出了用弹簧作为机械能储能元件、用压电叠堆作为机电转换元件、用超级电容作为储能元件的压电发电机方案。该电源可采集全弹道上的加速度过载，并为非旋和微旋弹药提供可靠的解除保险用第二环境激励，具有广阔的应用前景。

旋转式磁发电机中的风动涡轮发电机、风动环形交流发电机和侧进气交流发电机，先期用于跨音速炮击炮弹引信上，在解决了涡轮轴的强度问题后，已用于超音速榴弹和火箭弹引信上。

将物理电源和化学电源复合形成优势互补的复合电源，能够满足快激活、大功率、长时间工作等单一电源无法满足的需求，是弹载电源发展的新趋势。目前，该类电源已经在大口径导弹上得到应用。

能起到供电和探测的双重作用，是弹载电源发展的新方向。基于物理电源与弹道环境(特别是机械环境)交互的特点，在实现发电供电的同时，还可作为弹道和目标探测的传感器使用。比如：用压电发电机可探测弹丸出炮口瞬间的加速度梯度变化，将其作为引信解除保险提供可靠的环境激励；利用涡轮发电机感知弹道速度；等等。

第二篇　弹载化学电源

第三章　化学电源的工作原理

第一节　化学电源的组成

化学电源由电极、电解质、隔膜和外壳组成。电极是电池的核心部分，由活性物质和导电骨架组成。

活性物质是指正、负极中参加成流反应的物质，是决定化学电源基本特性的重要部分。对活性物质的要求是电化学活性高、组成电池的电动势高，即自发反应的能力强、质量比容量和体积比容量大、在电解液中的化学稳定性高、电子导电性好。

电解质在电池内部正、负极之间担负传递电荷的作用，要求比电导高，溶液欧姆电压降小。对于固体电解质，要求具有离子导电性，而不具有电子导电性。电解质必须化学性质稳定，使储存期间电解质与活性物质界面间的电化学反应速率小，这样电池的自放电容量损失就小。

隔膜的形状有薄膜、板材、棒材等，其作用是防止正、负极活性物质直接接触，防止电池内部短路。对隔膜的要求是化学性能稳定，有一定的机械强度，隔膜对电解质离子运动的阻力小，应是电的良好绝缘体，并能阻挡从电极上脱落的活性物质微粒和枝晶的生长。

外壳是电池的容器。化学电源中，只有锌锰干电池是锌电极兼作外壳。外壳要求机械强度高、耐振动、耐冲击、耐腐蚀、耐温差的变化等。

一、电极的类型及结构

电极是电池的核心。一般电极都由三部分组成：一是参加成流反应的活性物质；二是为改善电极性能而加入的导电剂；三是少量的添加剂，如缓蚀剂等。

化学电源常用的电极有片状电极、粉末多孔状电极和气体扩散电极 3 种。

1. 片状电极

片状电极由金属片或金属板直接制成，锌-锰干电池以锌片冲成圆筒作负极，锌电池的负极用锌片。

2. 粉末多孔电极

粉末多孔电极应用极广，因为电极多孔，真实表面积大，电化学极化和浓差极化小，不易钝化，所以电极反应在固液界面上进行，充放电过程中生成枝晶少，可以防止电极间短路。

根据电极的成型方法不同，常用的粉末多孔电极有以下几种。

(1)管(盒)式电极：将配制好的电极粉料加入表面有微孔的管或盒中，如铅酸电池有时正极是将活性物质铅粉装入玻璃丝管或涤纶编织管中，并在管中插入汇流导电体。也有极板盒式的，锡-镍电池则利用盒式电极。此类电极不易掉粉，电池寿命长。

(2)压成式电极：将配制好的电极粉料放入模具中加压而成。电极中间放导电骨架。

(3)涂膏式电极：将电极粉料用电解液调成膏状，涂在导电骨架上，如铅酸电池电极、锌-银电池的负极。

(4)烧结式电极：将电极粉料加压成型，并经高温烧结处理，也可以烧结成电极基板，然后浸渍活性物质烘干而成。锡-镍电池、锌银电池用电极常用烧结法制造。烧结式电极强度高、孔隙率高，可以大电流、高倍率放电，电池寿命长，但工艺复杂，成本较高。

(5)发泡式电极：将泡沫塑料进行化学镀镍，电镀镍处理后，经高温碳化后得到多孔网状镍基体，将活性物质填充在镍网上，经轧制成泡沫电极。泡沫镍电极孔隙率高达 90%以上，真实表面积大，电极放电容量大，电极柔软性好，适合作卷绕式电极的圆筒形电池。目前主要用于氢-镍电池和锡-镍电池。

(6)黏接式电极：将活性物质加黏接剂混匀，滚压在导电镍网上制成。这种电极制造工艺简单、成本低，但极板强度比烧结式的强度低，寿命不长。

(7)电沉积式电极：以冲孔镀镍钢带为阴极，在硫酸盐或氯化物中，将活性物质电沉积到基体上，经辊压、烘干、涂黏接剂，剪切成电极片。电沉积式电极制造工艺简单，生产周期短，活性物质利用率高。目前，用电沉法可以制备镍、铬、钴、铁等高活性电极，其中电沉积式铬电极已在铬-镍电池中应用。

(8)纤维式电极：以纤维镍毡状物作基体，向基体孔隙中填充活性物质，电极基体孔隙率达 93%～99%，具有高比容量和高活性。电极制造工艺简单、成本低，但镍纤维易造成电池正、负极短路，自放电大，目前尚未大量应用。

3. 气体扩散电极

气体扩散电极是粉末多孔电极在气体电极中的应用。电极的活性物质是气体。气体电极反应在电极微孔内表面形成的气-液-固三相界面上进行。目前在工业上已得到应用的是氢电极和氧电极，如燃料电池的正、负极和锌-空气电池的正极都是这种气体扩散电极。典型的电极结构有双层多孔电极(又称培根型电极)、防水型电极、隔膜型电极等。

二、化学电源用隔膜

制造隔膜的材料有天然或合成的高分子材料、无机材料等。根据原料特点和加工方法不同，可将隔膜分成有机材料隔膜、编织隔膜、毡状膜、隔膜纸和陶瓷隔膜等。各类电池的常用隔膜见表 3-1。

表 3－1　各类电池的常用隔膜

电池种类		隔膜种类
酸性电池	铅酸电池	酚醛树脂浸渍纤维素板 微孔聚氯乙烯板 微孔橡胶板 袋状微孔聚乙烯隔板 聚乙烯/二氧化硅隔膜 玻璃纤维/浆柏纸板 袋状聚丙烯毡状隔板
	密封铅酸电池	超细玻璃纤维膜 聚丙烯膜
碱性电池	镉-镍电池 铁-镍电池	尼龙毡 维尼纶无纺布 聚乙烯膜
	氢-镍电池	聚丙烯毡 氧化纤维纸
	金属氢化物-镍电池	聚丙烯毡 维尼纶无纺布
锂电池		聚丙烯毡 超细玻璃纤维素 玻璃纤维毡 聚丙烯微孔膜
热电池		烧结陶瓷隔板 氮化碳纤维纸
钠-硫电池		烧结陶瓷管
燃料电池		聚四氟乙烯黏接陶瓷粉末制成微孔膜 聚四氟乙烯黏接编织物或纸 离子交换树脂膜 石棉膜

隔膜性能主要指外观、厚度、定量、紧度、电阻、干态及湿态抗拉强度、孔率、孔径、吸液率、吸液速率、保持电解液能力、耐电解液腐蚀能力、胀缩率等。不同种类、不同系列、不同规格的电池对隔膜性能的要求不同。隔膜性能的一般检测方法如下。

(1)紧度:用密度计测量,是衡量隔膜致密程度的指标。

(2)抗拉强度:分干态和湿态抗拉强度,用纸张拉力机检测。

(3)孔径:半透膜用电子显微镜测量。孔径口大于 10 μm 的微孔膜用气泡法测量。

(4)电阻:可用直流法或交流法测定。

(5)吸液率:反映隔膜吸收电解液的能力。测试方法是把干试样称重后浸泡在电解液中,

直至吸收平衡，再取出湿隔膜称重。吸液率为

$$\eta=\frac{m_2-m_1}{m_1}\times 100\% \qquad (3-1)$$

式中：η 为隔膜吸液率；m_1 为干隔膜质量；m_2 为湿隔膜质量。

(6)隔膜耐电解液腐蚀能力：将电解液加温到 50 ℃，将隔膜浸入电解液中保持 4～6 h，洗净、烘干，与原干样品比较。

(7)胀缩率：把隔膜浸泡在电解液中 4～6 h，检测尺寸变化，与干态样品尺寸相减，其差值百分数即为胀缩率。

三、封口剂

电池封口剂有环氧树脂、沥青、松香等。

1. 环氧树脂

环氧树脂主链上有环氧键，反应活性高，链中有羟基，极性大，是金属和非金属材料的良好黏结剂，称为“万能胶”。

环氧树脂使用时按配方配制，常用的配制方法如下：

(1)先配制稀释剂，再与环氧树脂混合搅匀，现配现用。

苯乙烯稀释剂的配比为(质量比)

$$m(\text{苯乙烯}):m(\text{过氧化二苯甲酞})=97.5:2.5$$

环氧树脂胶配比为

$$m[\text{环氧树脂}(618)]:m(\text{苯乙烯稀释剂}):m(\text{多乙烯胺})=82.8:7.2:12$$

多乙烯胺是固化剂。

(2)先配成混合固化剂，再加入到环氧树脂中，搅拌均匀。

混合固化剂配比为

$$m(\text{乙二胺}):m(\text{无水乙醇})=1:1$$

环氧树脂胶配比为

$$m[\text{环氧树脂}(618)]:m(\text{混合团化剂})=1:0.25$$

(3)加填充剂的环氧树脂。

配比为

$$m[\text{环氧树脂}(618):m(\text{乙二胺})]:m(\text{二氧化钦})=1:0.1:3$$

将各组分搅拌混匀即可。

2. 沥青

沥青是一种黑色的高分子碳氢化合物及非金属衍生物(含 N、S、O 等)的混合物，耐酸，耐碱，电绝缘性能和黏结性能好。石油沥青是石油分馏后的残渣，常用作锌-锰电池的封口剂，一般在石油沥青中加入松香、石蜡以增加黏性及硬度。

3. 松香

松香能溶于乙醇、乙醚、丙酮、苯、二氯甲烷、石油醚、汽油和松节油等有机溶剂。常用作电池封口剂、导电层的黏结剂及炭条的原料。

四、电池组

电池作为动力源，当需要较高电压或较大电流时，需要将若干个单体电池通过串联、并联或复联组成电池组使用。串联、并联、复联的示意图如图 3-1 所示。

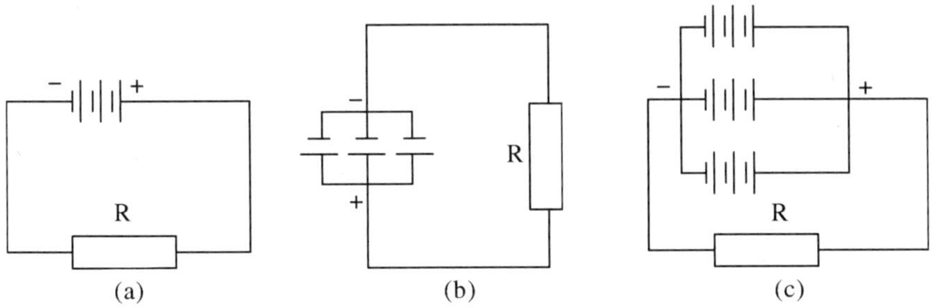

图 3-1　电池组示意图

(a)串联电池组；(b)并联电池组；(c)复联电池组

1. 串联电池组

串联电池组中的每个单体电池的开路电压为 U、外电阻为 R，n 个单体电池串联组成的电池组的电压为 nU，电池组的总内阻为 nR，那么串联电池组的电流为

$$I=\frac{nU}{R+nR_i}=\frac{nU}{R\left(1+\frac{nR_i}{R}\right)} \tag{3-2}$$

串联的主要目的是增加电压。

2. 并联电池组

并联的目的是增加电池容量。例如，有 n 个单体电池并联，电池组的电压仍等于单个电池的电压，但并联后的总电阻为$\frac{R_i}{n}$，并联电池组的电流为

$$I=\frac{U}{R+\frac{R_i}{n}}=\frac{U}{R\left(1+\frac{R_i}{nR}\right)} \tag{3-3}$$

由式(3-3)可知，当外电阻 R 不变时，电流随并联电池数 n 的增加仅有缓慢增加。

3. 复联电池组

由 n 个单体电池串联，然后将 m 个串联电池组再并联组成复联电池组。整个复联电池组中对单体电池的性能要求很严，在组合电池时，应注意选同一系列、同一规格、性能一致的单体电池。

复联电池组的电流为

$$I=\frac{nU}{R+\frac{nR_i}{m}}=\frac{nU}{R\left(1+\frac{nR_i}{mR}\right)} \tag{3-4}$$

由式(3-4)可知，要获得较大电流，须使$\frac{nR_i}{mR}$值减小。

第二节　化学电源的分类

化学电源的分类方法较多，按电解液、活性物质的存在方式、电池特点、工作性质及储存方式等有不同的分类方法。

一、电解液

电解液为碱性水溶液的电池称为碱性电池。电解液为酸性水溶液的电池称为酸性电池。电解液为中性水溶液的电池称为中性电池。电解液为有机电解质溶液的电池称为有机电解质电池。电解质为固体电解质的电池称为固体电解质电池。

二、活性物质的存在形式

活性物质保存在电极上。可分为一次电池（非再生式，原电池）和二次电池（再生式，蓄电池）。活性物质连续供给电极，可分为非再生式燃料电池和再生式燃料电池。

三、电池特点

电池按某些特点可分为高容量电池、免维护电池、密封电池、烧结式电池、防爆电池、扣式电池、矩形电池以及圆柱形电池等。

四、工作性质及储存方式

尽管化学电源品种繁多，用途又广，外形差别大，使上述分类方法难以统一，但习惯上按其性质及存储方式不同，一般可分为 4 类。

1. 一次电池

一次电池，又称原电池，即电池放电后不能用充电方法使它复原的一类电池。换言之，这种电池只能使用一次，放电后的电池只能被遗弃。这类电池不能再充电的原因，或是电池反应本身不可逆，或是条件限制使可逆反应很难进行。例如：

锌锰干电池	$Zn\|NH_4Cl \cdot ZnCl_2\|MnO_2(C)$
锌汞电池	$Zn\|KOH\|HgO$
镉汞电池	$Cd\|KOH\|HgO$
锌银电池	$Zn\|KOH\|Ag_2O$
锂亚硫酰氯电池	$Li\|LiAlCl_4 \cdot SOCl_2\|(C)$

2. 二次电池

二次电池，又称蓄电池，即电池放电后可用充电方法使活性物质复原以后能够再放电，且充放电能反复多次循环使用的一类电池。这类电池实际上是一个电化学能量储存装置，用直流电把电池充足，这时电能以化学能的形式储存在电池中，放电时化学能再转换为电能。

3. 贮备电池

贮备电池，又称激活电池，即其正、负活性物质和电解质在储存期不直接接触，使用前临时注入电解液或用其他方法使电池激活的一类电池。这类电池的正、负极活性物质的化学变质或自放电，与电解液的隔离使得变质被排除，电池能长时间储存。例如：

镁银电池　$Mg|MgCl_2|AgCl$

锌银电池　$Zn|KOH|AgO$

铅高氯酸电池　$Pb|HClO_4|PbO_2$

钙热电池　$Ca|LiCl \cdot KCl|CaCrO_4(Ni)$

4.燃料电池

燃料电池，又称连续电池，即只要活性物质连续地注入电池，就能长期不断地进行放电的一类电池。它的特点是电池自身只是一个载体，可以把燃料电池看成是一种需要电能时将反应物从外部送入电池的一次电池。例如：

氢氧燃料电池　$H_2|KOH|O_2$

肼空燃料电池　$N_2H_4|KOH|O_2$(空气)

必须指出，上述分类方法并不意味着某一种电池体系只能分属于一次电池或二次电池或贮备电池或燃料电池。恰恰相反，某一种电池体系可以根据需要设计成不同类型的电池。例如，锌银电池可以设计为一次电池，也可设计为二次电池或贮备电池。

表 3－2 列出按以上原则分类的一些常用电池。应当说明，这只是一种较为普遍的分类方法，还有一些其他分类方法，如按电极系列的分类、按电池形状或大小的分类、按电极结构的分类、按用途的分类或按某种电池性能的分类。

表 3－2　常见电池的分类

电池类别	电池种类
一次电池	锌二氧化锰电池 锌氧化汞电池 锌空气电池 锂卤化物电池 锂碘电池
二次电池	铅酸电池 镉镍蓄电池 铁镍蓄电池 锌银蓄电池
燃料电池	氢氧燃料电池 肼燃料电池 甲醇空气燃料电池
贮备电池	钙铬酸钙电池 铝化锂二硫化铁电池 钙五氧化钒电池 镁三氯化钙电池

第三节　化学电源的理论基础

一、基本工作原理

化学电源是一个能量储存与转换的装置。放电时，电池将化学能直接转化为电能；充电时，则将电能直接转化为化学能储存起来。电池中的正、负极由不同的材料制成，插入同一电解液的正、负极均将建立自己的电极电势。此时，电池中的电势分布如图 3-2 中折线 $ABCD$ 所示（虚线和电极之间的空间表示双电层）。由正、负极平衡电极电势之差构成了电池的电动势 E。当正、负极与负载接通后：正极物质得到电子发生还原反应，产生阴极极化使正极电势下降；负极物质失去电子发生氧化反应，产生阳极极化使负极电极上升。外线路有电子流动，使电流方向由正极流向负极。电解液中靠离子的移动传递电荷，电流从负极流向正极，电解液中靠离子的移动传递电荷，电流从负极流向正极。电池工作中，电势的分布如图 3-2 中折线 $A'B'C'D'$ 所示。

上述的一系列过程构成了一个闭合通路，两个电极上的氧化、还原反应不断进行，闭合通路中的电流就能不断流过。电池工作时电极上进行的产生电能的电化学反应称为成流反应，参加电化学反应的物质叫活性物质。

电池充电时的情况与放电时相反，正极上进行氧化反应，负极上进行还原反应，溶液中离子的迁移方向与放电时相反，充电电压高于电动势。

放电时，电池的负极上总是发生氧化反应，此时是阳极，电池的正极总是发生还原反应，此时是阴极，充电时进行的反应正好与此相反，负极进行还原反应，正极进行氧化反应，成为一个可以做功的化学电源。

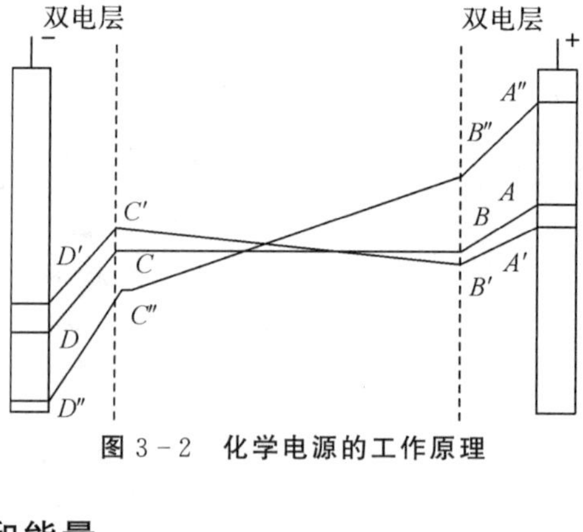

图 3-2　化学电源的工作原理

二、理论电压、容量和能量

电池的理论电压和容量与负极材料和正极材料有关。

（一）自由能

当反应发生时，该系统的自由能就会减少，并可表示为

$$\Delta G^{\theta} = -nFE^{\theta} \tag{3-5}$$

式中：F 为法拉第常数(约等于 96 500 C 或 26.8 A・h)；n 为化学计量反应式中的电子数目；E^{θ} 为标准电位，V。

(二)理论电压

电池的标准电压由其活性物质所确定，并可从自由能数据来计算，或者通过试验来获得。某一电池的标称电压可以根据标准电极电位按如下公式加以计算(氧化电位为其还原电位的负值)：

负极氧化电位+正极还原电位=标准电池电压

电池电压也与其他因素有关，正如能斯特(Nernst)方程所表示的那样，浓度和温度都会影响到电池电压的数值。

(三)理论容量(电量)

电池的理论容量由电池中的活性物质量决定，以电化学反应中的总电量来表示，并采用 C 或 A・h 为单位。

电池的“安时容量”与从活性物质中所获得的电量直接有关。理论上 1 g 当量物质将放出 96.847 C 或 26.8 A・h 电量(1 g 当量是以克计的活性物质的原子量或分子量除以包含在反应中的电子数)，不同电池体系的理论比容量只与参加电化学反应的活性物质有关，因此，可以按反应物的电化当量来计算。由此 Zn/Cl_2 的电池体系的理论质量比容量应为 0.394 A・h/g，即

$$Zn+Cl_2 \longrightarrow ZnCl_2$$

$$(0.82\ A\cdot h/g)(0.76\ A\cdot h/g)$$

$$1.22\ g/A\cdot h+1.32\ g/A\cdot h=2.54\ g/A\cdot h \text{ 或 } 0.394\ A\cdot h/g$$

类似地，体积比容量也可以用数据进行计算。一些主要电化学体系的理论电压和容量见表 3-3，这些理论值仅仅考虑了正、负极活性材料，计算时没有考虑电池中的水、电解质和其他材料。

表 3-3　电极材料特性

材料		原子量或分子量	25 ℃时的标准还原电势/V	价态变化	熔点/℃	密度/$g\cdot cm^3$	电化当量		
							质量比容量/$(A\cdot h\cdot g^{-1})$	每安时质量/$[g\cdot (A\cdot h)^{-1}]$	体积比容量/$(A\cdot h\cdot cm^{-3})^*$
负极材料	H_2	2.01	0 -0.83^*	2	—	—	26.59	0.037	
	Li	6.94	−3.01	1	180	0.54	3.86	0.259	2.06
	Na	23.0	−2.71	1	98	0.97	1.16	0.858	1.14
	Mg	24.3	−2.38 -2.69^*	2	650	1.74	2.20	0.454	3.8
	Al	26.9	−1.66	3	659	2.69	2.98	0.335	8.1
	Ca	40.1	−2.84 -2.35^*	2	851	1.54	1.34	0.748	2.06

续表

材料		原子量或分子量	25 ℃时的标准还原电势/V	价态变化	熔点/℃	密度/g·cm^3	电化当量		
							质量比容量/(A·h·g^{-1})	每安时质量/[g·(A·h)$^{-1}$]	体积比容量/(A·h·cm^{-3})*
负极材料	Fe	55.8	−0.44 −0.88*	2	1 528	7.85	0.96	1.04	7.5
	Zn	65.4	−0.76 −1.25*	2	419	7.14	0.82	1.22	5.8
	Cd	112.4	−0.40 −0.81*	2	321	8.65	0.48	2.10	4.1
	Pb	207.2	−0.13 −2.35*	2	327	11.34	0.26	3.87	2.9
正极材料	O_2	32.0	1.23 0.40*	4	—	—	3.35	0.30	—
	Cl_2	71.0	1.36	2	—	—	0.756	1.32	—
	SO_2	64.0	—	1	—	5.0	0.419	2.38	—
	MnO_2	86.9	1.28*	1	—	—	0.308	3.24	1.54
	NiOOH	91.7	0.49*	1	—	7.4	0.292	3.42	2.16
	$CuCl_2$	99.0	0.14	1	—	3.5	0.270	3.69	0.95
	FeS_2	119.9	—	4	—	—	0.89	1.12	4.35
	AgO	123.8	0.57	2	—	7.4	0.432	2.31	3.20
	Br_2	159.8	1.07	2	—	—	0.335	2.98	—
	HgO	216.6	0.10*	2	—	11.1	0.247	4.05	2.74
	Ag_2O	231.7	0.35*	2	—	7.1	0.231	4.33	1.64
	PbO_2	239.2	1.69	2	—	9.4	0.224	4.45	2.11

* 基本电解质:酸和其他电解质。

(四)理论能量

同时考虑电压和电量,电池的容量也可以以能量(W·h)来计算。理论能量值是一特定电化学体系提供的最大值:

$$瓦时(W·h)=伏(V)×安时(A·h)$$

例如,在 Zn/Cl_2 电池中,如果标准电动势取 2.12 V,那么每克活性物质的理论瓦时容量(理论质量比能量)即为

$$质量比能量(W·h/g)=2.12\ V×0.394\ A·h/g≈0.835\ W·h/g$$

表 3-4 列出了各种电化学体系的容量比和比能量。

表 3-4　主要电池体系的理论和实际的电压、比容量和比能量

电池类型		负极	正极	反应机理	理论值				实际电池		
					电压/V	每安时质量/[g·(A·h)$^{-1}$]	质量比容量/(W·h·kg^{-1})	质量比能量/(W·h·kg^{-1})	标称电压/V	质量比能量/(W·h·kg^{-}1)	体积比能量/(W·h·L^{-1})
原电池	锌/二氧化锰	Zn	MnO_2	$Zn + 2MnO_2 \longrightarrow ZnO + Mn_2O_3$	1.6	4.46	224	358	1.5	85	165
	镁/二氧化锰	Mg	MnO_2	$Mg + 2MnO_2 + H_2O \longrightarrow Mn_2O_3 + Mg(OH)_2$	2.8	3.69	271	759	1.7	100	195
	碱性锌/二氧化锰	Zn	MnO_2	$Zn + 2MnO_2 \longrightarrow ZnO + Mn_2O_3$	1.5	4.46	224	358	1.5	145	400
	锌/氧化汞	Zn	HgO	$Zn + HgO \longrightarrow ZnO + Hg$	1.34	5.27	190	255	1.35	100	470
	镉/汞	Cd	HgO	$Cd + HgO + H_2O \longrightarrow Cd(OH)_2 + Hg$	0.91	6.15	163	148	0.9	55	230
	锌/氧化银	Zn	Ag_2O	$Zn + Ag_2O + H_2O \longrightarrow Zn(OH)_2 + 2Ag$	1.6	5.55	180	288	1.6	135	525
	锌/氧	Zn	O_2	$Zn + 1/2O_2 \longrightarrow ZnO$	1.65	1.52	658	1 085	—	—	—
	锌/空气	Zn	环境空气	$Zn + 1/2O_2 \longrightarrow ZnO$	1.65	1.22	820	1 353	1.5	370	1 300
	锂/亚硫酰氯	Li	$SOCl_2$	$4Li + 2SOCl_2 \longrightarrow 4LiCl + S + SO_2$	3.65	3.25	403	1 471	3.6	590	100
	锂/二氧化硫	Li	SO_2	$2Li + 2SO_2 \longrightarrow Li_2S_2O_4$	3.1	2.64	379	1 175	3.0	260	415
	锂/二氧化锰	Li	MnO_2	$Li + MnNO_2 \longrightarrow MnNO_2Li$	3.5	3.50	286	1 001	3.0	230	535

续表

电池类型		负极	正极	反应机理	理论值				实际电池		
					电压/V	每安时质量/[g·$(A·h)^{-1}$]	质量比容量/(W·h·kg^{-1})	质量比能量/(W·h·kg^{-1})	标称电压/V	质量比能量/(W·h·kg^{-1})	体积比能量/(W·h·L^{-1})
原电池	锂/二硫化铁	Li	FeS	$4Li+FeS_2 \longrightarrow 2Li_2S+Fe$	1.8	1.38	726	1 307	1.5	260	500
	锂/一氟化碳	Li	$(CF)_n$	$nLi+(CF)_n \longrightarrow nLiF+nC$	3.1	1.42	706	2 189	3.0	250	635
	锂/碘	Li	I_2(P2VP)	$Li+1/2I_2 \longrightarrow LiI$	2.8	4.99	200	560	2.8	245	900
贮备电池	镁/氯化亚铜	Mg	CuCI	$Mg+Cu_2Cl_2 \longrightarrow MgCl_2+2Cu$	1.6	4.14	241	386	1.3	60	80
	锌/氧化银	Zn	AgO	$Zn+AgO+H_2O \longrightarrow Zn(OH)_2+Ag$	1.81	3.53	283	512	1.5	30	75
	热电池	Li	FeS_2	$4Li+FeS_2 \longrightarrow 2Li_2S+Fe$	2.1～1.6	1.38	726	1 307	2.1～1.6	40	100
二次电池	铅酸	Pb	PbO_2	$Pb+PbO_2+2H_2SO_4 \longrightarrow 2PbSO_4+2H_2O$	2.1	8.32	120	252	2.0	35	70
	铁/镍	Fe	Ni 氧化物	$Fe+2NiOOH+2H_2O \longrightarrow 2Ni(OH)_2+Fe(OH)_2$	1.4	4.46	224	314	1.2	30	55
	镉/镍	Cd	Ni 氧化物	$Cd+2NiOOH+2H_2O \longrightarrow 2Ni(OH)_2+Cd(OH)_2$	1.35	5.52	181	244	1.2	35	100
	锌/镍	Zn	Ni 氧化物	$Zn+2NiOOH+2H_2O \longrightarrow 2Ni(OH)_2+Zn(OH)_2$	1.73	4.64	215	372	1.6	60	120

续表

电池类型		负　极	正　极	反应机理	理论值				实际电池		
					电压/V	每安时质量/[g·(A·h)$^{-1}$]	质量比容量/(W·h·kg^{-1})	质量比能量/(W·h·kg^{-1})	标称电压/V	质量比能量/(W·h·kg^{-}1)	体积比能量/(W·h·L^{-1})
二次电池	氢/镍	H_2	Ni 氧化物	$H_2+2NiOOH \longrightarrow 2Ni(OH)_2$	1.5	3.46	289	434	1.2	55	60
	金属氢化物/镍	MH	Ni 氧化物	$MH+NiOOH \longrightarrow M+Ni(OH)_2$	1.35	5.63	178	240	1.2	75	240
	锌/银	Zn	AgO	$Zn+AgO+H_2O \longrightarrow Zn(OH)_2+Ag$	1.85	3.53	283	524	1.5	105	180
	钠/硫	Na	S	$2Na+S \longrightarrow Na_2S$	2.1	2.65	377	792	2.0	170	345
	钠/氯化镍	Na	$NiCl_2$	$2Na+NiCl_2 \longrightarrow 2NaCl+Ni$	2.58	3.28	305	787	2.6	115	190
燃料电池	氢/氧	H_2	O_2	$H_2+1/2O_2 \longrightarrow H_2O$	1.23	0.336	2 975	3 660	—	—	—
	氢/空气	H_2	环境空气	$H_2+1/2O_2 \longrightarrow H_2O$	1.23	0.037	26 587	32 702	—	—	—
	甲醇/氧	CH_3OH	O_2	$CH_3OH+1/3O_2 \longrightarrow CO_2+2H_2O$	1.24	0.50	2 000	2 480	—	—	—
	甲醇/空气	CH_3OH	环境空气	$CH_3OH+1/3O_2 \longrightarrow CO_2+2H_2O$	1.24	0.20	5 020	6 225	—	—	—

注：计算只基于负极和正极活性物质，包括氧气，但不包括空气(电解质不包括在内)。

三、实际的质量比能量和体积比能量

概括地说，使用什么类型的活性物质（它决定电池电压）及其数量（它决定了安时容量）决定了电化学体系能产生的最大能量。但实际电池输出的能量仅为理论能量的一部分。如图 3－3 所示，电池中电解质和非活性组分（容器、隔膜、电极中的非活性物质）等占了整个电池质量和体积的一部分。另一个影响因素是电池既不是按理论电压放电（因而平均电压降低），也不能完全放电至零（因而减少了安时数）。再者，实际电池中活性物质往往不是严格按化学计量比匹配，一个电极中多余的活性物质降低了电池的比能量。

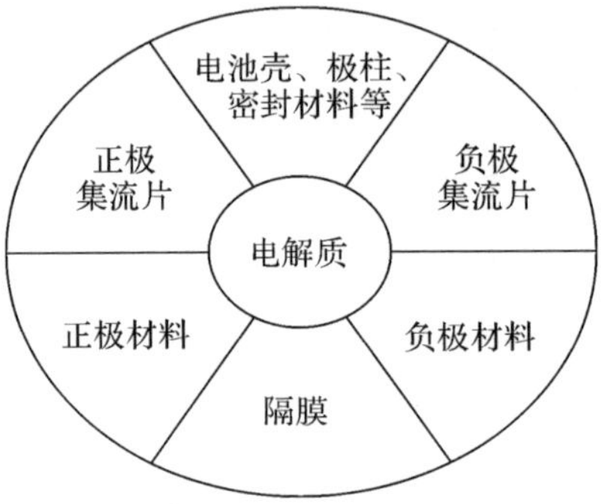

图 3－3　电池的零部件

图 3－4 给出了一些常用电池的质量比能量，包括：

（1）理论质量比能量（仅考虑正、负极活性物质）；

（2）实际电池的理论质量比能量（将电解质和非活性组分计算在内）；

（3）20 ℃最佳放电条件下这些电池的实际质量比能量。

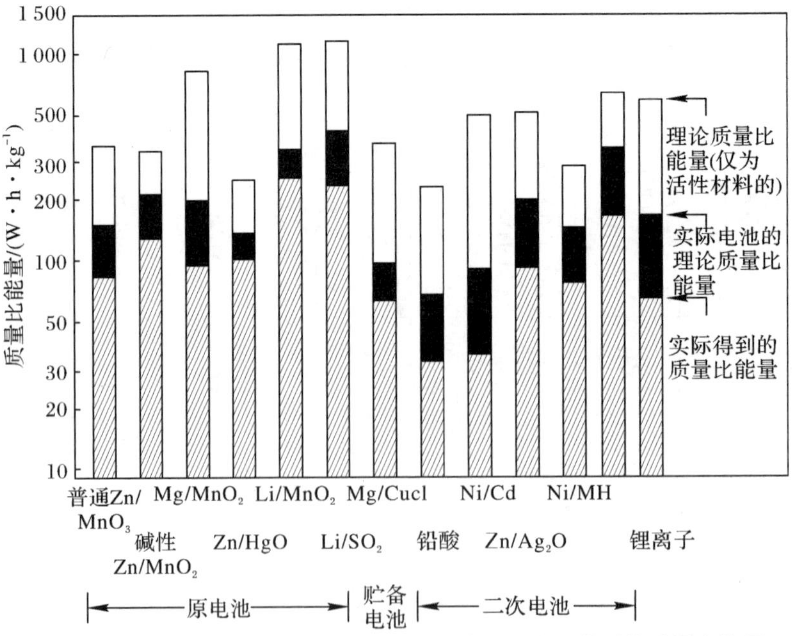

图 3－4　各电化学体系电池的理论质量比能量和实际得到的质量比能量

从这些数据可以看出，考虑电池中所有材料的质量，理论质量比能量几乎降低了 50%；即使是在接近最佳条件下放电，电池实际输出的能量也仅为上述降低值后的 50%～75%。

因此，实际应用中在接近最佳放电条件下，电池仅能输出活性物质理论质量比能量的 25%～35%。

几种主要原电池和蓄电池的质量比能量和体积比能量数据分别如图 3-5(a)(b)所示。在这些图中，用一个区域范围来表示储能的能力，而不是用某一个最佳值，以此说明电池系统在不同使用条件下可以展现不同的性能。

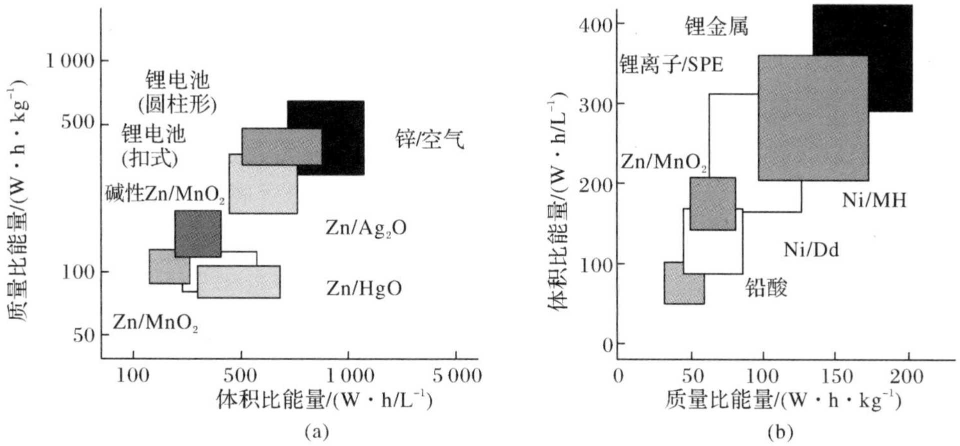

图 3-5 不同电化学体系电池的能量贮备能力对比

(a)原电池；(b)可充电电池

实际上，在更苛刻的使用条件下电池可能输出更少的电能。

四、电化学过程热力学

在电池中，反应基本上是发生在两个面或两个部位上，这些反应部位就是电极界面。一般来说，在一个电极上的反应(正向还原)可表示为

$$aA + ne \rightleftharpoons cC$$

式中：a mol 分子 A 得到 n mol 电子，形成 c mol 分子 C。在另一个电极上的反应(正向氧化)可表示为

$$bB - ne \rightleftharpoons dD$$

电池总反应可通过两个半电池反应相加而得：

$$aA + bB \rightleftharpoons cC + dD$$

该反应的标准自由能的变化 ΔG^{θ} 可用下式表示：

$$\Delta G^{\theta} = -nFE^{\theta} \tag{3-6}$$

式中：F 通称为法拉第常数(F=96 487 C)；E^{θ} 是该反应的标准电极电位。当条件与标准状态不同时，电池电压 E 可由 Nernst 方程得到：

$$E = E^{\theta} - \frac{RT}{nF}\ln\frac{\alpha_{C}^{c}\alpha_{D}^{d}}{\alpha_{AC}^{a}\alpha_{B}^{b}} \tag{3-7}$$

式中：α_i 为相应粒子的活度；R 为气体常数；T 为热力学温度。

电池反应的标准自由能变化是电池向外电路提供电能的驱动力。顺便提及，测量电动势也可得到反应的自由能、熵变和焓变数据，以及活度系数、平衡常数和溶度积等数据。

单电极(绝对)电位的直接测量实际上是不可能的,为了度量半电池电位或标准电位,必须确立一个参考“零”电位,以此为参考点测得单个电极的电位。按照惯例,H_2/H^+(水溶液)反应的标准电位被视为“零”,所有标准电极电位都相对该电位。

五、电极过程动力学

电极上的反应以化学和电两方面的变化为特征,属于非均相反应类型。电极反应可以如金属离子还原生成金属原子,并进入电极表面或结构内部那样简单,然而这仅仅是表面上的简单,实际上,整个反应的机理可能相当复杂,而且常常包括很多步骤。电活性粒子必须在电子传递步骤之前通过迁移或扩散传送到电极表面,同时在电子传递步骤之前或之后,都可能包括电活性粒子在电极表面的吸附步骤,而化学反应也可能包含在整个电极反应过程中。与任何反应一样,电化学反应的总速率是由整个反应过程中最慢的步骤所确定的。

上面电化学过程的热力学处理描述了系统的平衡条件,并没有涉及非平衡条件下的情况,如由电极极化(过电位)引起的电流对电化学反应的影响等。诸多电化学体系的电流与电位特性的试验表明,电流和加在电极对上的电压之间呈现指数关系。这种关系式称为塔菲尔(Tafel)公式,即

$$\eta = a \pm b \lg i \tag{3-8}$$

式中:η 为过电位;i 为电流;a,b 为常数。

一般可把常数 b 称为 Tafel 斜率。

许多电化学体系的 Tafel 关系式在很宽广的过电位范围内均适用。但在低的过电位情况下,这种关系不成立,并导致 η 和 $\lg i$ 的关系曲线出现偏离,如图 3-6 所示。

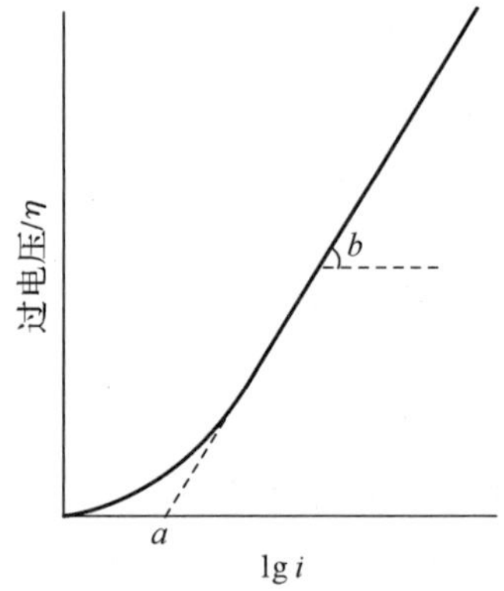

图 3-6　图解塔菲尔图给出了在低的过电位下的参数 a 和 b

Tafel 公式与许多试验规律很好地吻合,激励了人们对电极过程动力学理论的探索。但是 Tafel 关系式仅适用于高过电位范围,有理由相信该表达式不适用于近于平衡状态的条件,而仅用来表示单向过程的电流-电位相互关系。在氧化过程中,意味着还原过程的影响是可以忽略的。我们把式(3-8)重新排列成下列指数形式:

$$i = \exp\left(\pm \frac{a}{b}\right) \exp \frac{\eta}{b} \tag{3-9}$$

一般的情况是,电还原过程的正向和逆向两个反应都必须考虑,如图 3-7 所示,可简化为

$$\mathrm{O} + n\mathrm{e} \rightleftharpoons R$$

式中：O 为氧化态粒子；R 为还原态粒子；n 为电极反应过程所涉及的电子数。

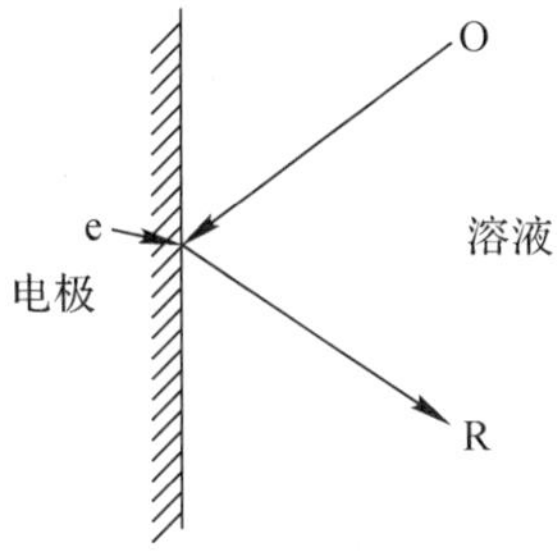

图 3-7　简单图解电解上发生的还原过程

正向反应和逆向反应可分别用异相速率常数 k_f 和 k_b 来描述。正向反应速率和逆向反应速率可由这些速率常数与相应方向电极表面浓度的积来表示。如同后面所指出的那样，电极表面上的电活性粒子的浓度常常与溶液本体浓度不同。正向反应速率是 $k_f C_o$，逆向反应速率是 $k_b C_R$。为了方便起见，这些速率常常分别用正向反应电流和逆向反应电流 i_f 和 i_b 表示：

$$i_f = nFAk_f C_o \tag{3-10}$$

$$i_b = nFAk_b C_R \tag{3-11}$$

式中：A 为电极面积；F 为法拉第常数。

所建立起来的这些表达式仅仅是将物质作用定律应用于正向、逆向电极过程的结果。在此过程中，电子的作用可以由假设速率常数的大小决定于电极电位而得到确定。速率常数和电极电位的关系一般可描述如下：降低电极电位 E 会促进正向还原反应而抑制逆向氧化反应的进行，相当于分别增加和降低正、负极反应的活化能，反之亦然。而通常施加在电极上的还原电位 E 只有一部分 αE（$\alpha<1$，称为传递系数）被用来驱动氧化过程，是促成氧化过程更为困难的因素。数学上，这些依赖于电位的速率常数可用下式表示：

$$k_f = k_f^{\theta} \exp \frac{-\alpha nFE}{RT} \tag{3-12}$$

$$k_b = k_b^{\theta} \exp \frac{(1-\alpha)nFE}{RT} \tag{3-13}$$

式中：α 为传递系数；E 为相对于适当参考电极的电极电位。

给电极施加一个偏离平衡电位的电压时，只有施加电能的一部分——αnEF 被用来驱动电化学反应，分数 α 称为传递系数。为了弄懂传递系数 α 的作用，必须阐明还原过程和氧化过程的能量变化图。图 3-8 表示出氧化态粒子接近电极表面时的一个近似的势能曲线（Morse 曲线）和生成的还原态粒子的势能曲线。为了方便起见，把固体电极上的氢离子还原作为典型的电还原例子。根据 Horiut 和 Polanyi 理论，氢离子的还原势能图可用图 3-9 表示，图中氧化态粒子 O 是水合氢离子，还原态粒子 R 是连在金属（电极）表面上的氢原子。改变电极电位 E 的作用是将氢离子 Morse 曲线的势能升高。两个 Morse 曲线的交点形成一能垒，其高度为 αE。如果两条 Morse 曲线交点处的斜率分别接近一常数，那么 α 就可由两条 Morse 曲线交点处的斜率比来确定：

$$\alpha = \frac{m_1}{m_1 + m_2} \tag{3-14}$$

式中：m_1 和 m_2 分别是水合氢离子和氢原子势能曲线的斜率。

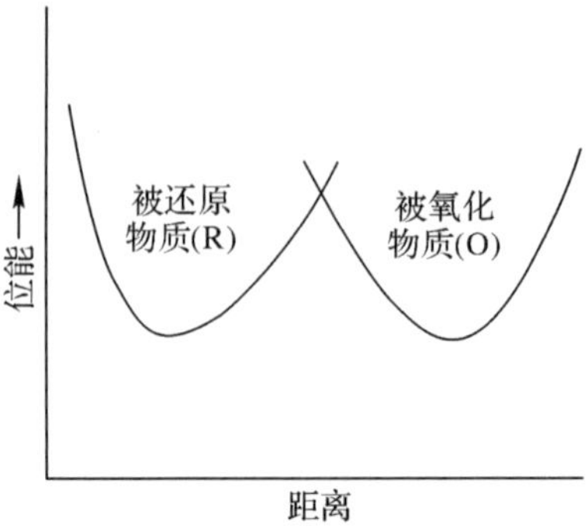

图 3-8 发生在电极上的还原-氧化过程的位能图

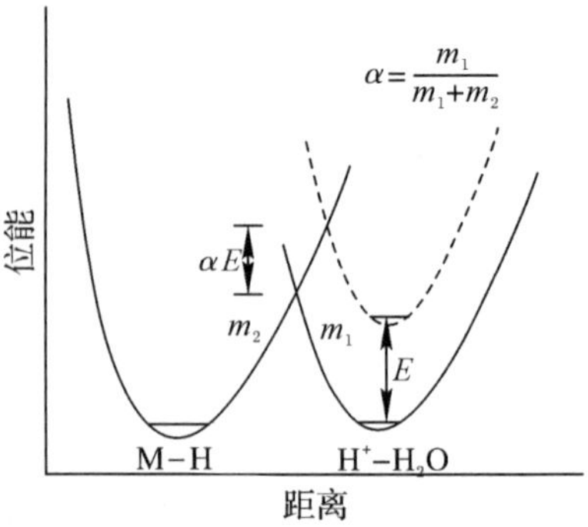

图 3-9 电极上水合氢离子的还原位能图

这种传递系数理论还存在某些不足之处，如假定了 α 是常数，且与 E 无关，目前还没有数据证实或反驳这种设想。其他主要的缺点是用同一概念来阐述多种不同的粒子，如：①在惰性电极上的氧化还原变化（Hg 上的 Fe^{2+}/Fe^{3+}）；②溶于不同相中的反应物和生成物 [$Cd^{2+}/Cd(Hg)$]；③电沉积过程 (Cu^{2+}/Cu)。尽管存在着这些不足之处，在许多情况下该理论的概念和应用还是合理的，目前它代表了对电极过程最恰当的理解和阐述。一些 α 值的实例见表 3-6。

表 3-6 在 25 ℃下传递系数 α 的数值

金属	体系	α	金属	体系	α
铂	$Fe^{3+}+e^- \longrightarrow Fe^{2+}$	0.58	汞	$2H^+ + 2e^- \longrightarrow H_2$	0.50
铂	$Ce^{4+}+2e^- \longrightarrow Ce^{2+}$	0.75	镍	$2H^+ + 2e^- \longrightarrow H_2$	0.58
汞	$Ti^{4+}+e^- \longrightarrow Ti^{3+}$	0.42	银	$Ag^+ + e^- \longrightarrow Ag$	0.55

根据式(3-12)和式(3-13)，可以导出有助于评价和阐述电化学体系的参数。式(3-12)和式(3-13)与用于平衡态的 Nernst 方程和用于单向过程的 Tafel 关系式是一致的。

在平衡状态下，没有净电流流动：

$$i_f = i_b = i_0 \tag{3-15}$$

式中：i_0是交换电流。按照式(3-10)～式(3-13)和式(3-15)，可以导出下列关系式：

$$C_O k_f^\theta \exp\frac{-\alpha nFE}{RT} = C_R k_b^\theta \exp\frac{(1-\alpha)nFE_e}{RT} \tag{3-16}$$

式中：E_e 是平衡电势。

重新排列后为

$$E_e = \frac{RT}{nF}\ln\frac{k_f^\theta}{k_b^\theta} + \frac{RT}{nF}\ln\frac{C_O}{C_R} \tag{3-17}$$

根据式(3-17)，可给出标准电位 E_C^θ 的定义，式中使用的是浓度而不是活度，即

$$E_C^\theta = \frac{RT}{nF}\ln\frac{k_f^\theta}{k_b^\theta} \tag{3-18}$$

结合式(3-17)和式(3-18)，可证明下列表达式除使用的是浓度而不是活度之外，它与 Nernst 方程完全一致：

$$E_e = E_C^\theta + \frac{RT}{nF}\ln\frac{C_O}{C_R} \tag{3-19}$$

结合式(3-10)和式(3-12)，平衡条件下有

$$i_0 = i_f = nFAC_O k_f^\theta \exp\frac{-\alpha nFE_e}{RT} \tag{3-20}$$

按式(3-15)定义的交换电流对电池界的研究人员是一个有重要意义的参数，结合式(3-10)、式(3-12)、式(3-17)和式(3-20)，可得

$$i_0 = nFAkC_O^{(1-\alpha)}C_R^\alpha \tag{3-21}$$

交换电流 i_0 是在整体无净变化的任何平衡电位下，氧化态物质和还原态物质之间电荷交换速率的一种度量单位。然而速率常数 k 是在一特定电位下，即该体系标准电位下定义的。但它本身还不足以表征该体系，必须要知道传递系数的值。然而，式(3-21)可以用来阐明电极反应的机理。在氧化态或还原态粒子浓度一定时，分别测量交换电流密度随还原态和氧化态粒子浓度的变化，就可确定传递系数的值。图 3-10 示意正向电流和逆向电流与过电位 $\eta = E - E\mathrm{e}$，图中净电流是正、负极电流的代数和。

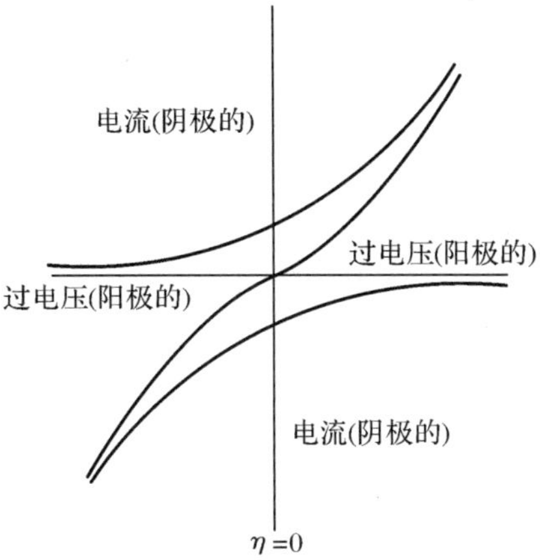

图 3-10　过电位和电流之间的关系

如静电流不为零，净电流接近正向净电流(或对负极过电位而言就是逆向净电流)。此时，有

$$i = nFAkC_O \exp\frac{-\alpha nF\eta}{RT} \tag{3-22}$$

当 $\eta = 0$，$i = i_0$ 时，有

$$i = i_0 \exp\frac{-\alpha nF\eta}{RT} \tag{3-23}$$

和

$$\eta = \frac{RT}{\alpha nF}\ln i_0 - \frac{RT}{\alpha nF}\ln i \tag{3-24}$$

该公式即是前面已介绍过的 Tafel 方程的一般形式。

现在可以看出，这种动力学的分析与 Nernst 方程(用于平衡态)和 Tafel 关系式(用于单向过程)是完全一致的。

为了以最有用的形式表示出这种动力学分析，将它转变成净电流形式是合适的：

$$i = i_f - i_o \tag{3-25}$$

将式(3-25)代入式(3-10)、式(3-13)和式(3-18)，可得

$$i=nFAk\left[C_O\exp\frac{-\alpha nFE_C^{\theta}}{RT}-C_R\exp\frac{(1-\alpha)nFE_C^{\theta}}{RT}\right] \tag{3-26}$$

式(3-26)在使用时，必须记住 C_o 和 C_R 是电极的表面浓度或有效浓度，未必与本体浓度相同。在界面上的浓度常常(而且总是)随着表面和主体浓度之间的电位的不同而改变。电极与电解质界面间电位差的影响将在下一节中进行讨论。

六、双电层对动力学参数的影响

当一个电极(金属表面)浸在电解质中，金属表面上的电荷吸引溶液中带有相反电荷的离子，并使溶剂偶极子取向排列。金属和电解质中各自存在一电荷层，这种电荷的分层分布就是通常所说的“双电层”。

试验上，双电层效应在所谓“电毛细”现象中得到了证实。对该现象已经研究了许多年，并且存在着电极/电解质界面上的表面张力与双电层结构间的热力学关系。一般来讲，在此测量中使用的金属是汞。

汞/电解质界面的表面张力可用一简单的仪器来测定。所应具备的条件如下：①可极化的汞与溶液界面；②作为参考电位的非极化界面；③电位可调的外电源；④测量汞与电解质界面张力的装置。可满足上述要求的试验装置如图 3-11 所示。界面张力的测量可通过提高汞的位置“高度”，以便向汞/电解质界面施加压力来进行。在界面上，界面张力/汞柱产生的压力达到平衡，如图 3-12 所示。

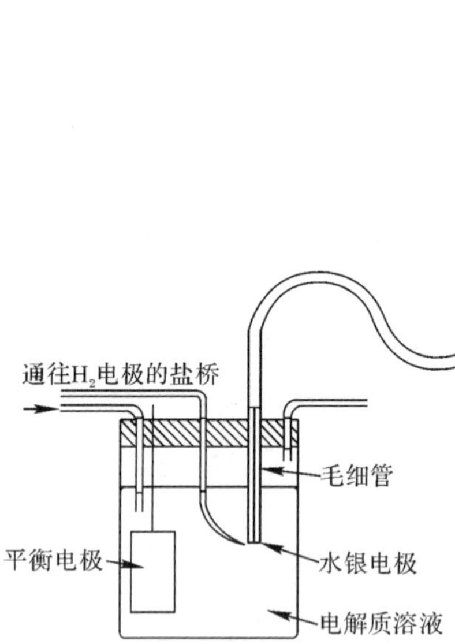

图 3-11　在汞与电解质界面测试表面张力的试验

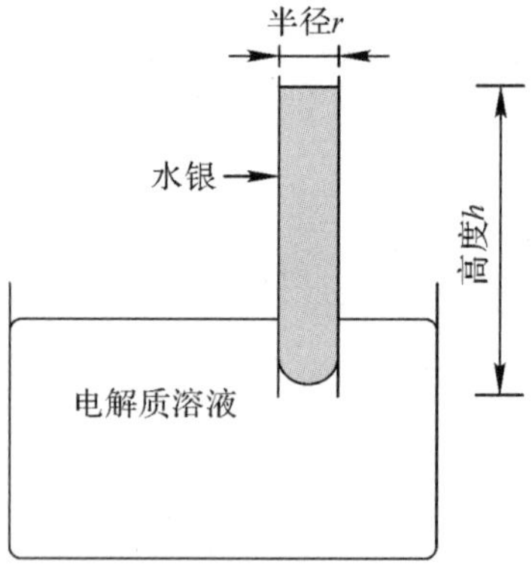

图 3-12　浸入电解质溶液后，毛细管中的汞/电解质界面闭合

如果毛细管壁上的接触角是 0°，那么界面张力就可以通过简单的数学运算表示出来：

$$r=\frac{h\rho gr}{2} \tag{3-27}$$

式中：γ 为界面张力；ρ 为汞的密度；g 为重力加速度；r 为毛细管的半径；h 为毛细管内汞柱的高度。

典型电解质中测得的特征电毛细作用曲线如图 3－13 所示。这些测量和更精密的交流阻抗电桥测量确定了双电层结构的存在。

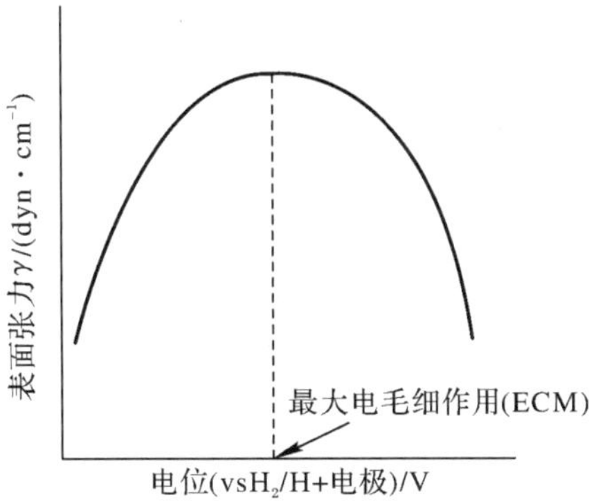

图 3－13　电毛细作用曲线

考虑一个在电解质水溶液中带有负电荷的电极，假设在该电位下没有电化学电荷转移反应发生。为了简单和清楚起见，双电层的不同特点将分别单独阐述。

以水为讨论对象，水分子的取向如图 3－14 所示。该图显示了水偶极子的取向排列，大多数用其正端(箭头)指向电极表面。因为双电层是与本体溶液中的水分子处于动平衡的体系，因此，该图仅是一张水分子层结构的“快照”。因为这种表示是一种统计方法，所以不是所有偶极子均以相同方向取向。与受偶极子与电极间相互作用的影响相比，某些偶极子更易受偶极子与偶极子间相互作用的影响。

其次，考虑一个阳离子是如何到达双电层附近。不管双电层的定向效应如何，大多数阳离子被水偶极子强烈溶剂化，在阳离子周围形成偶极水分子的包覆层。除少数例外情况之外，阳离子不是直接地到达电极表面，而是仍然留在第一层溶剂分子的外面，且保持着外面的水分子包覆层。图 3－15 给出了阳离子在双电层中排列的一个典型例子，这也是阳离子在双电层中最可能的排列方式，这一图像的确立部分来自于混合电解质中交流阻抗测试结果，但主要是从离子达到电极表面过程中自由能的计算得到的。考虑水与电极、离子与电极和离子与水的相互作用，阳离子到达电极表面的自由能强烈地受阳离子水合作用的影响。一般结果如下：像 Cs^+ 这种具有很大半径(因而水合能低)的阳离子能接触吸附在电极表面；但大多数阳离子接触吸附自由能的变化大于零，因此，与接触吸附机理相抵触。图 3－16 给出了 Cs^+ 接触吸附在电极表面的一个例子。

因为阴离子带负电荷，所以可以预见阴离子在电极表面的接触吸附将不会发生。但在分析阴离子体系自由能变化时发现，阴离子倾向于和电极接触，因为净自由能的变化为负。从计算和试验测量两方面都发现阴离子接触是相对普遍的。图 3－17 给出了阴离子在电极上吸附的一般情况。也有这种吸附类型例外的情况，如计算发现氟离子接触吸附的自由能变化为正，接触吸附不太可能发生，这一结论也得到了试验测量的证实。利用氟离子的这一特性，用 NaF 作支持电解质来评估表面电活性粒子的吸附特性可以避免支持电解质吸附的影响。将双电层(或紧密层)向电解质本体延伸可以连续重复研究这种双电层的影响，不过影响幅度要较紧密层小。这种紧密双电层向溶液本体的“延伸”成为 Gouy-Chapman 扩散双电层。当支持电解质浓度低或为零时，该扩散层对电极动力学和电极表面电活性粒子浓度的影响是明显的。

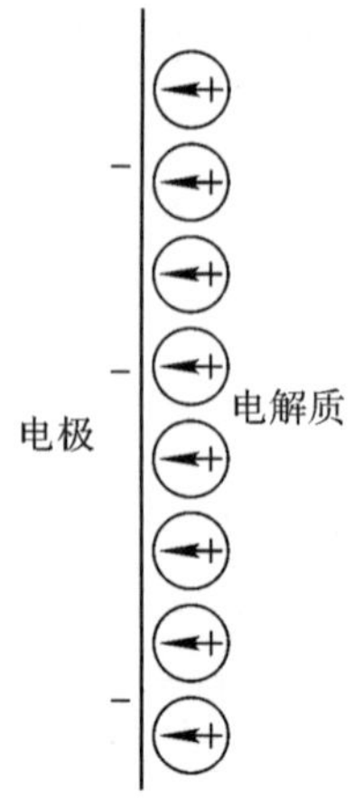

图 3-14　在负电性电极双电层中水分子的取向

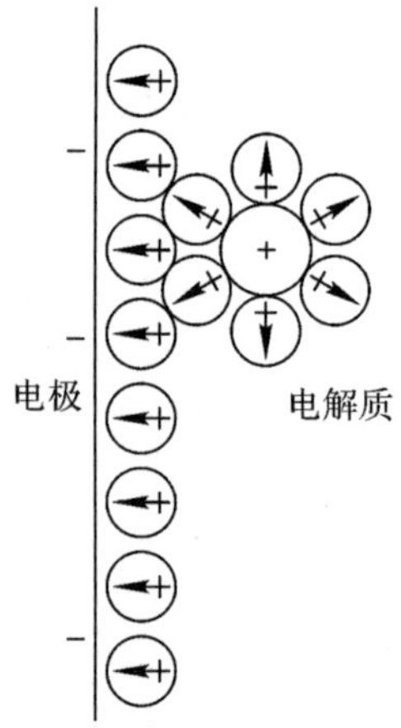

图 3-15　典型阳离子处在双电层中

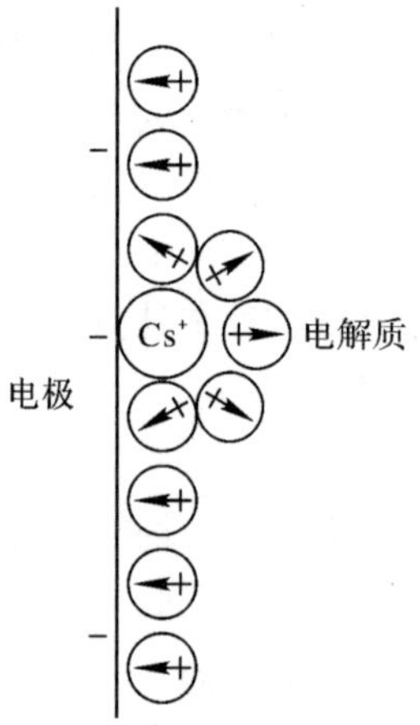

图 3-16　Cs^+ 在电极表面的接触吸附

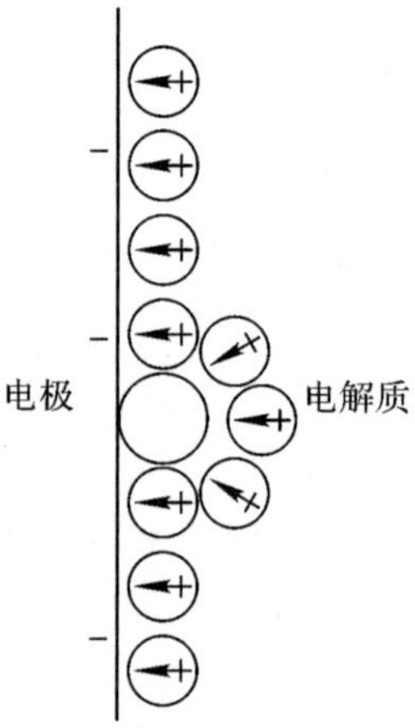

图 3-17　阴离子在电极表面的接触吸附

建立双电层效应和各种类型的离子接触吸附效应的最终后果是直接影响电极表面电活性粒子的真实浓度，并间接改变电子转移位置的电位梯度，在适当的时候和场合考虑双电层的影响是很重要的。

电极附近电位的分布示意图如图 3-18 所示，含有接触吸附离子和最里层水分子的平面称为内亥姆霍兹(Helmholtz)平面，其电位定义为以本体溶液的电位为参考零点而相对本体溶液的电位 φ。通过没有接触吸附但有溶剂化的水分子外壳包围且靠近电极的那些离子的平面称为外亥姆霍兹平面，其电位仍以本体溶液电位为参考，定义为 φ_0。

动力学方程中通常不使用电活性粒子的本体浓度，双电层中和本体溶液中的粒子能态不同。平衡态时，电极上参与电荷转移过程的离子或粒子的浓度 C^e 和本体浓度 C^B 的关系为

$$C^e = C^B C_O \exp \frac{-zF\varphi^e}{RT} \tag{3-28}$$

式中：z 为离子电荷；C^e 为离电极最近离子的电位。很多粒子离电平面为外亥姆霍兹（Helmholtz）平面，因此，C^e 通常等于 φ^0。但有些特例，离电极最近的平面为内亥姆霍兹（Helmholtz）平面，此时，C^e 等于 φ^i。C^e 究竟采用什么值需要事先进行判断。

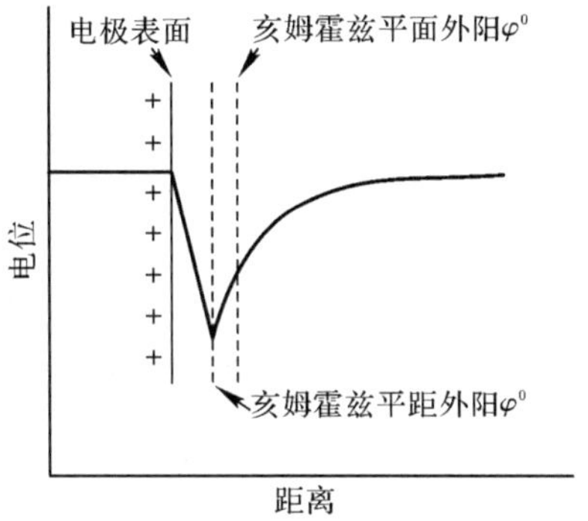

图 3-18　正电性电极上的电位分布

有效驱动电极反应的电位是电极电位与最靠近电极粒子之间的电位差，假设 E 为电极电位，反应的驱动力为 $E-\varphi^e$，用这一关系结合式(3-26)和式(3-28)，有

$$\frac{i}{nFAk}=C_O\exp\frac{z_oF\varphi^e}{RT}\exp\frac{-\alpha nF(E-\varphi^e)}{RT}-C_R\exp\frac{-z_RF\varphi^e}{RT}\exp\frac{(1-\alpha)nF(E-\varphi^e)}{RT} \tag{3-29}$$

式中：z_o 和 z_R 分别是氧化态和还原态粒子的电荷(带符号)。

重新整理式(3-28)，有

$$Z_o-n=z_R \tag{3-30}$$

代入式(3-29)，得到

$$\frac{i}{nFAk}=\exp\frac{(\alpha n-z_o)F\varphi^e}{RT}\left[C_O\exp\frac{-\alpha nFE}{RT}-C_R\exp\frac{(1-\alpha)nFE}{RT}\right] \tag{3-31}$$

试验上，用式(3-26)可以得到没有考虑双电层影响的表观速率常数。考虑最近粒子平面的影响，有

$$k_{app}=k\exp\frac{(\alpha n-z_o)F\varphi^e}{RT} \tag{3-32}$$

同样，交换电流为

$$(i_0)\text{app}=(i_0)\exp\frac{(\alpha n-z_o)F\varphi^e}{RT} \tag{3-33}$$

对速率常数和交换电流进行校正不是不重要，Bauer 中给出了几个计算事例。表观和真实速率常数可以相差两个数量级。校正的幅度与粒子的电毛细作用大小和电极上反应的电位差的大小有关；电位差愈大，对交换电流或速率常数的校正就愈大。

七、电极表面的物质传输

电极表面上物质的往返传输一般包括 3 个过程：①对流和搅拌；②在电位梯度下的电迁移；③在浓度梯度下的扩散。第 1 个过程很容易用数学或试验方法处理。如果需要搅拌，就可以建立起一个流动体系。而如果试验要求必须完全处于滞流条件，就可以通过加强精心设计来保证。在大多数情况下，如果搅拌和对流存在或被使用，它们就用数学方法来处理。

若已知迁移数和迁移电流，则传质过程中的电迁移部分也可以用试验方法来处理(可以减小到接近零或在特殊情况下偶尔增加)，并可用数学式来描述。电活性粒子在电位梯度下的电迁移可通过添加过量的惰性"支持电解质"使其减少至零，支持电解质能有效地将电位梯度减

少至零，从而消除了引起电迁移的电场，电迁移的增强比较困难。若需要的话，则要增强电场，以便增强带电粒子的运动。从电极的几何结构设计上通过改变电极曲率，可以使电迁移略有加强。凸面上的电场较平面或凹面上的要大，因此，在弯曲凸面上粒子的电迁移作用就增强。

第 3 个过程，即浓度梯度的扩散在这 3 个过程中最为重要，一般也是电池中最主要的一种传质方式。可用 Fick 基本方程对扩散进行分析，该方程定义了在距离 x 和时间 t 时物质穿过一个平面的流量。该流量与浓度梯度成正比，可用下列表达式表示：

$$q=D\frac{\delta C}{\delta x} \tag{3-34}$$

式中：q 为流量；D 为扩散系数；C 为浓度。

浓度随时间的变化率可用下式定义：

$$\frac{\delta C}{\delta x}=D\frac{\delta^2 C}{\delta^2 x} \tag{3-35}$$

式(3-35)称为 Fick 第二扩散定律。在解式(3-34)和式(3-35)时要求使用边界条件。边界条件可根据电极所期望的放电方式来确定，也可以采用相关电分析技术施加的边界条件。

对于在电池技术中的直接应用，物质传递的三种模式具有重要意义。对流和搅拌过程可促使电活性物质流向反应区。在电池中使用搅拌和对流过程的例证有循环式锌/空气电池体系、振动的锌电极和锌-水合氯($Cl_2\cdot 8H_2O$)电池。在某些先进的铅酸电池中，酸的循环可提高电池极板中电活性物质的利用率。

在某些情况下，电迁移效应对电池性能是不利的，特别是凸点周围区域的增强电场(电位梯度)所引起的电迁移效应尤其如此。在这些区域电迁移的增强易于引起枝晶的形成，最终导致短路或电池失效。

(一)浓差极化

在大多数电池中，扩散是典型的传质过程，为维持电流流动需要物质往返于反应区的传递过程。扩散过程的加强和改进是研究改进电池特性参数所应遵循的一个正确方向。式(3-34)可以用一个近似但更实用的形式表示，记为

$$i=nFq$$

式中：q 是通过单位面积平面的流量。因此，

$$i=nF\frac{DA(C_B-C_E)}{\delta} \tag{3-36}$$

式中：其他参数同前；C_B 为电活性粒子的主体浓度；C_E 为电极表面浓度；A 为电极面积；δ 为边界层厚度，即浓度梯度的变化主要集中在这个电极表面层内(见图 3-19)。

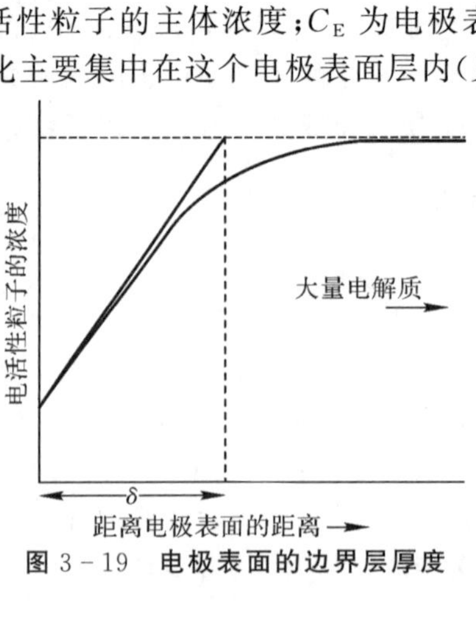

图 3-19 电极表面的边界层厚度

当 $C_E=0$ 时，该表达式定义了在所给定的一系列条件下溶液所能维持的最大扩散电流：

$$i_L=nF\frac{DAC_B}{\delta_L} \tag{3-37}$$

式中：δ_L 为极限条件下边界层厚度。

如果要增加 i_L，就必须增加本体浓度、电极面积或增大扩散系数。在设计电池时，重要的是要了解该表达式的实质。一些特殊情况可应用式(3-36)作出迅速分析。例如，可用来预测新型电池的放电率和比功率等参数。假定扩散边界层的厚度不随浓度变化显著改变，则 $\delta_L=\delta$，式(3-36)可以重新写为

$$i=\left(1-\frac{C_E}{C_B}\right)i_L \tag{3-38}$$

电极表面与本体溶液的浓度差产生了浓差极化，根据 Nernst 方程，扩散层内浓度变化产生的浓差极化或浓差过电位 η 可以重新写为

$$\eta_c=\frac{RT}{nF}\ln\frac{C_B}{C_E} \tag{3-39}$$

结合式(3-38)，得到

$$\eta_c=\frac{RT}{nF}\ln\frac{i_L}{i_L-i} \tag{3-40}$$

式(3-40)是由扩散引起的浓差极化和传质电流之间的关系，表示当 i 接近极限电流 i_L 时，理论上过电位应变成无穷大。然而，如图 3-20 所示，在实际过程中当电位增加至某一数值时，会发生另一个电化学反应。图 3-21 是基于式(3-40)，当 $n=2$ 和 25 ℃下，浓差过电位与 i/i_L 的函数关系。

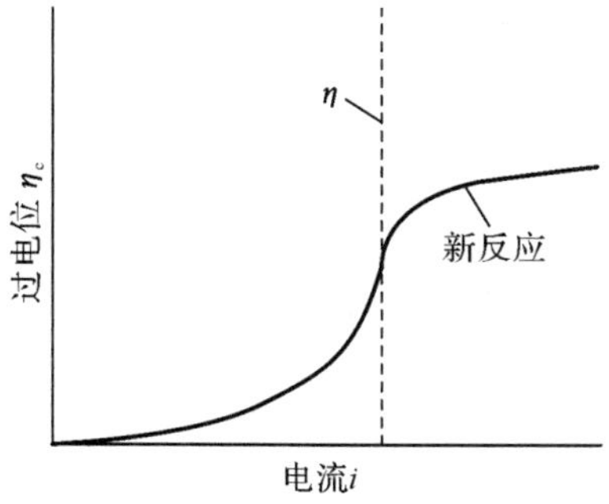

图 3-20　过电位 η_c 与电流 i 的关系图

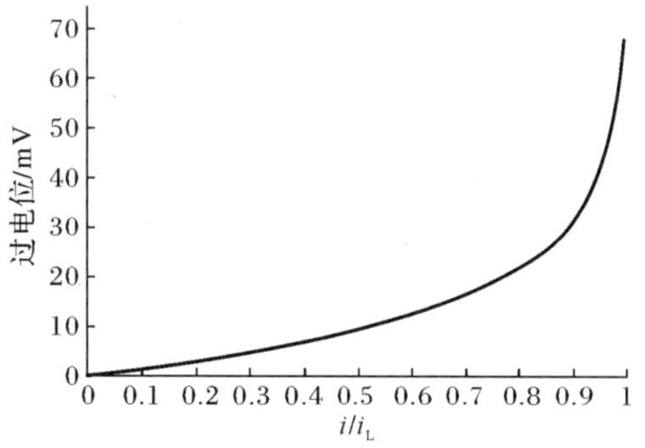

图 3-21　在 25 ℃下，当 $n=2$ 时，浓差过电位与 i/i_L 的关系[基于式(3-40)]

(二)多孔电极

电化学反应是发生在电极/电解质交界面上的异相反应，燃料电池中反应物是从电解质相进入催化电极表面。化学电池中，电极通常是由活性反应物、黏结剂和导电添加剂组成的复合电极。为减少电极表面因活化极化和浓差极化而引起的能量损失，并提高电极效率或利用率，一般都倾向采用大的电极有效表面积。多孔电极设计可以做到这一点，多孔电极单位体积的交界面面积可以比平板电极高几个数量级(如 $10^4\ cm^{-1}$)。

多孔电极由多孔固态基体和孔洞组成，电解质通过多孔基体进入后，与界面发生的电化学反应所伴随的传质条件变得非常复杂。电池运行的某一给定时间，孔内的反应速率随着位置不同而变化很大；同时电流密度的分布也依赖于物理结构(如弯曲程度、孔径大小)、固态基体和电解质的电导率，以及电化学过程的动力学参数。

第四节　电分析技术

许多稳态和脉冲电分析技术均可用于测定电化学参数，并可作为辅助手段用于对现有电池体系的改进和新型候选电池电对体系的评价。下面对相关的几种方法作出说明。

一、循环伏安法

在电分析技术中，循环伏安法可能是电化学工作者目前较普遍使用的一种方法，各种形式的循环伏安法均可追溯到 Matheson、Nicols 和 Ran-dles 的早期研究工作。本质上，该方法是将一个线性变化电压(等斜率电压)施加在一个电极上。扫描区域可控制在适当静止电位的±2 V 内，大多数电极反应都发生在这个电位区域内。已商品化的试验装置可提供的电位扫描区域为±5 V。

氧化态粒子 O 的可逆还原反应式：

$$O + ne \rightleftharpoons R$$

在循环伏安法中，起始扫描电位可用下式表示：

$$E = E_i - vt \tag{3-41}$$

式中：E_i 为起始电位；t 为时间；v 为电位变化率或扫描速率，V/s。

反向扫描循环可用下式定义：

$$E = E_i + v't \tag{3-42}$$

式中：v' 常常与 v 值相同。

将式(3－42)与适当形式的 Nernst 方程及 Fick 扩散定律相结合，就可以获得一个描述电极表面粒子流量的表达式，该表达式是一个复杂的微分方程，可用连续小步进积分求和的方法求其解。

当所施加的电压接近该电极过程的可逆电位时，有一小电流通过，接着迅速增大，但伴随着随后反应物的耗尽，电流在电位稍高于标准电位处变成某一有限数值。反应物的耗尽建立起向溶液延伸的浓度分布，如图 3－22 所示。当浓度分布延伸到溶液中时，电极表面上的扩散传质速率减小，同时伴随可观察到电流的减小。从而可见到电流经过一个意义明确的最大值，如图 3－23 所示。可逆还原的峰值电流定义为

$$i_P = \frac{0.447F^{3/2}An^{3/2}D^{1/2}C_0v^{1/2}}{R^{1/2}T^{1/2}} \tag{3-43}$$

式中：i_p 为峰电流；A 为电极面积；其他符号同前。

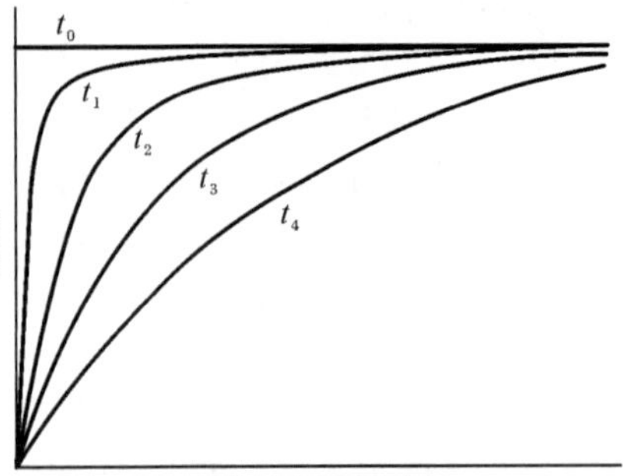

图 3－22　采用循环伏安法时还原离子的浓度曲线 ($t_4 > t_0$)

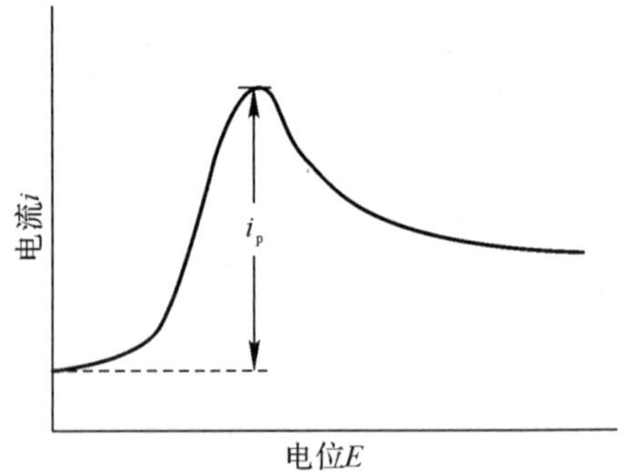

图 3－23　电活性粒子在可逆还原反应中的循环伏安曲线上对应的峰值电流

常数值与文献中的报道往往有微小差别，这是因为峰电流高度是用数值分析方法计算得到的。

在讨论双电层电容对电极动力学的影响时，“真实”电极电位因电容效应和溶液欧姆电阻而改变。考虑到这两个方面的影响，式(3－41)改写为

$$E=E_i-v_t+r(i_f+i_c) \tag{3-44}$$

式中：r 为电池内阻；i_f 为法拉第电流；i_c 为电容电流 。

当电位扫描速率很小，如低于 1 mV/s 时，电容效应很小，大多数情况下可以忽略。当扫描速率较大时，i_p 需按 Nicholson 和 Shain 描述的方法校正。通过仔细设计电池结构和在电子测试仪器中加入正反馈线路，可以对电解质的欧姆电压降进行充分校正。

循环伏安法可以得到电极过程的定性和定量信息，式(3－9)表示受扩散控制的可逆反应出现一对接近对称的电流峰，如图 3－24 所示。峰电位差表示为

$$\Delta E=\frac{2.3RT}{nF} \tag{3-45}$$

该电位差值和扫描速率无关。对电沉积不溶性薄膜而该薄膜在随后进行可逆氧化时如果过程不受扩散控制，那么 ΔE 值将远远小于式(3－45)给出的值，如图 3－25 所示。

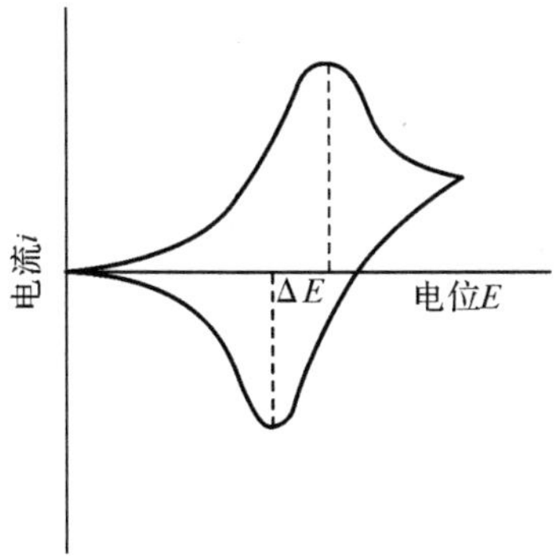

图 3－24　**可逆扩散过程控制的循环伏安曲线**

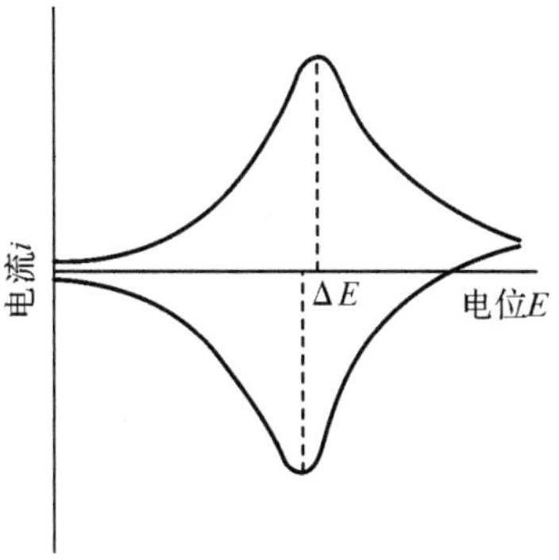

图 3－25　**沉积不可溶解膜的电解还原和再氧化时的循环伏安曲线**

对于该体系，理想的情况是 ΔE 值接近于零。对于准可逆过程，电流峰将区分得更开，峰值处的峰形状较圆，如图 3－26 所示，且峰电位与扫描速率有关。对于完全不可逆电极过程，只出现一个峰，如图 3－27 所示，峰的位置与扫描速率有关。对于逆反应可忽略的不可逆电荷传递过程，根据电流峰的位置与峰电位的表达式(3－46)可以确定速率常数和传递系数。

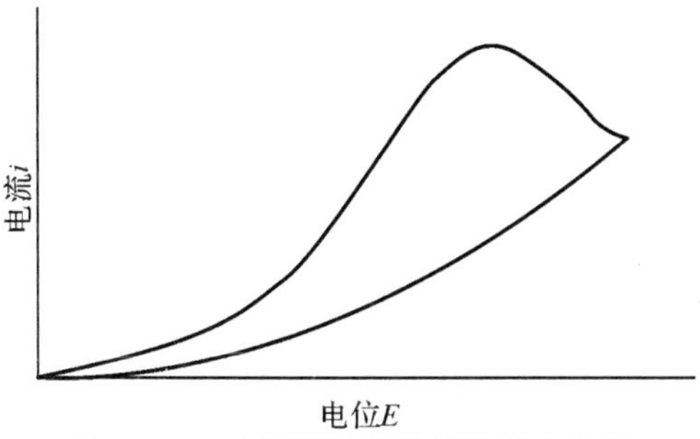

图 3－26　**准可逆过程的循环伏安曲线**

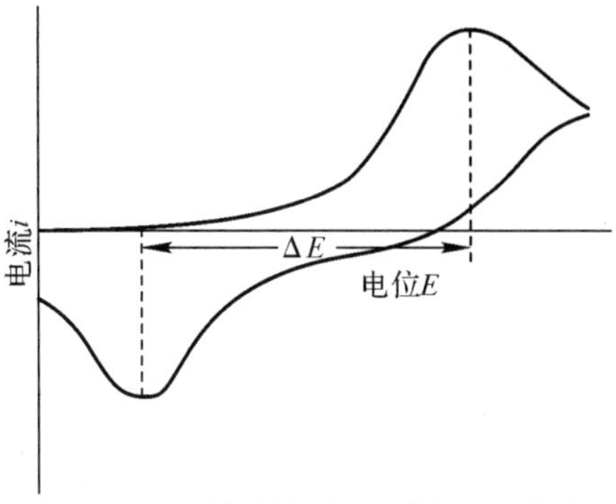

图 3－27　**不可逆过程的循环伏安曲线**

$$i_p = 0.22nFiC_O k_{app} \exp\left[-\alpha \frac{nF}{RT}(E_m - E^\theta)\right] \tag{3-46}$$

式中：E_m 为峰电位；其他符号同前。

在不同浓度中试验，用 E_m 对 $\ln i_p$ 作图可得一直线，从斜率和截距能分别求得传递系数 α 和表观速率常数 k_{app}。尽管采用回归计算分析 E_m 和扫描速率 v 的函数关系，同样可以得出 α 和 k_{app}，但从式(3-46)去分析要方便得多。

对于更复杂的电极过程，循环伏安曲线分析起来要复杂得多。一个典型的事例是由前置反应控制产生的粒子的电还原，图3-28给出了该过程的循环伏安图。粒子在电极表面以恒定速率生成，如果非活性组分的扩散速率比它向活性组分转变的速率快，它就不能在电极表面消耗掉，峰电流因而与电位无关，并像一个平台。电化学体系的循环伏安曲线常常比这里展示的图形要复杂得多，要确定峰归属的粒子和过程，往往需要更多的分析和细致的工作。尽管有这样一些缺点，循环伏安法仍是一种用途广泛、相对灵敏且适合电池技术开发的电分析方法。该技术能确定可逆电对(对蓄电池是所希望的)，并且提供了一种测量电极过程速率常数和传递系数的方法(大的速率常数对电池的开发可能是一个关注的电极过程)，因此，它是可以提供帮助揭示复杂电化学体系的一种工具。

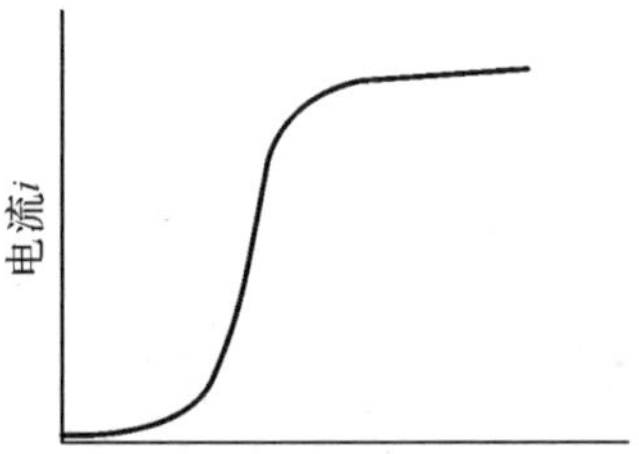

图3-28　由前置化学反应控制的物质电解还原过程的循环伏安曲线

二、计时电位法

计时电位法是给电极施加一恒电流，研究电极电位随时间变化的方法，有时也称为电流伏安法。给电极施加恒电流来记录电位响应，对应着电极界面电极过程的相应变化。以氧化态粒子O还原的情况为例，当恒电流通过体系时，电极表面附近O的浓度开始下降，导致电极表面浓度低于本体浓度，O从本体向电极表面扩散形成浓度梯度，随着时间的延长，浓度梯度向电解质溶液本体延伸，如图3-29所示。

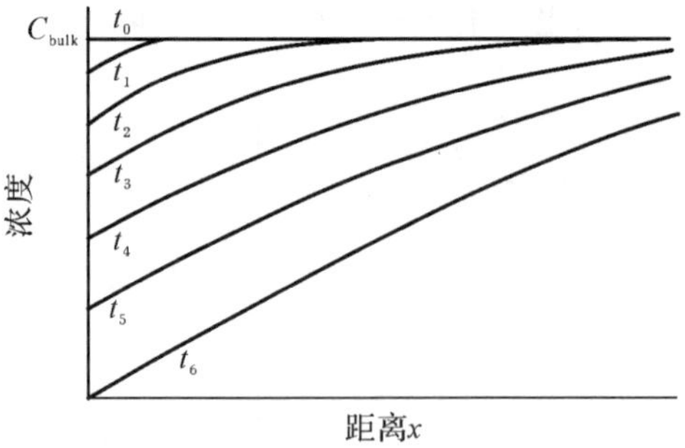

图3-29　恒电流期间反应物粒子在电极表面耗尽时，延伸到溶液本体时的浓度分布曲线($t_6 > t_0$)

在某一时刻(图3-29中的 t_6)电极表面O的浓度将为零，电极过程因得不到O的电还原而中断，此时出现电位突跃而转向另一正极(或阴极)反应。我们将电还原发生到电位突跃之间的时间称为过渡时间 t，在存在多余支持电解质时，粒子的电还原过渡时间首次被 Sand 量化表示。它和电活性粒子的扩散系数之间存在如下关系：

$$\tau^{1/2}=\frac{\pi^{1/2}nFC_0D^{1/2}}{2i} \tag{3-47}$$

和循环伏安法不同，采用适当的边界条件，用 Fick 扩散方程[式(3－34)和式(3－35)]对计时电位法求解可以得到比较精确的表达式。对于电活性粒子的可逆还原过程，在 O 和 R 自由往返电极表面的情况下(包括 R 扩散到汞电极的情况)，Delahay 得出了如下电位-时间表达式：

$$E=E_{\tau/4}+\frac{nF}{RT}\ln\frac{\tau^{1/2}-t^{1/2}}{t^{1/2}i} \tag{3-48}$$

式中：$E_{\tau/4}$ 为过渡时间的 1/4 时的电位(和汞电极中极谱半波电位相同)；t 为零到过渡时间内的任一时间，该表达式的图形如图 3－30 所示。

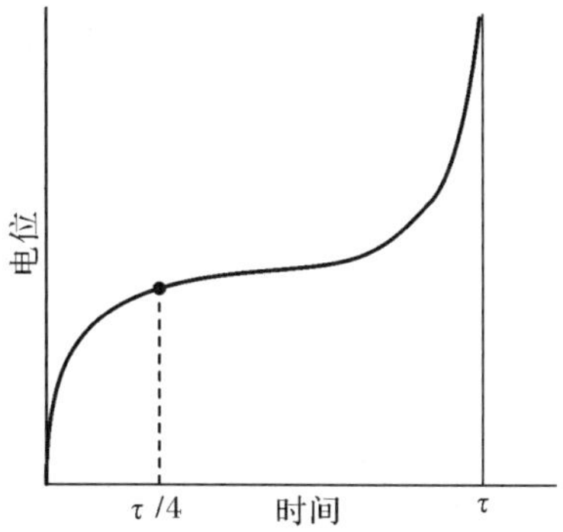

图 3－30　在恒电流下电活性粒子在可逆还原反应中的电位图

对于一个速率控制步骤的不可逆过程，相应的表达式为

$$E=\frac{RT}{\alpha n_a F}\ln\frac{nFC_Ok_{app}}{i}+\frac{RT}{\alpha n_a F}\ln\left[1-\left(\frac{t}{\tau}\right)^{1/2}\right] \tag{3-49}$$

式中：k_{app} 为表观速率常数；n_a 为速率控制步骤中涉及的电子数(通常也是总反应的电子数 n)；其他符号同前。

用对数项和电位作图，可以得到传递系数和表观速率常数。

在实际体系中，计时电位法变化曲线的形状通常不理想，一般要根据计时电位曲线的变化，采用图解方法帮助确立过渡时间，如图 3－31 所示，电位 $E/4$ 处的时间为过渡时间。

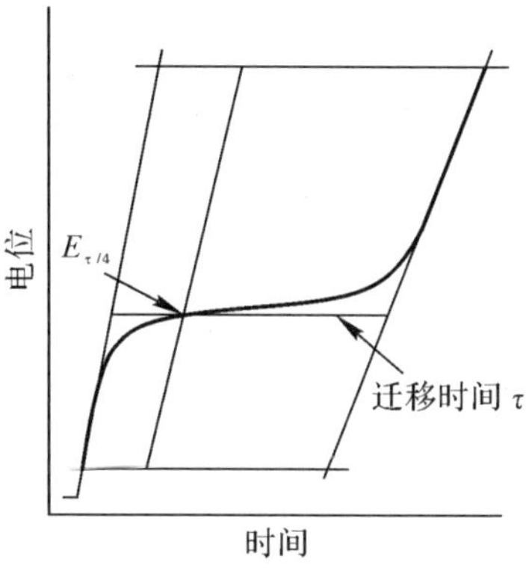

图 3－31　确定计时电位曲线过渡时间的图解方法

要研究两个或多个独立反应，就必须使它们之间的电位分得足够开，才可能单独确定每一个反应的过渡时间，这种情况显然要比循环伏安法稍微复杂些。对第 n 个粒子还原的过渡时间分析，有

$$(\tau_1+\tau_2+\cdots+\tau_n)^{1/2}+(\tau_1+\tau_2+\cdots+\tau_{n-1})^{1/2}=\frac{\pi^{1/2}nFD_n^{1/2}C_n}{2i} \tag{3-50}$$

该技术的一个优点是可以方便评估高阻抗体系，图形可以很方便地分段显示出 IR 部分、双电层充电过程和法拉第过程的起始位置。图 3－32 给出了高电阻溶液的计时电位曲线，可以看出以上不同特征过程对应的区间。假如溶液中没有多余的支持电解质来抑制电迁移电流，则可以用电活性粒子的传输数来表示电还原过程的过渡时间：

$$\tau^{1/2}=\frac{\pi^{1/2}nFD_s^{1/2}C_o}{2i(1-t_o)} \tag{3-51}$$

式中：D_s 为盐(不是离子)的扩散系数；t_o 为电活性粒子的传输数。因为很多电池体系中没有支持电解质，该式是很实用的。

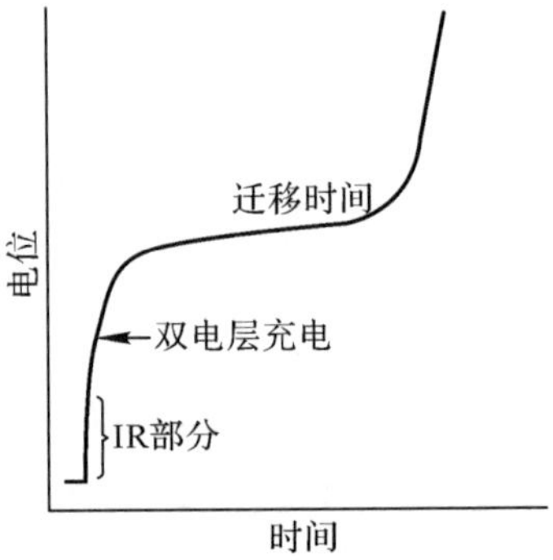

图 3－32　具有明显电阻值的计时电位图系统

三、电化学阻抗谱法

前面叙述的两种电分析方法，一种是测量当电极施加电位扫描时的电流变化，另一种是测量施加一个恒电流时的电位变化，这些电响应皆归因于电极与电解质界面处的阻抗变化。研究电极过程更直接的方法是用电化学阻抗谱(EIS)测量电极的电阻变化。为了将电极与电解质界面处的阻抗和电化学参数相关联，必须确定一个等效电路来表示该界面的动力学特征。

对于那些没有吸附作用和没有复杂的均相串联反应存在的系统，这些反应中的阻抗可用图 3－33 中的电路图表示。Sluyters 和他的同事在进行这种分析时，用复平面阻抗分析方法对电极过程作了评价。该分析方法是给出电池的容抗 $1/\omega C$ 与阻抗成分的关系曲线。图 3－34 是典型的纯动力学控制的图谱，容抗和阻抗的相互关系构成一个半圆，从其顶部可求出电荷传递电阻。

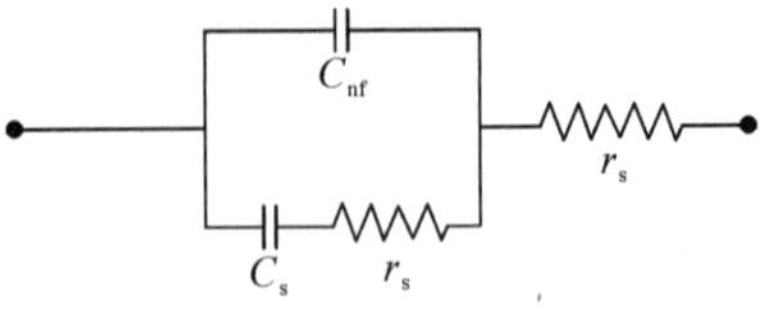

图 3－33　电池内阻由动力学过程控制的电池等效电路

注：其工作电极所使用的参比电极具有大面积、非极化的特征，C_{nf} 为非反应(Faradic)电容，C_s、r_s 为阻抗中的反应(Faradic)组分，r 为电解质电阻

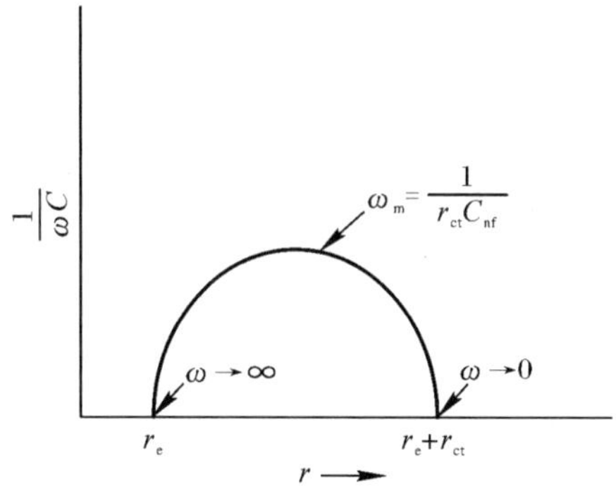

图 3-34　电池内阻的复平面分析，相应一个在平面电极上由动力学控制的电荷转移过程

$$\omega_m=\frac{1}{r_{ct}C_{nf}} \tag{3-52}$$

式中：C_{nf} 为非法拉第电容 $r_{ct}=RT/nF(i_o)_{app}$；ω_m 为阻抗。半圆在横坐标上的截距给出电解质电阻 r_e 和 r_{at}。如果电极过程受动力学和扩散过程混合控制，就可观察到稍有不同的图谱，如图 3-35 所示。

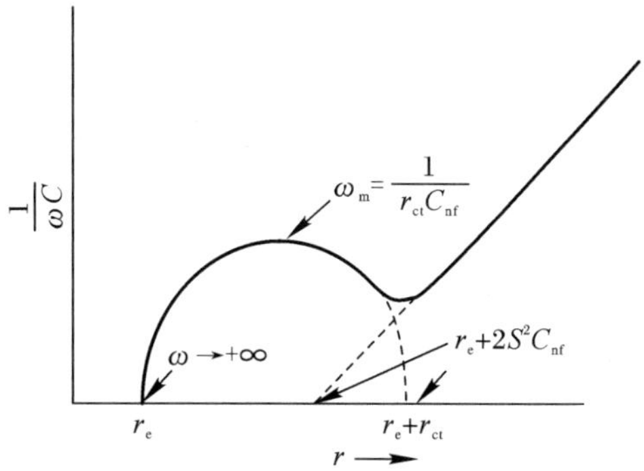

图 3-35　电池内阻的复平面分析，相应平面电极上动力学和扩散双重控制的电荷转移过程

在该曲线中的线性部分相应于扩散控制过程占优势。根据该曲线，除上述所提到的测量结果之外，外推线性部分给出包含氧化态和还原态扩散系数的稍微复杂的表达式：

$$截距=r_e+2S^2C_{nf} \tag{3-53}$$

式中

$$S=\frac{RTL}{n^2F^2\sqrt{2}} \tag{3-54}$$

且

$$L=\frac{1}{C_O\sqrt{D_O}}+\frac{1}{C_R\sqrt{D_R}} \tag{3-55}$$

式中：D_o 和 D_R 分别是氧化态和还原态粒子的扩散系数。

这一体系的处理是假设能画出图 3-36 那样的等效电路，图中扩散部分用 Warburg 阻抗 W 表示。该推导过程只适用于平面电极。几何形状较复杂的电极，如多孔电极，则需要采用传输线型的分析。

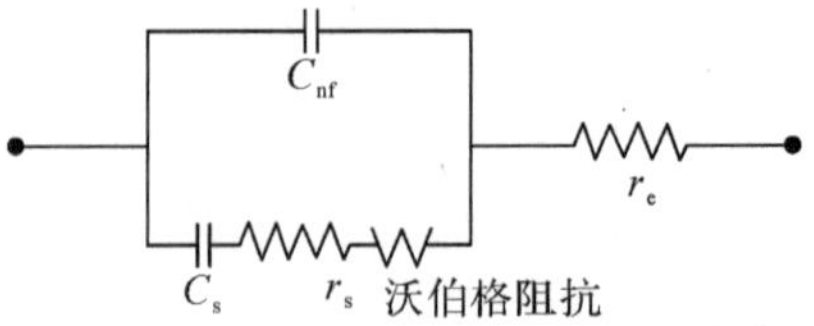

图 3-36　电池内阻既由动力学过程控制、又由扩散过程控制的电池等效电路，阻抗由扩散控制的部分用沃伯格(Warburg)阻抗表示

注：其工作电极所使用的参比电极具有大面积、非极化的特征 C_{nf} 为非反应(Faradic)电容；C_s、r_s 为阻抗中的反应(Faradic)组分；r_c 为电解质电阻

四、极谱法

极谱法利用滴汞电极(DME)为敏感电极，在该电极上通常施加一个向负方向缓慢增加的电位，这样就可使每个汞滴的电位基本保持不变。滴汞电极的输出电流一般被显示在曲线图记录仪上，电流的大小是溶液中电活性物质浓度的量度。滴汞电极的周期特性使得电流测量电路包括一个带有时间常数的阻尼电容器，以便使由于滴汞电极充电电流引起的电流振荡减至最小。图 3-37 表示出一种电活性粒子的极谱图，图中 i_m 是极谱平均扩散电流。

电活性粒子的浓度与平均扩散电流的关系用 Ilkovic 方程表示为

$$I_m = 607nD^{1/2}Cm^{2/3}D^{1/2}t_d^{1/6} \tag{3-56}$$

式中：I_m 为平均扩散电流，μA；n 为整个电极过程所涉及电子数；D 为电活性粒子的扩散系数；C 为电活性粒子的浓度，mmol/L；m 为汞的流动速度，mg/s；t_d 为汞的滴下时间，s。

溶液的分析通常是用标准样品而不是用式(3-56)来标定。有时溶液的极谱图在电流平台开始处出现一电流尖峰信号，该效应归因于滴汞电极周围的流动现象，通过加入少量的表面活性剂，如明胶或 Triton X-100 就可使之得到抑制。

如果电位或半波电位分得足够开，足以区别电流平台的话，用一张极谱图就可很方便地分析含有几种电活性物质的溶液。图 3-38 表示用氯化钾为支持电解质溶液中含有几种电活性粒子的极谱图。极谱法在电化学试验室中通常作为一种标准仪器方法。

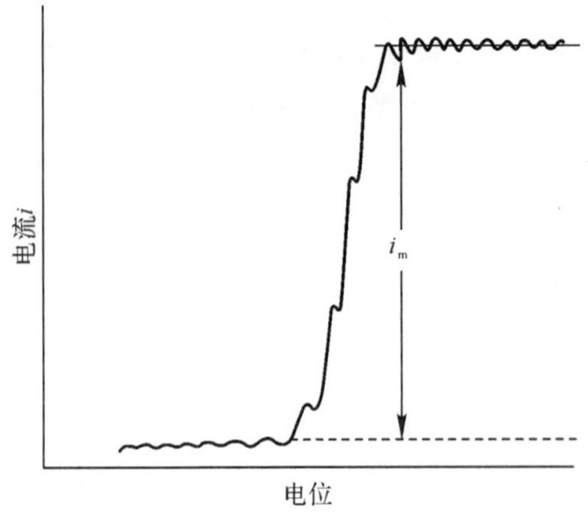

图 3-37　电活性粒子的极谱图(i_m 为极谱法的平均扩散电流)

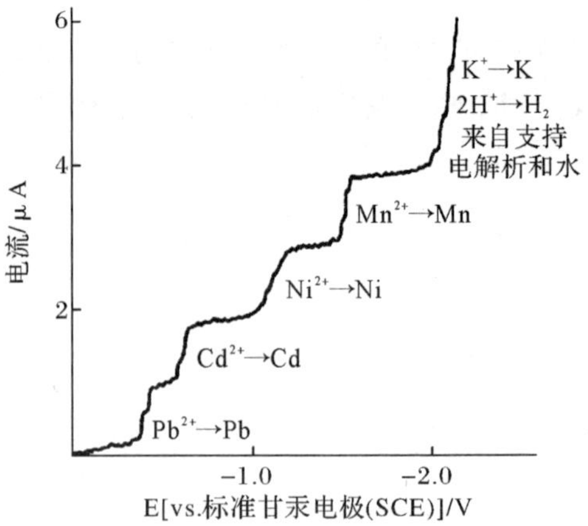

图 3-38　以 0.1 mol/L 的氯化钾溶液作为支持电解质时，几种电活性粒子还原的极谱图

第四章 化学电源的性能影响因素及应用选择

第一节 性能影响因素

许多因素影响电池的工作特性，如容量、能量输出等。本节讨论影响电池性能的这些因素。由于存在很多的相互影响，因此，这些影响仅仅是以一般性的结论提出，并且在更严格的工作条件下每一因素影响的程度会更大。

一、电压水准

以常用的铅酸电池为例，理论电压和开路电压为 2.1 V，额定电压为 2.0 V，工作电压在 1.8～2.0 V，按中等和小电流放电规定的终止电压为 1.75 V，引擎启动负载的终止电压为 1.5 V。在充电时，电池电压可分布在 2.3～2.8 V。

当电池放电时，其电压比理论电压要低。这种由 IR 损失引起的电压降低应归因于放电期间活性物质的电阻和极化，如图 4－1 所示。在理想状况下，电池按理论电压放电至活性物质消耗殆尽，其容量得到充分利用，然后电压下降到零。在实际条件下，放电曲线与图中表示的另外两条曲线相类似。加负载放电时，起始电压比理论电压低，这是因为电池存在内阻和由此产生的 IR 降，以及两电极上产生的极化。放电产物、活化和浓度极化，以及其他因素的积累，使得电池电阻继续增加导致放电时电压不断降低。曲线 2 和曲线 1 类似，但和曲线 1 相比，它表述电池内阻更高或电池处于较高的放电率下，或这两者比比皆是。当电池电阻或放电电流增加时，放电电压下降，并且呈现一个较倾斜的放电曲线。

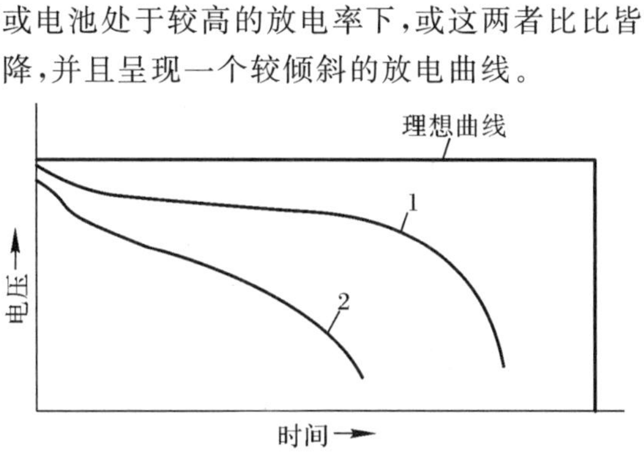

图 4－1 典型的放电曲线(1，2—电池实际的输出电压曲线)

以下原因使得电池实际输出的比能量比活性材料的理论比能量低：

(1)放电时平均电压比理论电压低。

(2)因为电池不会放电至零,所以不是所有的安时容量都能被全部利用。

由于质量比能量为

$$质量比能量(W \cdot h/g)=电压(V)\times 质量比容量(A \cdot h/g)$$

因此,当电压和安时容量都低于理论值时,其输出比能量就会比理论值低。

放电曲线的形状视电化学体系、结构特征和其他放电条件而变化。典型放电曲线如图 4-2 所示。平坦放电曲线(曲线 1)表征活性物质接近耗尽前,反应物和反应生成物的变化对放电影响最小;阶梯曲线(曲线 2)是典型的两步放电曲线,表示活性物质反应机理和电位皆发生了变化;倾斜放电曲线(曲线 3)表示放电期间,活性物质的组成、反应物、内阻等发生变化,并对放电曲线形状产生了类似影响。

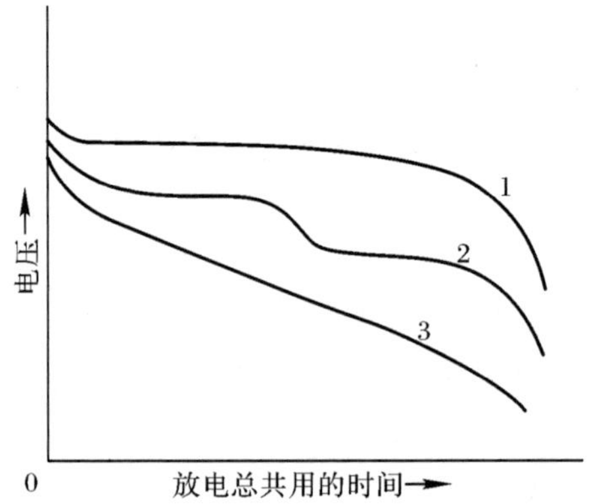

图 4-2 电池放电特征-电压曲线

1—平坦放电曲线;2—阶梯曲线;3—倾斜放电曲线

二、放电电流

当电池放电电流增加时,IR 降和极化效应增加,放电电压下降,电池的使用时间缩短。图 4-3(a)表示电流变化时典型的放电曲线。当以极低的电流放电(曲线 2)时,电池能接近理论放电电压和理论容量(然而,放电周期过长,放电时化学衰变可能成为造成容量减少的因素)。随电流增加(曲线 4、5),放电电压降低,放电曲线变得格外倾斜,工作时间以及输出的安时容量或库仑容量也相应减少。

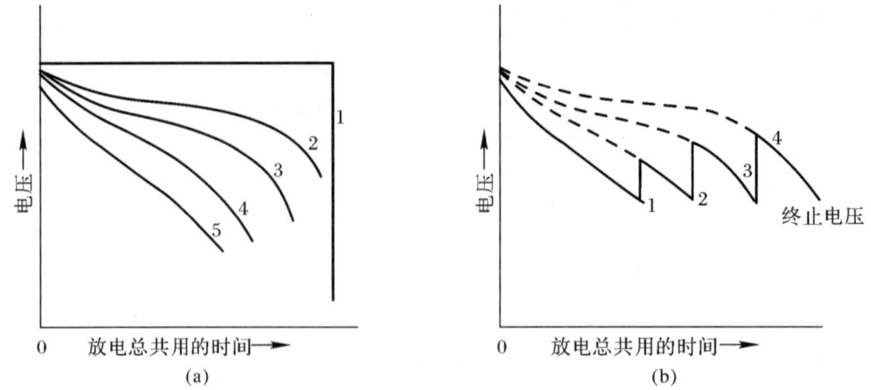

图 4-3 特征曲线(1~5—在不同负载电流下的输出电压曲线)

(a)电池放电时的电压特征曲线;(b)电池在放电过程中从高放电率到低放电率放电时的特征曲线

在给定放电电流下电池已达到某一特定电压(如终止电压),如果此时将放电率降低,那么电池的电压会升高。在更轻负载下放电至终止电压时,电池会放出更多额外的容量或得到更长的使用寿命。举个例子,一只在闪光照相机内使用过的电池(大电流下应用),能再次被用在放电率很低的石英钟上。这一方法可以用来确定单体电池在不同放电负载下电池的工作寿命。如图 4－3(b)所示,先以高放电率将电池放电至规定终点电压,然后将放电率降低至下一个低的值,此时电压升高,电池再放电至另一终止电压。如此反复,每一放电率下的使用寿命都可以确定,但得不到完整的像虚线那样的放电曲线。有些情况下,每次放电之间电池在以更低速率放电之前,要求一段时间间隔使电池达到平衡。

(1)"C"率。一种表示电池放电电流/充电电流的方法称为倍率(C),表示为

$$I=MC_n \tag{4-1}$$

式中:I 为放电电流,A;C 为电池容量额定值,A·h;n 为放出标称容量的时间,h;C_n 为 n 小时率的容量;M 为 C 的倍数或分数。

(2)小时率。另一种表示电流的方法,表示电池按指定的小时数放完电所需要的电流。

(3)"E"率。在电池作为动力的应用领域中,恒功率放电已变得愈来愈普遍。类似于"C"率,用功率表示的一种充放电方法为

$$P=ME_n \tag{4-2}$$

式中:P 为功率,W;E 为电池标称能量值,W·h;n 为放出标称能量的时间,h;E_n 为 n 小时率的能量;M 为 E 的倍数或某一分数。

三、放电模式(恒电流、恒电阻、恒功率)

在其他因素中,电池的放电模式对性能有重要影响,这一原因使得电池测试或评估中采用的放电模式和实际应用相同。

当电池放电到某一指定点(以相同放电电流、相同温度下放电到相同的闭路电压)时,不管放电的方式怎样,都能给负载输出相同的安时数。然而,由于放电期间放电电流依赖于放电模式,因此,放电至那一电位的使用时间或"放电小时"(这是电池性能的常用量度)同样会不同。

电池放电的 3 种基本模式:①恒电阻,设备负载的电阻在放电时保持不变(放电时电流的降低和电压的降低成正比);②恒电流,放电期间电流不变;③恒功率,放电时电流随电池电压的降低而增加,以保持一个恒定的输出功率水平(功率等于电流与电压的积)。

3 种不同条件下放电模式对电池性能的影响如图 4－4～图 4－6 所示。

(1)第一种情况:放电开始时每一种放电模式都具有相同的电阻,图 4－4 中,放电开始时调节电阻使放电电流和功率在 3 种模式下都相同。图 4－4(b)给出了放电曲线,放电过程中电压下降,在恒电阻放电时,电流按欧姆定律反映了电池电压的下降:

$$I=U/R \tag{4-3}$$

这反映在图 4－4(a)中。

恒电流放电时电流在整个放电过程中保持不变,然而放电时间或使用寿命要比恒电阻时要短,理由是它的平均放电电压更高。最后,在恒功率放电模式下电流随放电电压的降低而增加,遵循下列关系:

$$I=P/U \tag{4-4}$$

此时平均放电电流更高,放电时间更短。

图 4－4(c)为每一种放电模式的功率水平。

(2)第二种情况：每一种放电模式的“放电小时数”都相同，图 4－5 显示的关系相同，但调节各自的放电电阻使 3 种放电模式具有相同的放电时间或“使用时间”(到达一给定终点电位)。像预期的那样，放电曲线随放电模式而变化。

(3)第三种情况：放电终了，每一种放电模式具有同样的功率水平，从应用的角度，最理想的情况是假设在放电终点，3 种工作模式的功率都相同(见图 4－6)。一般电气或电子设备要求输入功率最小时，能达到特定的性能水平。每种情况下，调节放电电阻使得到达放电终点(电池到达终止电压)时，输出功率相同且维持在设备性能需要的可接受的水平上。根据放电模式的不同，放电期间输出功率等于或超过设备要求的水平，直到电池到达终止电压。

恒电阻放电模式下，电流与电池电压的下降趋势相同[见图 4－6(a)]。功率，IU 或 U^2/R，随电压的平方下降而下降，速度更快[见图 4－6 (c)]。在这种放电模式下，为确保终止电压时仍有需要的功率输出，放电初期的电流和功率水平会超过需要的最低值。电池以高于需要的电流放电，容量会很快放完，导致电池寿命缩短。

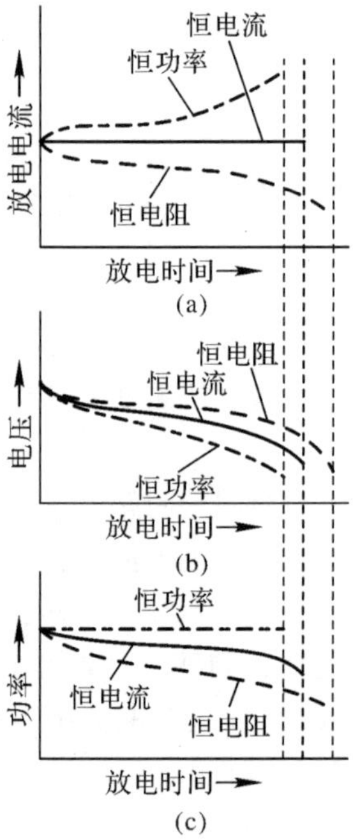

图 4－4　在不同放电模式下的放电曲线(在放电开始电流和功率相同)

(a)放电过程中的电流曲线；

(b)放电过程中的电压曲线；

(c)放电过程中的功率曲线

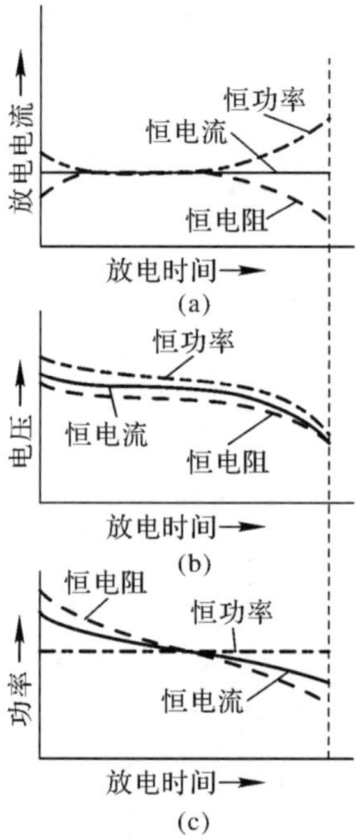

图 4－5　在不同放电模式下的放电曲线(放电时间相同)

(a)放电过程中的电流曲线；

(b)放电过程中的电压曲线；

(c)放电过程中的功率曲线

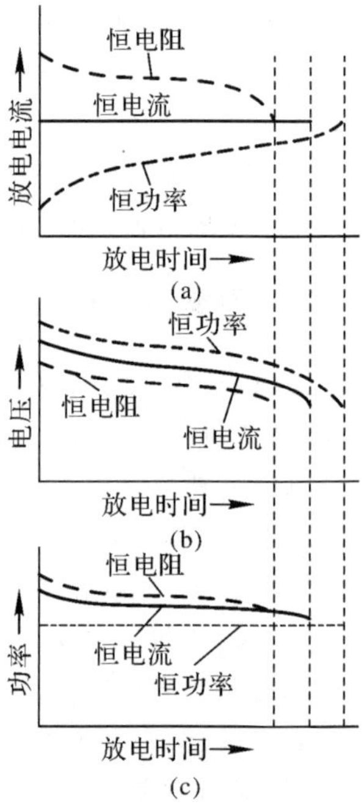

图 4－6　在不同放电模式下的放电曲线(放电结束时的功率相同)

(a)放电过程中的电流曲线；

(b)放电过程中的电压曲线；

(c)放电过程中的功率曲线

恒电流放电模式下，电流维持在这样一个水平上：达到终止电位时的输出功率等于满足设备性能需要的水平。因而，放电电流和输出功率比恒电阻模式低，电池通过的平均电流低，放电时间或使用寿命要长。

因为放电模式可能导致性能(使用时间)的差别，在评价或比较电池性能时，评价或测试采用的放电模式应与实际应用一样，如图 4－7 所示。

图 4－7(a)给出了典型 AA 型原电池的放电特性，调节 3 种放电模式的放电电阻，以使电池放电到一给定终点电压时的放电时间相同(这里为 1.0 V)，这与图 4－5(b)的条件相同。尽管到达给定终点电压的使用时间因载荷的预先调节而明显相同，三种放电模式的放电电流对时间以及功率对放电时间曲线[见图 4－5(a)(c)]差别很大。

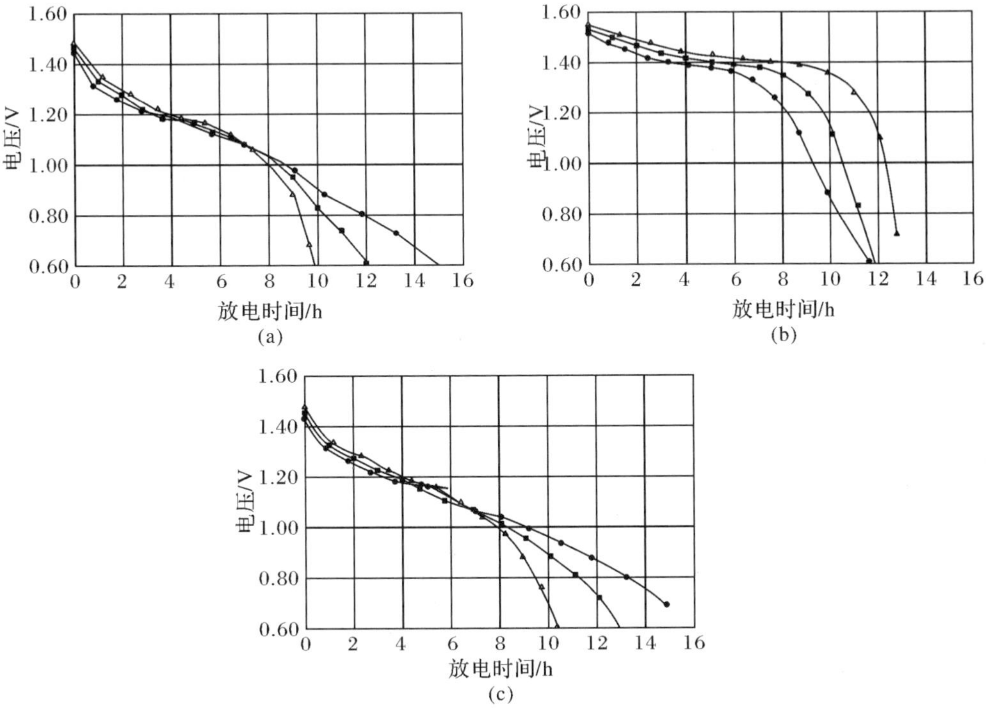

图 4－7　AA 型原电池分别在恒电阻、恒电流和恒功率下的放电曲线

(电阻为 5.9 Ω，电阻 200 Ma，功率为 235 mW)

图 4－7(b)给出和图 4－7(a)一样的 3 种放电类型，但电池具有和图 4－7(a)使用的电池一样的安时容量(到 1.0 V 终点电压)，图 4－7(b)给出的电池具有较低的内阻和较高的工作电压。比较图 4－7(b)中的电压对放电时间曲线，电压水平较高，恒电阻放电值 1.0 V 的放电小时数与图 4－7(a)相同。而恒电流放电，特别是恒功率放电时使用时间要长得多。

图 4－7(a)中，3 种放电模式的放电电阻都精心选择，以便使电池放电至 1.0 V 时给出相同的“使用小时”。采用这些相同的放电电阻和具有不同特性的电池，图 4－7(b)给出了 3 种放电模式下得到的不同的使用时间和性能。达到指定的 1.0 V 终点电压，用恒功率放电模式得到最长的使用时间，恒电阻放电模式的使用时间最短，而恒电流放电时使用时间居中。这清楚地说明，实际测试的性能以“使用时间”表示时，如果测试的放电模式和应用条件不同，就会得到错误的结果。

可以认为电池性能的差别与电池设计和性能特征有关。设计和特征明显不同的电池，测试时得到的性能差别很大，如图 4－7(a)(b)所示；设计和特征相似的电池，无论在何种模式下放电，性能的差别不会很大，也不会出现明显不同。然而，正是这种情况下微小的差别，不应该得出错误的假设，即用和应用条件不同的放电方式测试将会得出精确的结果。

图 4－7(c)给出了比图 4－7(a)容量和内阻稍高一点的电池的放电特征，尽管差别小，但对两图进行仔细比较，不同放电模式放电至 1.0 V 终止电压时，确实看到了不同的放电时间。

将图 4－7(c)和图 4－7(a)比较，恒功率模式下得到的放电时间要稍微下降，而在恒电流和恒电阻放电时，放电时间稍微增加。

注意：也应注意终止电压的影响。在例子中确定电阻值时，1.0 V 被用作终止电压，比较时也应用该值。假如放电到更低的终止电压，恒电阻放电使用时间会比其他模式长，因为放电过程中电流和功率水平都要低。

四、放电期间电池的温度

电池放电时的温度对其使用寿命(容量)和电压特性有明显的影响。这是由于低温下化学活性的降低和电池内阻的增加。如图 4－8 所示，该图表示相同电流的放电曲线，但按 T_1 到 T_4 的顺序温度逐渐增加，T_4 表示正常室温放电，放电温度的下降会导致容量减少以及放电曲线斜率增大。比特性和放电曲线随电池体系、设计和放电率的变化而变化，但一般在 20～40 ℃可获得最好的特性。一方面，在较高温度下，电池内阻降低，放电电压增加，结果容量和能量输出通常也增加。另一方面，高温时化学活性也提高，因此，这种反应足以产生净容量损失(成为自放电现象)，同样，影响的程度依赖于电池体系、设计和温度。

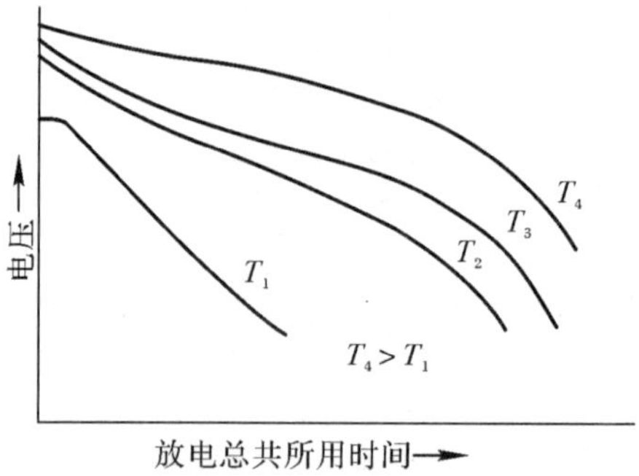

图 4－8　温度对电池容量的影响(从 T_1 到 T_4 温度升高)

图 4－9 和图 4－10 总结了温度和放电率对电池放电电压和容量的影响。当放电率增加时电池电压(如中点电压)降低，在较低温度下下降的速率会更快。同样，电池容量随增加放电负载和降低温度而下降得最快。正如前面指出的那样，放电条件愈苛刻，容量损失愈大。然而，高放电率放电可能产生明显的反常现象，因为温度会升到远远高于室温，表现出温度的影响。图 4－10 中的曲线 T_6 在高温低放电率或长时间放电时，其容量损失是由于自放电或化学衰变，也表明电池高放电率放电时，电池被加热可以得到较高的容量。

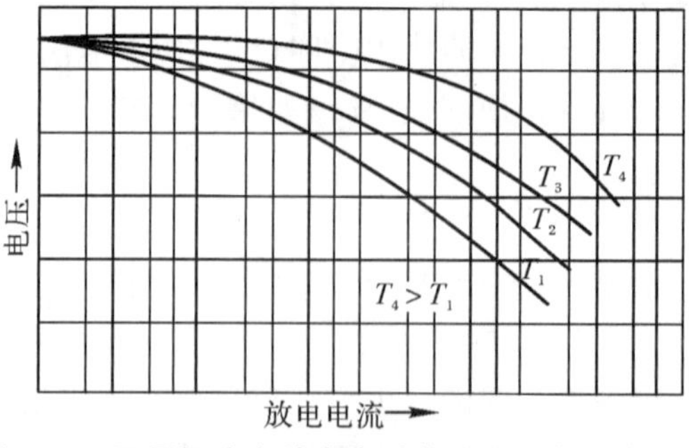

图 4－9　不同温度和放电率对电池平均电压的影响
(从 T_1 到 T_4 温度升高；T_4 为正常室内环境温度)

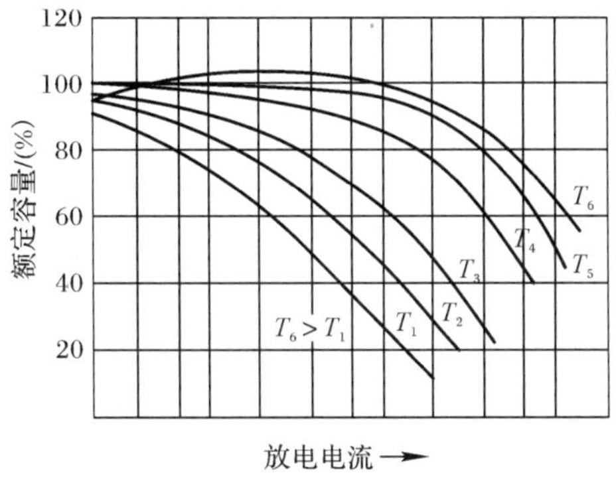

图 4-10　不同温度和放电率对电池容量的影响

(从 T_1 到 T_6 温度升高;T_4 为正常室内环境温度)

五、使用寿命

本节概括了每种电池体系的性能,给出了各种放电负载和温度下的使用寿命,并且是以标称的单位质量(每千克的安培数)和单位体积(每升的安培数)下的值表示出来,典型的曲线如图 4-11 所示。在该数据表达形式中,斜率最大的曲线对增加放电负载的反应要比那些较平坦或平直的曲线好。

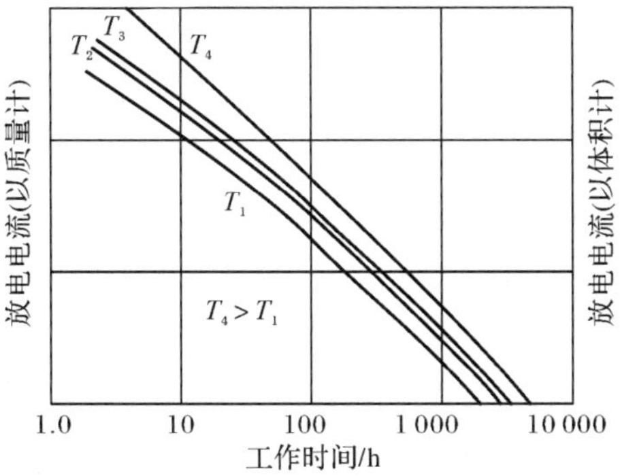

图 4-11　电池在不同负载和温度下的使用寿命(双对数曲线,从 T_l 到 T_4 温度升高)

这种类型的数据可以用来估计给定电池或电池组在特定条件下的近似使用寿命,或者估计满足给定要求下所需电池或电池组的质量和尺寸。鉴于双对数图中这些曲线的线性关系,提出了数学关系来估算不确定条件下的电池性能。相应的 Peukert 方程为

$$I^n t = C \tag{4-5}$$

或

$$n\lg I + \lg t = \lg C \tag{4-6}$$

式中:I 为放电率;t 为对应的放电时间。

该方程被用来描述电池的性能,n 值是直线的斜率。这些曲线表示出放电负载与放电时间的双对数线性关系,但是由于电池不能承受过高的放电率,以及在较低放电率下自放电的影响,在两端都显示出逐渐降低的态势。

六、放电类型(连续、间歇等)

当一个电池放电后处于搁置期间,一定程度地会发生化学变化与物理变化,从而导致电池

电压恢复。由此使在重负载期间已经下降的电池电压，在搁置期后又升高了，并且给出了类似锯齿形的放电曲线，如图 4－12 所示。这样势必延长了电池的使用寿命。然而在长时间放电期间，容量可能因为自放电缘故而有损失。这种因间歇放电而得到的改进一般在大电流放电后格外明显（电池有机会从极化效应中得到恢复，而且在重负载下这一现象更加显著）。除电流之外，恢复程度还与许多其他因素有关，如特定的电池体系和结构特征、放电温度、终止电压，以及恢复时间的长短。

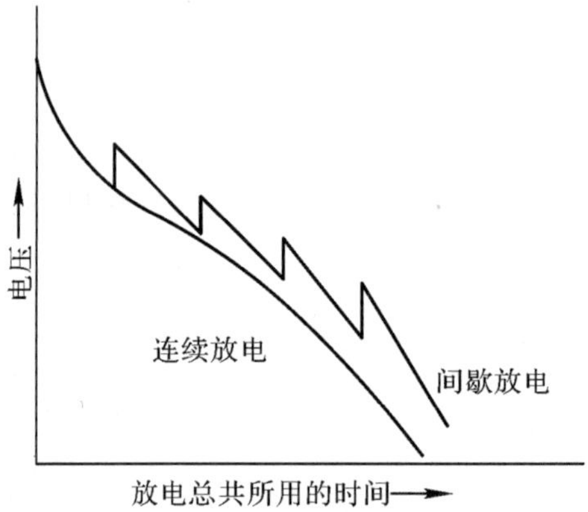

图 4－12　间歇放电对电池容量的影响

七、电池循环工作制度（间歇和脉冲放电）

电池循环工作制度反映电池在放电过程中电流改变时电压的相应变化关系。例如，在操作无线电收发报机时将负载从接收模式转变为发送模式。图 4－13 说明了无线电收发报机的典型放电曲线，在接收模式，电池以低电流放电，而在发送模式，电池以高电流放电。电池的使用寿命电池在高电流下工作至终止电压。平均电流不可以用来确定使用寿命。电池在两种或更多种变化负载下工作是大多数电子装置的典型情况，这是装置在使用时必须执行不同功能的相应要求。

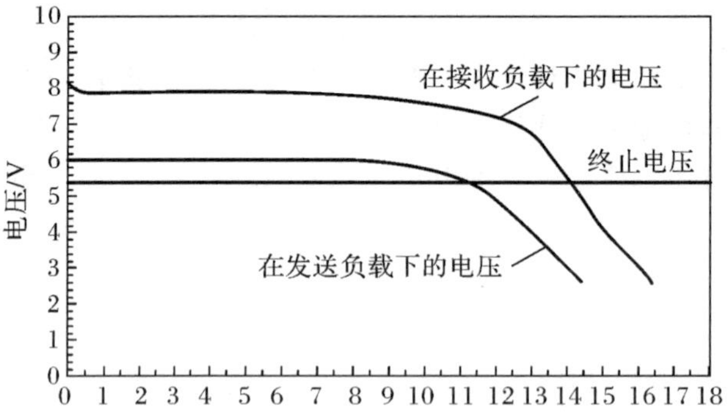

图 4－13　电池在发送载荷和接收载荷下循环放电时的电压曲线

另一个例子是在低背景电流下周期性叠加高脉冲电流的情况。例如，烟雾探测器工作中可听得见的故障脉冲信号，以及在使用手机和计算机期间的高放电率脉冲。一条典型的脉冲放电曲线如图 4－14 所示。电压下降的程度取决于电池的设计，与内阻高的电池相比，显然内阻低的电池在放电负载变化时的电压降变化较小。

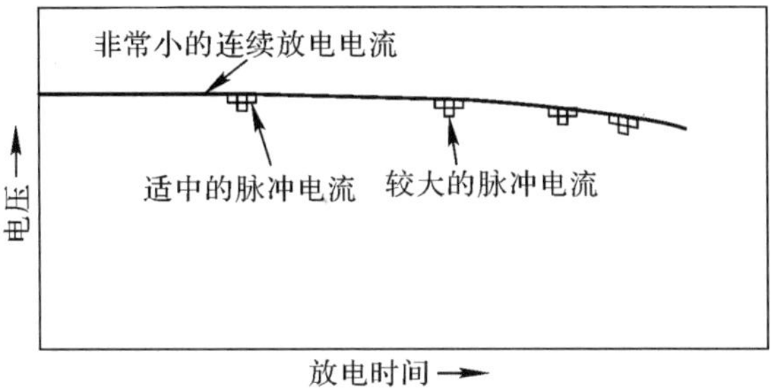

图 4-14 周期性高放电率脉冲放电的电池电压曲线

脉冲的形状可以随脉冲与电池的特征而变化，图 4-15 显示了 9 V 原电池用于烟雾探测器提供 100 ms 故障脉冲信号的特征。图 4-15(a)是一个锌/二氧化锰电池的电压响应特征曲线，起始电压急剧下降，然后逐渐恢复；图 4-15(b)(c)是碱性锌/二氧化锰电池典型的电压响应特征曲线，起始电压下降，随后或维持在一个较低的值或随脉冲放电继续进行而缓慢下降。

图 4-15(a)的响应曲线对那些电极上具有保护膜或钝化膜的电池也是典型的，显然在放电进行过程膜破裂后，电压开始恢复。但是电池的比特性与电池的化学体系、设计、放电状态以及其他因素有关，这些因素关联着电池在脉冲时和脉冲期间的电池内阻。

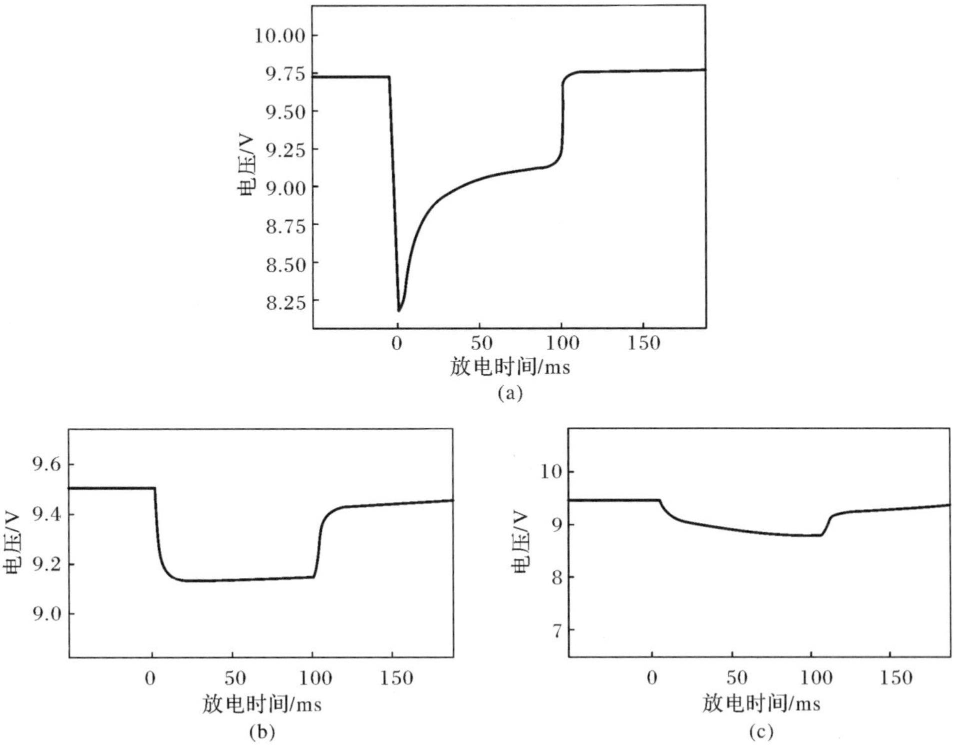

图 4-15 加载 100 ms 脉冲(烟雾探测器脉冲测试)的 9 V 电池放电曲线

(a)锌/二氧化锰电池；(b)(c)碱性锌/二氧化锰电池

电池在脉冲条件下的性能可以由脉冲的输出功率与负载电压的关系来进行表征，其中测量输出到负载上的功率是通过一个由开路到短路区间的短时间脉冲进行的。峰值功率是当外电路电阻与电池内阻相等时负载上测得的功率，图 4-16 表示一个未放电碱性锌/二氧化锰电池(AA 型)的脉冲特性。该图分别给出了采用恒电压脉冲放电时,0.1 s 和 1 s 末的功率与负载的关系曲线。在较长脉冲下输出的功率值较低,表明随脉冲持续时间加长而电压降增大。图 4-16 是电池处于不同放电深度时,1 s 脉冲下的性能。

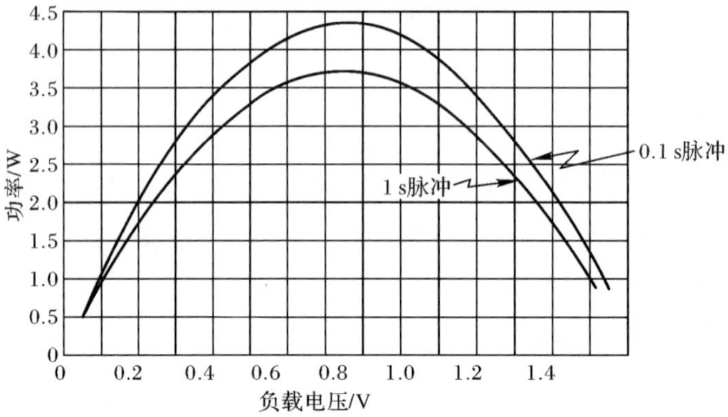

图 4-16　AA 型未放电碱性锌/二氧化锰电池在恒电压脉冲末期时的功率与负载电压的关系曲线

八、电压稳定性

用电装置要求的电压稳定性是极其重要的,会影响到由电池可得到的容量和使用寿命。由各种放电曲线可观察到,设计能在最低终止电压和最宽的电压区间正常工作的用电装置,可得到最大的容量和最长的使用寿命。同时,用电装置的电压也应该加以确定,以便充分利用电池的全部性能。

图 4-17 比较了两种电池的典型放电曲线:曲线 1 表示电池具有平坦放电曲线,而曲线 2 表示电池具有倾斜放电曲线。在某些应用中,用电装置不能承受宽的电压范围,并常有一定的限制。例如,限制于约 15%的水平,由此具有平坦放电曲线的电池可以提供更长的使用寿命。如果电池可以放电至更低的终止电压,那么具有倾斜放电曲线的电池的使用寿命也能得到延长,而且可能超过具有平坦电压的电池的结果。

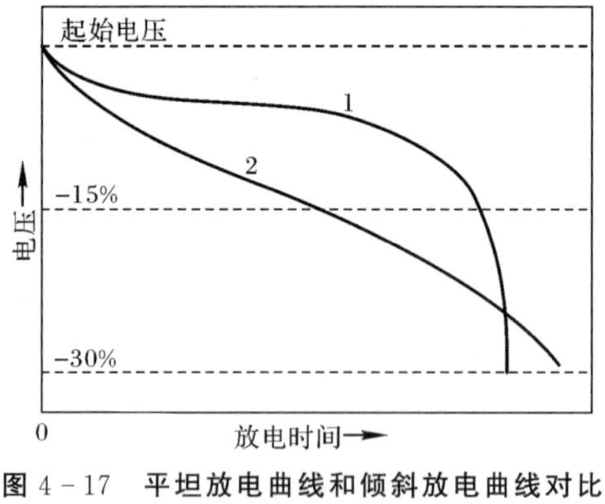

图 4-17　平坦放电曲线和倾斜放电曲线对比

1—平坦放电曲线;2—倾斜放电曲线

将多电池串联电池组放电到过低的终止电压时,有可能引起电池安全问题。这是因为在该情况下,可能将电池组中性能最差的电池强迫放电到反极状态。对有些电池而言,这可能会引起其排气和破裂。

在应用中，若只允许使用窄的电压范围，则由此对电池的选择只能局限在放电曲线平坦的类型。另一个选择则是使用电压调节器来将电池变化的输出电压转换为恒定的输出电压，以便与用电装置要求相一致。采用这种方式，电池的全部容量都可以得到利用，但电压调节器工作在较低效率下，引起能量的明显损失。图 4-18 说明了电池和电压调节器输出的电压和电流曲线，从电池向调节器输入的恒定功率为 1 W，此时电池电压降低，电流增大，调节器的转换效率可以达到 84%，而从调节器的输出是恒定的预置值 6 V 和 140 mA(恒定功率为 840 mW)。

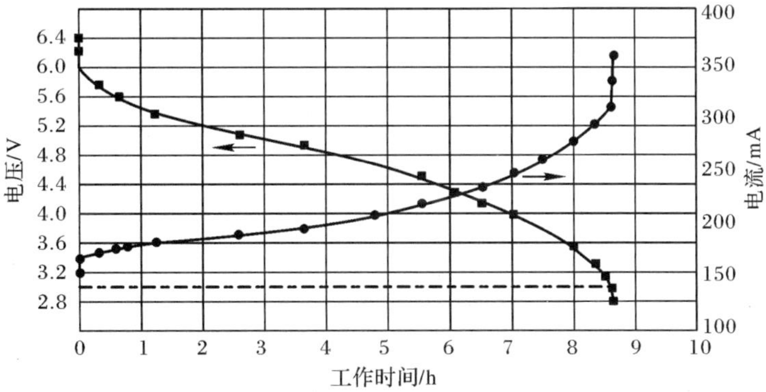

图 4-18 电压调压器特征(电池输出为 1 W;调压器输出为 840 mW)

九、充电电压

蓄电池组在使用时(如作为备用电源)与工作线路中永久性相连接的另一电源组合在一起工作，则必须考虑充电时蓄电池和设备对充电电压允许的承受范围。图 4-19 显示出这种电池的充电和放电特征，显然充电时的特殊电压和电压曲线取决于诸如电池体系、充电率、温度等因素。

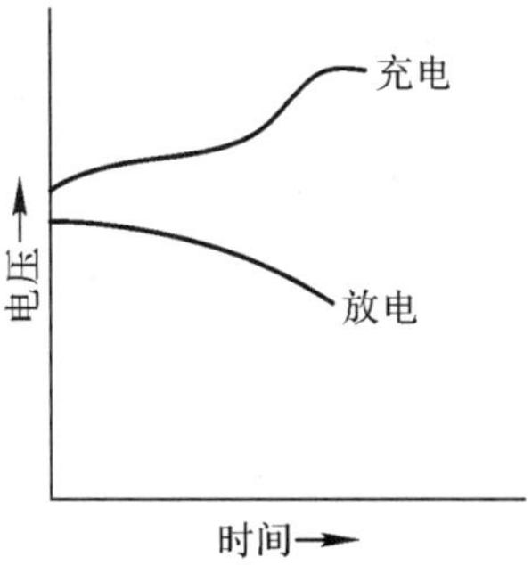

图 4-19 电池的典型充放电曲线

如果原电池使用在类似的电路中(如作为备用电池)，那么通常建议在电路中采用一个隔离或保护二极管防止对原电池的充电，如图 4-20 所示。两个二极管提供了冗余以保证即使一个失效，仍然有效工作。图 4-20(b)中的电阻用于限制一旦二极管失效时的充电电流。

充电电源必须设计成输出电流可调节形式，以便在充电过程对电池提供所需要的充电控制。

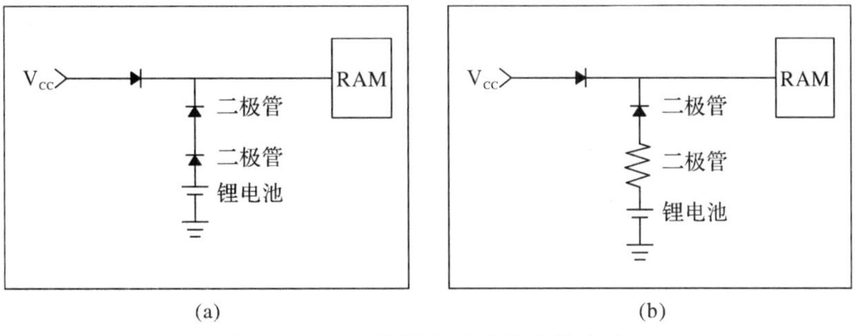

图 4-20 存储器备用电池保护电路

(a)使用了两个二极管;(b)使用了二极管和电阻器(Vcc 为电源提供电压)

十、电池和电池组设计

电池和电池组的结构特征强烈影响到它们的性能特征。

1. 电极设计

要具有最佳使用寿命或在相对低等或中等放电负载下具有最佳容量，设计的电池应包含最大量的活性物质。在另一种极端情况下，要使电池能够大电流放电，必须设计有大面积电极或大反应表面，并以此来降低电池的内阻和提高电流密度。例如，在圆柱形电池中采用了两种设计。第一种设计是众所周知的碳包式结构，通常使用在锌/二氧化锰电池和碱性锌/二氧化锰电池中。在该电池中，两个电极成型为两个致密的圆柱[见图 4-21(a)]。这种设计使可以装入圆柱形壳体内的活性物质达到了最大量，但是牺牲了电化学反应的表面积。

第二种设计是“卷绕式”电极结构，通常用在小型密封蓄电池和高放电率锂原电池与锂蓄电池中[见图 4-21(b)]。在该设计中，电极制备成薄条状，电极间加入隔膜后一起卷起来，形成一个“胶卷”后放入圆柱形壳体。这种设计强调了表面积，以提高高放电率性能，但是牺牲了活性物质和容量。

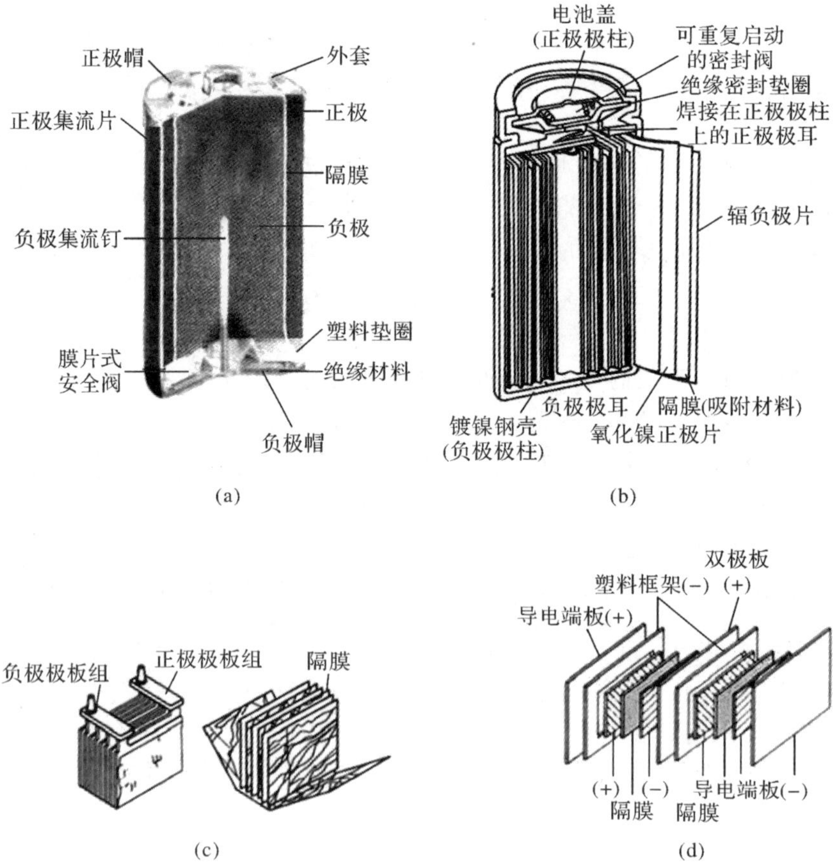

图 4-21　电池内部的结构设计

(a)碳包式结构；(b)螺旋卷绕式结构；(c)平板式结构；(d)双极型结构

另一种流行的电极设计是平板式结构，通常用在铅酸 SLI 和大多数大型蓄电池[见图 4-21(c)]，这种结构也能提供用于电化学反应的大的表面积。当采用其他设计时，制造商都可以控制表面积与活性物质之间的关系(如控制极板厚度),以便获得所期望的性能特征。

对这种设计进行了一种改进,图 4－21(d)中的双极型极板对此作了说明,设计中正、负电极活性物质层是制备在一个电导体的正、反两面上。该导体是离子不可透过的材料,同时作为电池间的连接体。

大多数电池的化学体系都可能采用不同的电极设计,而且事实上制造商已经将它们制备成不同的构型。制造商选择化学体系,并通过设计使其性能最佳化,以满足他们感兴趣的特殊应用和市场。

图 4－22 所设计的一种电池具有与采用同样化学体系的一种电池相同的高放电率性能,但是它的容量也得到了优化。高倍率电池具有较低的容量,但是在放电率增加时获得的性能更加稳定。

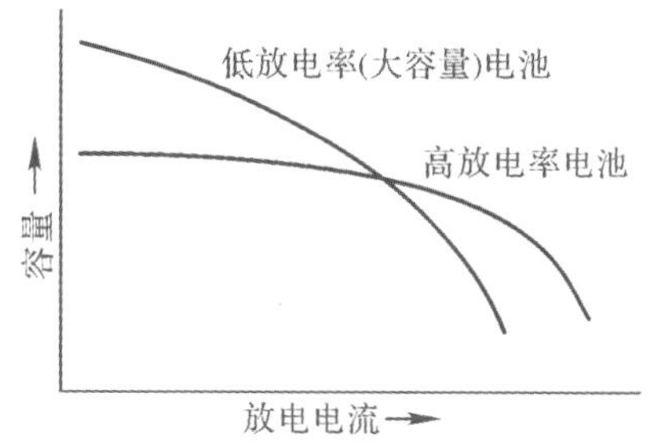

图 4－22　高放电率放电和低放电率放电电池性能对比

2. 混合设计

采用高能电源与高放电率电源结合的“混合”设计现在变得十分流行。这些混合体系满足应用比单个电源更加有效(如有更高的比能量和能量密度)。高能电源是基本电源,但可以给一个高倍率电池充电。高倍率电池能够处理任何峰值功率要求,而主电源不能有效地满足上述要求,混合设计正在考虑在多种用途中应用。

3. 形状和结构

当电池的形状或结构成为影响电池内阻和热散失的因素时,显然也将影响到电池容量。例如,碳包式结构电池在高度较高和直径较小时,比相同设计的矮胖型电池的内阻要低,并且按体积比例,尤其在高放电率下的性能可以优于后者。

4. 体积效率与能量密度的关系

电池或电池组的尺寸和形状,以及有效地使用内部体积的能力影响到电池的能量输出。当电池容器、密封件等“死体积”所占百分数变大时,对较小型的电池而言,体积能量密度(W·h/L)将随着电池的体积减小而降低。这种关系相应几种扣式电池进行了验证,结果说明如图 4－23 所示。当电池的形状与由于密封和其他电池结构材料引起的空间损失有关时,其形状(比如宽或窄的直径)也可以影响体积效率。

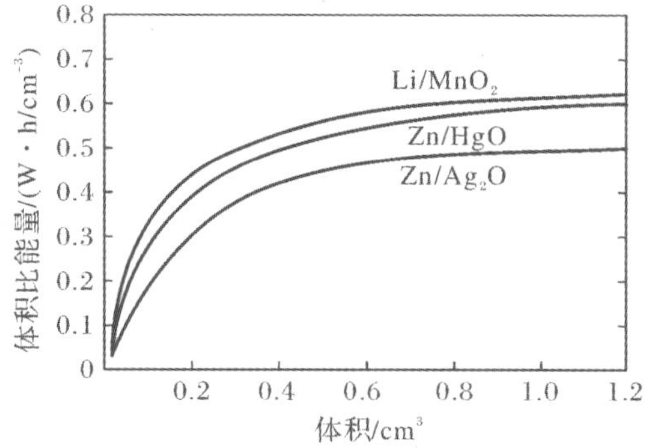

图 4－23　扣式电池的体积比能量与电池体积的关系

5. 尺寸对容量的影响

电池尺寸通过电流密度的作用影响电压特性，给定电流有可能对小型电池来说是过高的负载，但对大型电池来说，也许只是轻度负载，通常在增加电池（相应平行极板的电池）尺寸时，如果电流密度得以降低，就可能会引起使用寿命超过比例的增长。因此，放电电流的绝对值并不是关键的影响因素，而是当其与电池尺寸联系在一起时，即电流密度才是显著的影响因素。

与此相关，在设计多电池串联电池组时，可以选择应用较低电压的设计替代高电压设计，即可采用数量少但尺寸大的电池，然后通过电压转换器达到所需要的高电压输出。显然，这种设计应该得到重视。这里有一个重要的因素值得考虑，即权衡采用更高效率的大尺寸电池与电压转换器的能量损失之间的相对优越性。此外，系统的可靠性可以通过使用电池的数量减少得到提高。但是在作出选择决定时必须充分考虑所有合理的因素，包括电池、电池组设计和结构等的影响，以及装置的功率要求。

十一、电池的贮存条件与贮存寿命

电池是一种易损产品，并且其衰退是在贮存期间产生的化学作用引起的。设计、电化学体系、温度和贮存期的长短都是影响电池自放电或荷电保持的因素。贮存后的放电形式也将影响到电池的贮存寿命，通常放电条件愈严酷，贮存后的荷电保持百分数（比较贮存前后的性能而得）降得愈低。将电池贮存在降低的温度，如冷冻或低温下，其自放电会以较低的速率进行，由此可以延长电池的贮存寿命。这一方法曾推荐用于一些电池体系，但冷冻贮存后的电池在放电前应该先热起来，以便放出其最大容量。

自放电有时也可以成为放电期间的一个重要因素，尤其是在长时间放电期间，可能引起容量的降低，一般在轻负载下比在重负载下放电时能获得更多的容量，然而在极其轻负载下长时间放电时，自放电使电池放出的容量降低了，如图 4－24 所示。

有一些电池体系在贮存期间会在一个或两个电极表面形成保护膜或钝化膜，这些表面膜可以极大地改善电池贮存寿命。但是当电池贮存后放电时，这些表面膜的电阻特性使起始电压可能较低，一直到这些表面膜破裂或依靠电化学反应去钝化后，电压才得以恢复。这就是众所周知的“电压滞后”现象，如图 4－25 所示。电压滞后的程度依赖于贮存时间的长短和贮存温度的高低，贮存时间越长和贮存温度越高，电压滞后就越严重；同时电压滞后也随着放电电流增高和放电温度降低而加剧。

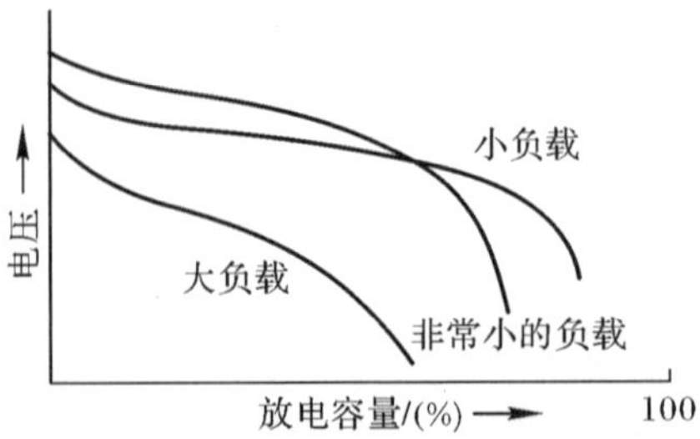

图 4－24　自放电对电池容量的影响

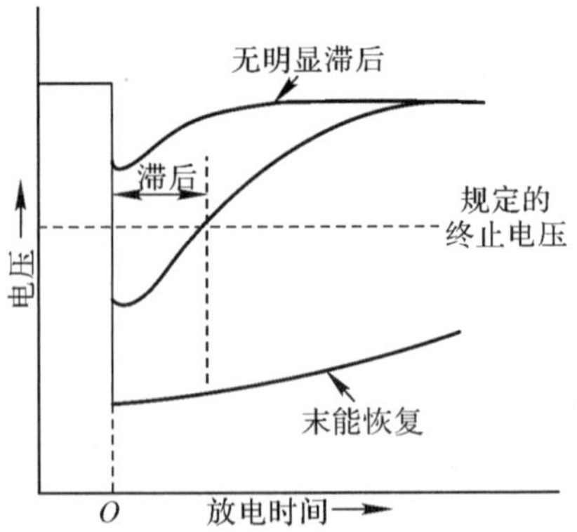

图 4－25　电压滞后现象

已经放过电和正在放电的电池与一个未放过电的电池贮存后的自放电特性是不同的，这是由于自放电受到一系列因素的影响。例如，放电率和温度、放电产物的积累、放电深度，以及保护膜的部分破坏或变形。诸如镁原电池一类的电池一旦放电就可能失去其好的贮存寿命特性，原因是放电期间镁的保护膜破坏了。由此为了预计电池在这些条件的性能，就必须掌握电池贮存的知识和拥有电池放电状况的历史记录。

十二、电池设计的影响

在多电池电池组中单体电池的性能常常与单个单体电池的性能是不尽相同的。首先，电池不可能制造得完全相同；其次，即使可以通过选择来实现“平衡”，但是它们中的每一个在电池组所处的环境还是有某种差别。

多电池电池组的特殊设计和所用的构件（如组装工艺、单体电池间的空间、容器材料、绝缘、封装材料、熔断丝和其他电子控制器件等）若对单个电池的环境和温度产生影响，则势必也将影响到电池组的性能。显然，如果电池组的质量比能量和体积比能量比单体电池低，就说明电池组材料增加了尺寸和质量。由此当对比能量作比较时，除要知道这些值测定的条件（放电率、温度等）之外，同时应该清楚这些值是相应单体电池或单个单体电池的组合电池，还是相应多电池组合电池的。通常作为本书的情况，除非有另外说明，一般都基于单个单体电池的电池组。

在电池组设计中保存电池中逸出的热可以改善电池的低温性能，但过量热积聚则会损害电池的性能、寿命与安全。电池组设计中应该尽可能地考虑到热设计问题，使电池内部维持均匀的温度，并避免出现“热点”。

在蓄电池情况，循环会引起电池组中的个别电池失去平衡，并且它们的电压、容量，以及其他性能变得明显不同。这可能导致差的性能，甚至安全问题，为此必须要有充电和放电终止的控制以防止出现安全等问题。

第二节 电源的应用选择

一、一般特性

对电源各种各样的要求，以及电源在不同环境条件和电性能条件下工作需要采用不同类型的电池和设计，每种电池在特定工作条件下具有最优异的性能。

近年来，电池技术已经取得飞快进展。尽管不断地改进已有的电化学体系，并发展和引入新的电池体系，但还没有一种能够在任何条件下都工作性能最佳的“理想”电池。因此，许多不同电化学体系和电池型号一直为人们所关注并改进。尽管如此，还是有相对少量的电池获得了广泛普及，并有大规模的生产和高额的销售。非常规的电池体系典型地应用于军事和工业领域，此应用领域要求这些特种电池具有特殊的性能。

“理想”的电化学单体电池或电池组显然是这样一种电池：不昂贵、具有无穷的能量、能实现所有的功率水平、能在全温度范围内和环境条件下工作、具有无限的搁置寿命、彻底的安全以及永不耗尽。实际上，在电池放电过程中材料被消耗，能量的局限性的确存在；温度和放电率影响了电池性能;贮存期间发生化学反应和物理变化,虽然这种变化是缓慢的,但还是导致了贮存寿命的局限性。高能材料的引入和特殊设计的采用实现了高体积比能量和比功率,使用时要谨慎,以避免电滥用和物理滥用以及与安全相关的问题。另外,还必须考虑充放电条件和电池使用情况的影响。

人们应该认识到,对用电设备的要求是不断寻找体积更小、能量和功率更高的电池,但因电池技术在理论和实践方面的局限性,这些要求可能不必满足。

选择最有效的电池,并正确地使用电池是实现电池最佳性能的关键。

二、贮备电池的特性

(一)分类

使用高活性材料的高能量、高功率和良好低温性能的电池,通常设计成贮备结构,防止贮存过程中性能衰降,并消除使用前的自放电。这些电池主要用于激活后短时间、大电流放电,如应用于无线电探测、引信、导弹、鱼雷及其他武器系统。贮备式设计也适用于需长期或在恶劣环境贮存的电池。

在贮备结构中,电池的关键组分之一在激活前应与电池的其他组分隔离开。这种惰性条件防止了电池组分间的化学反应(自放电),因此,电池能够长时间贮存。通常被隔离的组分是电解质,但是在一些水激活电池中含有电解质溶质,使用时仅需注入水。

贮备电池可按激活介质或激活机理进行如下分类。

(1)水激活电池:用淡水或海水激活。

(2)电解质激活电池:通过电解质或电解质溶剂激活。电解质溶质已含在电池中或可在电池中生成。

(3)气体激活电池:利用引入电池内部的一种气体激活。这种气体可以是阴极活性物质,也可以是电解质的一部分。

(4)热激活电池:固体盐电解质被加热到熔融状态而成为离子导体,从而激活电池,这类电池称为热电池。

贮备电池的激活只是通过添加在使用前缺少的组分来完成。最简单的设计是通过人工注入电解质,或者将电池置于电解质中(如海水激活电池)完成电池的激活。在现代武器应用中,电解质贮存装置和激活机构安置在电池舱内部,通过遥控触发激活机构,电解质被自动注入到那些活性电化学组分中。用来激活的引爆信号可以是一个机械或电子脉冲,或随着炮弹、导弹的点火而产生的冲击和旋转等。如果需要,激活可以很快完成,通常不到 1 s。由于激活机构有一定的体积和质量,使电池的质量比能量或体积比能量大幅度下降,这是自动激活电池的缺陷,因此,通常不按照质量比能量或体积比能量来评价这类电池。

气体激活电池是贮备电池中的一类,通过向电池系统中充入一种气体来激活电池。气体激活电池又有两种类型:一种是气体在其中充当了阴极活性物质;另一种是气体构成电解质。气体激活电池很有吸引力,因为它提供了某种可能——简单而明确的激活方式。另外,气体是不导电的,可以集中输送至多单体电池的组合体中,避免发生通过同一输送系统引起电池短路的危险。然而其他贮备电池具有更加优良的性能,使气体激活电池已不再生产了。

(二)特性

贮备电池的设计采用了一系列不同的电化学体系,以获得这类电池所能达到的非激活状态较长的贮存寿命。由于采用贮备结构,与同系列的普通原电池相比这类电池的容量较低,因此,激活后的贮存寿命很短,成本较高,但是对于特殊的军用武器系统,贮备结构提供了需要的优越特性。

1. 水激活电池

应用广泛的贮备电池是水激活型。这类电池发展于 20 世纪 40 年代,应用于探空气球、无线电探测、声纳和电动鱼雷。它们是要求低温、高放电率或大容量特性的电池。这类电池采用一种高能的电化学体系,基本上采用镁合金作为负极、金属卤化物作为正极。电池被注入的水或含水的电解质激活。电池主要用于在中、高放电率下放电,激活后 24 h 内都可以使用。

这类电池也能够被设计成用海水激活。它们已应用于声纳、其他海上用途(救生衣灯具等)及水下推进。激活可以发生在海水刚浸没的瞬间或要求海水强制流通系统。许多这样的海水电池采用镁合金负极与金属盐正极。

锌合金、铝合金和锂合金已被用于专用的海水电池。在小电流、低功率、长寿命的电池中锌能够被用作负极。它具有无残渣的优点,但系统有体积比能量低的缺点。锌/氯化银海水电池已被用作越洋电话电缆的中继器的电源(例如,在 0.9～1.1 V 时 5 mA 工作 1 年)。

锌和铝海水电池采用氧化银作为正极,比镁海水电池具有较高的体积比能量,与镁/氯化银电池相似,可以在高放电率下放电。与镁负极相比,铝负极更加容易腐蚀。由于锂的高比能量和高比功率而引人注目,而且在采用锂作为负极的电池中,曾经研制过采用氧化银或水作为正极材料。一般说来,锂和水的结合是危险的,因为反应产生大量热,但是当氢氧离子的浓度大于 1.5 mol/L 时,将形成一层处于动态下稳定存在的保护膜。这些电池的工作需要对电解质的浓度进行非常精确的控制,因此,需要精密的泵和控制器。

锌合金、铝合金或镁合金在使用空气作为正极的贮备电池中使用。铝和镁的使用,使这些电池可以被金属盐电解质激活,并且在一些水下用途中,可以使用溶解在海水中的氧气。在较高功率应用中,贮备或机械再充式气体电池,如备用电源或电动车发动机,采用锌合金或铝合金与碱性电解质。

2. 锌/氧化银电池

另一种重要的贮备电池是采用锌/氧化银体系的电池,其以高放电率特性和高比能量而受到关注。对于导弹和其他高放电率应用,单体电池为大面积薄片式电极结构,这样的设计提高了电池的高放电率和低温性能,同时电池的放电曲线更为平坦。然而,这种结构缩短了电池的激活贮存寿命,使得其必须采用贮备式设计。电池可以被人工激活,但用于导弹时,锌/氧化银电池采用自动激活设计。这种用途需要一个长期的备用(和贮存)状态,因此,必须为贮备结构,能够快速激活,并以高放电率放电(约为 1/30～1/3 h)。通过电点火引爆一个气体爆破装置,迫使贮存的电解质进入电池内,激活过程可在 1 s 内完成。在 25 ℃下,未激活电池的贮存寿命为 10 年或更长。

3. 自旋激活电池

自旋激活电池依赖自旋的设计,提供了另一种激活贮备电池的方法。它采用液态电解质,并利用了炮弹发射过程中产生的力。电解质贮存在电池中部的一个容器中，发射的冲击力可将其打碎或打开该容器，然后通过炮弹自旋产生的离心力将电解质送入环状电池内。

4. 非水电解质电池

非水电解质体系也应用于贮备电池中，具有较低的凝固点，从而显示出较好的低温性能。液氨电池采用液氨作为电解质溶剂，作为引信和小功率军械装置的电源，一直使用至20世纪90年代。这种电源要求电池具有宽广的工作温度范围和超过10年的非激活贮存寿命。在低温和常温的条件下，液氨电池的单体电池电压和能量输出基本没有变化。该电池一般采用镁作为负极、间二硝基苯—碳作为正极，以及基于硫氰化铵和硫氰化钾的电解质盐系统。激活过程是这样完成的：向单体电池内充入液氨，它与硫氰化物盐类结合形成电解质，即

$$NH_4SCN \xrightarrow{NH_3} NH_4^+ + SCN^-$$

$$KSCN \xrightarrow{NH_3} K^+ + SCN^-$$

通过引燃气体发生器，迫使电解质进入单体电池中，激活过程可以用机械的方式完成，或通过外力，如一个射击反作用力击碎一个盛有液氨的玻璃贮液瓶，如图4-26所示。采用这一体系，可以将电池设计为在几分钟或长达50 h或更长的时间范围内有效放电。

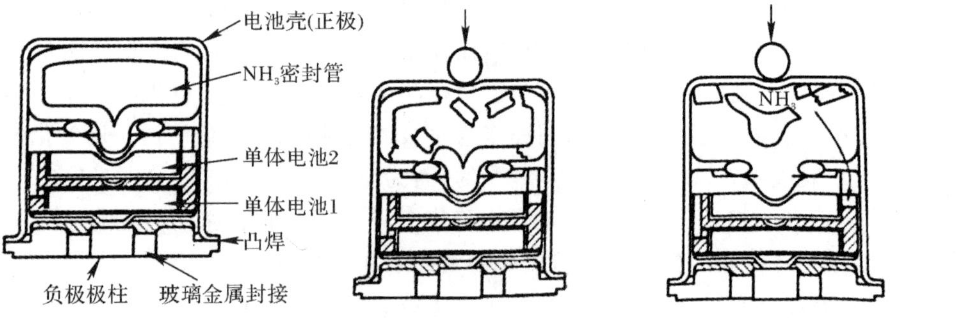

图4.26　Alliant G2514液氨激活贮备电池

(a)未激活电池；(b)贮液瓶被外力击臂；(c)氨水激活电池成套

5. 锂负极电池

锂负极电化学体系同样也可以设计成贮备结构，以便充分利用其高体积比能量和良好的低温性能的优点。锂在含水电解质中的反应，使得这类电池采用有机电解质或非水无机电解质。虽然锂一次电池以其长贮存寿命而闻名，但采用贮备结构的电池具有了一项必不可少的性能——在非激活状态下贮存10年或更长时间也无容量损失。一旦被激活，贮备电池的工作特性就与普通锂电池的特性类似，但由于激活装置和电解质贮存装置的需要，在质量比能量和体积比能量方面将有50%或更多的损失。在海洋环境高放电率应用领域，锂也被考虑当作含水贮备电池中的负极。

6. 热电池

热电池主要用于引信地雷、导弹和核武器中，这些用途需要一种极可靠的电池。它应具有很长的贮存寿命，可以承受诸如冲击和自旋方面的环境应力考验。

三、选择电池的要点

(一)一般要求

为某一特定应用选择最佳电池时必须考虑多种因素。每种可选电池的性能要有利于设备的要求,应选择其中能最大限度实现这些要求的电池。

选择电池非常重要的一点是在设备开发初期进行,而不是在设备开发完毕,所有的硬件已经固化时进行。这样才能将电池性能与设备要求进行最有效的折中。

选择电池时重要的考虑事项如下:

(1)电池类型:原电池、二次电池或贮备系统。

(2)电化学体系的优点、缺点,以及电池特点与设备主要要求相匹配。

(3)电压标称或工作电压、最大最小允许电压、电压调节、放电曲线图、启动时间、电压滞后。

(4)负载电流和负载曲线恒电流、恒电阻、恒功率或其他,负载电流或单值负载、可变负载、脉冲负载。

(5)循环工作制:连续或间断,如果需要采取循环工作制。

(6)温度要求:要求的工作温度范围。

(7)使用寿命:要求的工作时间。

(8)物理要求:尺寸、形状、质量、极端。

(9)贮存寿命:激活/贮备电池体系,贮存期间的荷电量,贮存时间随温度、湿度和其他条件而变化。

(10)充放电循环(可充式电池):浮充电或循环使用,要求的循环次数,充电电源实用性和特点,充电效率。

(11)环境条件:振动、冲击、离心旋转、加速度、大气条件(压力、湿度等)。

(12)安全性和可靠性:允许的变化率、失效率,无除气或无泄漏,采用了潜在的有毒有害物质,排出气体或液体类型、高温等,在苛刻的有潜在危险的条件下工作,环境友好性。

(13)不同寻常或苛刻的工作条件:在相当长期或极端温度下贮存、搁置或工作,特殊应用下的高可靠性,贮备电池的快速反应、无电压滞后现象,电池组特殊封装(压力容器等),非常规力学性能要求,如强冲击或加速度、非磁性等。

(14)维护和补给:电池组易买进、易得到、易发送、易更换,具有充电设备,特殊的运输方式,必需的回收或处置程序。

(15)成本:初始成本,操作或循环成本,使用危险或有害的(高成本)材料。

(二)特殊要求

弹载电源还应能满足以下要求。

1.电性能要求

弹载化学电源电性能要求主要包括工作电压、工作电流、工作时间、激活时间、放电噪声和绝缘电阻等。不同引信用化学电源,其电性能指标各不相同。通常要求的数据范围如下:工作电压为 20～30 V,工作电流为 20～60 mA,激活时间一般为 200～1 000 ms(对电子时间引信激活时间要求不大于 40 ms)，连续电噪声应不大于 50 mV(p－p)；脉冲电噪声应不大于 100 mV(p－p)，允许放宽但不大于 500 mV(p－p)。

2. 环境适应性要求

弹载化学电源的结构强度、密封性和性能稳定性等均应满足勤务处理和使用。

3. 无损落高要求

通常要求化学电源按有关规定条件进行 1.5 m 跌落试验后不得有任何损伤，并能满足性能要求。

4. 体积和质量

弹载化学电源的体积和质量通常应按总体要求确定。

5. 长期贮存性能要求

与引信不能分装的化学电源的贮存期一般与引信相同，应按有关规定进行考核。

6. 可靠性要求

化学电源应具有较高的作用可靠性，一般要求可靠度不低于 97%。

7. 密封性要求

引信化学电源必须进行密封性设计，以确保化学电源的性能稳定，防止因溶液泄露所造成的引信失效。

第五章　铅系列贮备电池

第一节　概　　述

铅酸贮备电池是各国火炮引信使用最多、最普遍的一次性化学电源，具有技术成熟、结构简单、可靠性高、激活时间较短、成本低等优点，缺点是工作电压超过一个单元，需在旋转状态下工作，容量较低，已配用于中、大口径和小口径炮及火箭弹无线电引信、电子时间引信中。

铅酸电池具有以下体系特征：

(1)铅酸电池适用于各种口径弹配用的引信。多单元电池结构最适宜在旋转条件下使用，而单元电池结构不只在旋转条件下使用，亦适宜在非旋转或微旋转条件下使用。

(2)铅酸电池是水溶液电解质电池，对电池密封性要求高。

(3)铅-高氯酸电池和铅-氟硼酸电池在放电过程中形成可溶性铅盐，在低温条件下具有很大的溶解度，故电池活性物质利用率高。

(4)低温下具有很好的工作性能。铅-高氯酸电池最低工作温度可达－50～－60 ℃，铅-氟硼酸电池虽不如前者，但在小电流密度下仍可在－55～－60 ℃下工作。

(5)电池激活后能在不工作状态下保存一段时间，铅-氟硼酸电池可以保持一昼夜，铅-高氯酸电池可以保持若干小时性能不变。

(6)铅酸电池制造工艺简单，生产成本低。

第二节　化学原理

铅酸贮备电池的负极是铅(Pb)，正极是二氧化铅(PbO_2)，根据使用的电解质溶液的不同，可以组成不同的电化学体系，引信中常用的主要有铅/高氯酸($HClO_4$)/二氧化铅电池电化学体系、铅/氟硼酸(HBF_4)/二氧化铅电池电化学体系。电池反应如下：

电化学式：

$$Pb/HClO_4/PbO_2$$

$$Pb/HBF_4/PbO_2$$

阴极反应：

$$PbO_2+4H^+ +2e \longrightarrow Pb^{2+} +2H_2O$$

电极电位：

$$\psi_+ =1.455+\frac{RT}{2F}\ln\frac{[H^+]^4}{[Pb^{2+}]}$$

阳极反应：

$$Pb-2e \longrightarrow Pb^{2+}$$

电极电位：

$$\psi_- =-0.126+\frac{RT}{2F}\ln[Pb^{2+}]$$

电池总反应：

$$Pb+PbO_2+4HClO_4 \longrightarrow 2Pb(ClO_4)_2+2H_2O$$
$$Pb+PbO_2+4HBF_4 \longrightarrow 2Pb(BF_4)_2+2H_2O$$

电池电动势：

$$\psi_+ -\psi_- =1.581+\frac{RT}{2F}\ln\frac{[H^+]^2}{[Pb^{2+}]}$$

受电极制备工艺、电池结构的不同，以及放电条件等各种因素的影响，在 $HClO_4$ 溶液电池中开路电压可达 1.92 V，在 HBF_4 溶液电池中开路电压约为 1.86 V。$HClO_4$ 的电压略高于 HBF_4，$HClO_4$ 与 HBF_4 的容量比是 100∶75。

铅酸贮备电池是把装配好的电池在干燥状态下储存，使用前才加入电解质溶液，储存时，电解质溶液不与电极接触；使用时，通过某种方式，使电解质溶液与电极接触，即激活电池，则电池可以向引信电路供电。

第三节　结　　构

铅酸贮备电池的结构一般包括贮液瓶、激活机构和电池堆（或电极组）、壳体密封件等。

一、贮液瓶

贮液瓶，又称电解液贮存器。贮液瓶的外形有各种形状，如盘管式、圆筒式、圆球式和泡囊式等。制作材料有玻璃、塑料、铜和不锈钢等，视其贮存电解质性质而定。对贮液瓶的主要要求是：制作材料与电解质溶液相容性好，密封性好，在电池中能经受住勤务处理过程中的冲击、振动和跌落而不破裂。在电池激活过程中能可靠破裂而释放出电解液，正常破裂后的残体对电池放电没有影响。在液体贮备电池中实际应用的有以下几种。

（一）玻璃贮液瓶

玻璃贮液瓶较多用在铅-高氯酸贮备电池中作电解液贮存器，具有一定强度，能满足一定的冲击、振动、跌落要求，以及使用温度及贮存温度要求，常用的玻璃材料有 95 玻璃、GG17 玻璃等。这些玻璃材料易加工成形和密封，加工工艺简单，成本低，适合在任何直线过载条件下应用，作用可靠，容易破碎，释放电解液迅速，利于电池快速激活。玻璃贮液瓶如图 5-1 所示，图 5-1(a)为短粗型，图 5-1(b)为细长型。

玻璃贮液瓶材料性脆，抗冲击、振动和跌落冲击的能力较低，勤务处理时易破裂，特别是在贮液后熔封过程中材料内部产生应力不易消除，易在温度巨变时自爆。

(二)塑料贮液瓶

塑料贮液瓶在铅-氟硼酸贮备电池中作电解质贮存器。大多选用低压聚乙烯塑料制作，结构形状可有不同的设计。常用的塑料贮液瓶如图 5－2 所示。

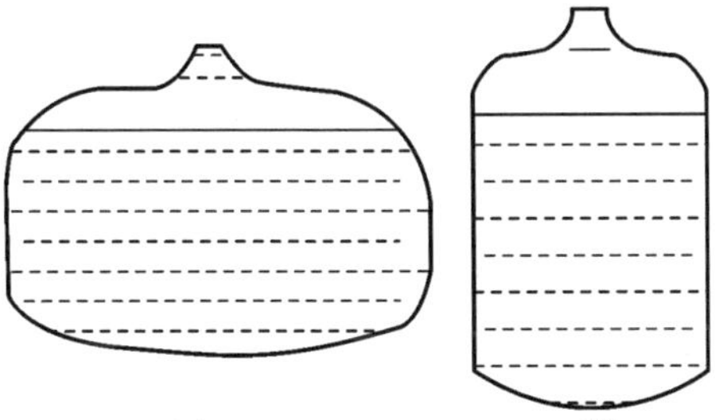

(a)　(b)

图 5－1　玻璃贮液瓶

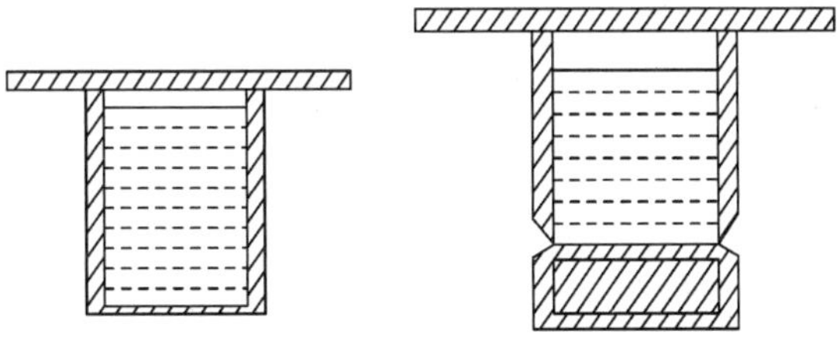

(a)　(b)

图 5－2　塑料贮液瓶

图 5－2(a)为某种无线电引信的化学电源用塑料贮液瓶，瓶体采用低压聚乙烯材料经塑压成形，瓶下端焊接双层复合薄膜，在强大的直线惯性力作用下，薄膜破裂释放电解液。图 5－2(b)为某种无线电引信的化学电源用塑料贮液瓶，选用中压聚乙烯做瓶体，下端设计有环状薄弱环带，薄弱环带下部装有加重块，使用时，在直线惯性力作用下，薄弱环带被拉断裂释放电解液。

塑料贮液瓶的强度好，制作工艺简单，具有一定的抗渗透和耐老化性能；使用时靠弹丸发射时的后坐力使其薄膜或薄弱带破裂，不适于低过载条件下使用。塑料贮液瓶在经过长期贮存后的密封性和老化情况有待实践验证。

(三)金属贮液瓶

在铅-氟硼酸贮备电池中亦可采用铜贮液瓶作电解液贮存器。这种用紫铜材料作成的铜贮液瓶，瓶体本身并不复杂，也是简单的杯状，一端由紫铜薄膜将电解液密封在瓶内。在实际应用中，因为电解液由两种平时分装的溶液组成，所以整个铜贮液瓶由两个简单的杯状铜贮液瓶组合而成，并与内部的激活机构(由刀刃盘和惯性环等件组成)结合在一起，总体结构较复杂。某种无线电引信用化学电源的铜贮液瓶如图 5－3 所示。

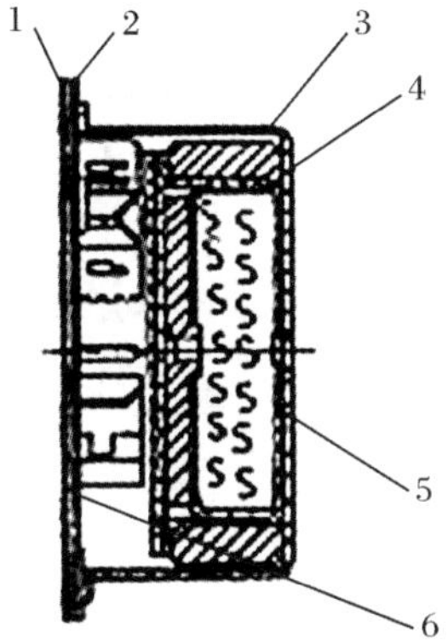

图 5－3　铜贮液瓶

1—焊缝；2—磷片；3—惯性环；4—外铜瓶；5—内铜瓶；6—刀刃盘及开瓶刀

二、激活机构

激活机构是在使用时能将电池贮液瓶击碎或击破裂的装置。引信用贮备电池大多数本身具有激活机构，通常利用内外弹道环境力、起爆元件发火后的气体压力、受压弹性片（簧）的恢复力等作为机构发生动作的起动力。激活机构的设计与贮液瓶密切相关，贮液瓶所用材料和结构不同，其破瓶的方式、方法也不相同。常用的激活机构有下列几种形式。

（一）支耳座式激活机构

支耳座式激活机构是利用弹丸发射时产生的后坐力击碎玻璃贮液瓶的激活机构，如图 5－4 所示。玻璃贮液瓶靠下面星形支耳支撑，平时不会下移，保证勤务处理时不被破碎。发射时，玻璃贮液瓶在后坐力的作用下压弯星形支耳，并从其安全位置掉落下来，玻璃贮液瓶随同支耳下落时支耳座内的瓶底突起部因被撞击而破碎。类似支耳支撑的各种变形体有弹簧支撑、蝶形簧片支撑、爪形簧片支撑等形式，破瓶原理相同。这种激活机构适用于后坐力较大的炮弹引信用液体贮备电池。

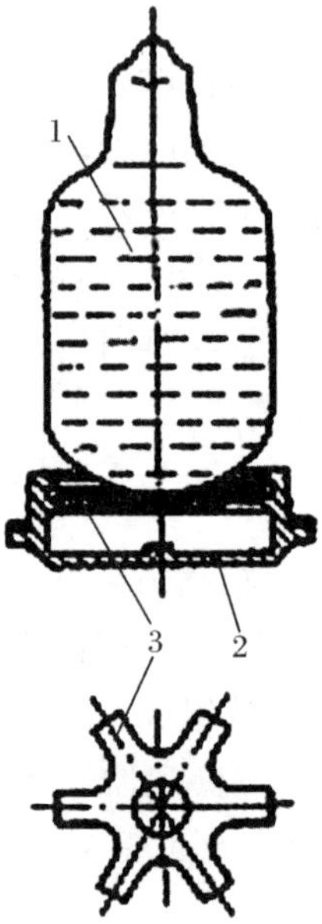

图 5－4　支耳座式激活机构

1—玻璃贮液瓶；2—支耳座；3—支耳

（二）击发式激活机构

击发式激活机构是利用击针戳击火帽发火后产生的气体克服保险片抗力，推动击瓶杆打碎贮液瓶的激活机构。通常在发射后坐力较小时才使用击发式激活机构。根据旋转速度大小可设计成两种结构形式。

当旋转速度较大时，所采用的激发式激活机构如图 5－5 所示。

平时，激活机构中的击针由离心子卡住，火帽固定在激活机构本体上，处于保险状态。发射后，离心子在离心力的作用下，压缩离心子簧而外移释放击针，击针在贮能簧的推动下戳击火帽发火，利用火帽发火后产生的气体克服保险片抗力推动击瓶杆打碎玻璃贮液瓶。

当旋转速度较小时，在非旋转或微旋转弹引信用贮备电池中，利用火箭炮发射车上的电源或地面其他电源，使激活机构中的电点火管发火产生气体，克服保险片抗力推动击瓶杆（或称抛射体）打破贮液瓶。

击发式激活机构具有广泛的化用性，根据这种原理可以设计出各种击瓶机构，完成对各种贮液瓶的破碎功能。

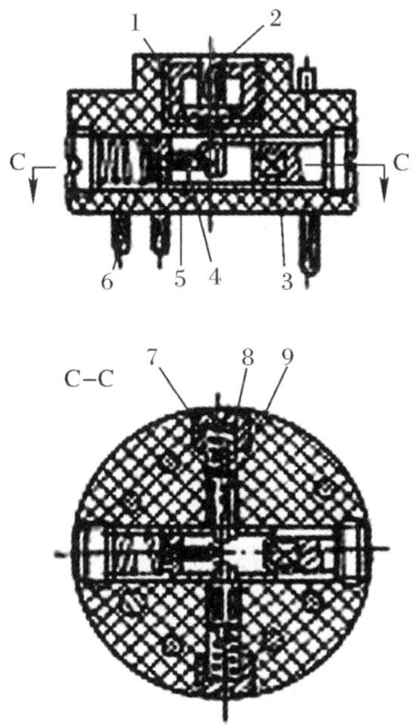

图 5-5　击发式激活机构

1—击瓶杆保险片；2—击瓶杆；3—火帽；4—击针；5—活动击针座；6—贮能弹簧；7—离心子弹簧盖；8—离心子簧；9—离心子

（三）开瓶刀式激活机构

开瓶刀式激活机构主要用于铅-氟硼酸贮备电池中铜贮液瓶的切割。铜贮液瓶由内、外两个简单杯状铜瓶套在一起组成，两铜瓶薄膜间有一刀架盘，其上有对力矩敏感的两组开瓶刀，分别用于切割两铜瓶薄膜。开瓶刀式激活结构如图 5-6 所示。

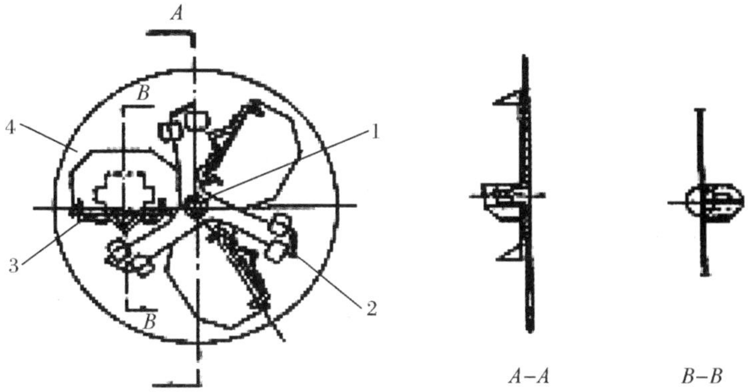

图 5-6　开瓶刀式激活机构

1—铆钉；2—内瓶开瓶刀；3—外瓶开瓶刀；4—刀架圆盘

开外瓶的 3 把刀在内铜瓶和惯性环的共同作用下倒塌而发生作用。开瓶刀式激活机构是由具有足够刚度的硬质铜制成，平时能经受惯性环和内铜瓶所加的负载而起到支撑作用。惯性环能正常自由地绕其轴旋转。在飞行期间惯性环和3个开瓶刀的顶部存在着很大的摩擦力，同时也还有一个很大的扭力，这就使3个开瓶刀的顶部相对其底部发生顺时针方向位移，并开始倒塌，回到开瓶刀原先的刀架圆盘平面内，刀刃指向外铜瓶膜，此时，后坐力驱动开瓶刀向下压，使两端的刀片刺破外铜瓶膜。开外铜瓶3把刀倒塌后，刀架圆盘内侧另有3把尖角状刀刃，在惯性环下压过程中内铜瓶膜被此3把刀刃刺破，并在旋转时被切翻。整个作用过程的完成只有在角加速度和线加速度共同作用下，才能使两铜瓶薄膜被切割，释放所贮存溶液。开瓶刀式激活机构通常适用于后坐力和离心力都较大的旋转弹引信用铜贮液瓶化电源。

(四)其他形式激活机构

除上述3种形式之外，有其他形式的激活机构。例如，电解液容器为薄膜袋囊，其击破袋囊的机构可为活塞式或转轴式的激活机构等。但是这些机构的结构和制造较复杂，可靠性差，很少实际应用。

三、电池堆

电池堆是按一定电压或电流要求把单体电池串联或并联而成的组合体，称为多单元电池结构。它在贮备电池中与激活机构系统、电池壳体及其他构件一起，构成独立使用的电池。

叠层式结构是在液体贮备电池上最常见的形式。其特点是将双性极片与隔离体彼此相间重叠。所谓双性极片是指在集流体(或称载体)一侧制有正极活性物质，另一侧制有负极活性物质。其双性极片形状可以根据需要设计成环形片或半环形片或其他不同形状，如图5-7所示。图5-7(a)(b)为环形片，图5-7(c)(d)(e)为半环形片。

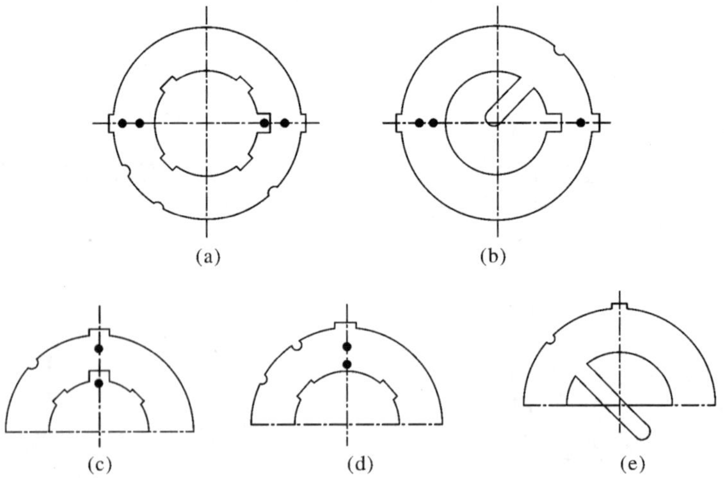

图5-7　双极极片

图中的双性极片是叠层式电池的典型双性极片，其多数极片内侧留有1～2个或多个矩形缺口，这是电解液进口；在极片的一定位置上留有1～2个小孔，使进入两极片间的电解液能上下流动自行调解各单元间溶液的充满程度。叠层中作为引出线的极片带有引线耳，如图5-7(b)(e)所示。两个双性极片间的隔离体视双性极片的形状而定，可制成具有圆弧形片或半圆弧形片(见图5-8)。图5-8(a)为圆弧形片，图5-8(b)为半圆弧形片。镂空处可以容纳一定量电解液。

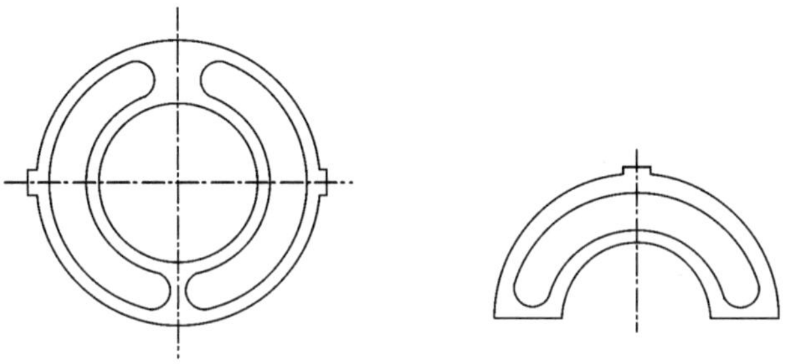

(a)　　　(b)

图 5-8　隔离垫片

插片式结构是液体贮备电池的另一种结构形式，也采用双性极片，极片形状较简单，一般为简单的半环形片或长方形片(见图 5-9)。图 5-9(a)为普通双性极片，图 5-9(b)为带引线耳极片。其特点是在结构上省略了独立的隔离件，两个双性极片间靠结构设计中的隔槽满足极片间的隔离。插片方式可以是横插片，也可以是沿电池径向分布的直立插片。一般横插片式的双性极片带有调液小孔。

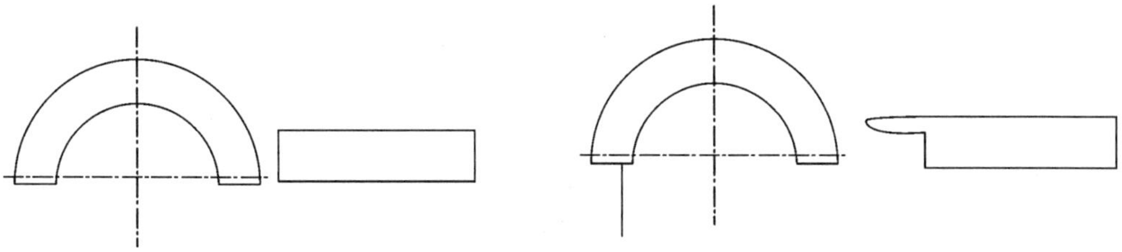

(a)　　　(b)

图 5-9　半环形和长方形双行极片

四、电池密封

由于要承受离心力，因此，电池的周围必须密封，以防止电解质泄漏。这种密封一般是通过在电极-垫圈构成的电堆外部形成一层塑料隔离层实现。对于铅/氟硼酸/二氧化铅电池，这种隔离层是由涂在青壳纸上的聚乙烯形成的，在相对低的温度下聚乙烯会熔化。电池垫圈是由涂覆的青壳纸冲制出来的，并放在电极中间。将电堆夹紧放到炉子中加热到足够高的温度使聚乙烯熔化，聚乙烯就起到了电极间黏合剂和密封剂的作用。

第四节　工作特性

一、比能量和比功率

比能量和比功率通常不以单位质量或单位体积的能量或功率来标志。因为这种电池需要为电解质提供 2 倍的空间(一半在贮液瓶，另一半在电池中)，所以这种电池的空间利用率并不高。贮液瓶的开启机构和电池的密封材料也占了一部分空间。由于装载电池的抛射体自旋偏心性，电池面积有时不能暴露在电解质中，因此，这类电池通常为短寿命应用设计，如相应炮弹抛射体的飞行时间(大约 3 min)。

二、工作温度限制

与其他大部分电池一样，铅系列贮备电池的性能也受温度的影响。军事应用常常要求电池在－40～60 ℃的温度工作，在－55～70 ℃的温度贮存。

三、电压调节

与高温条件下工作相比，贮备电池在低温和重负载条件下的输出电压要低得多，因此，常常会遇到电压调整的严重问题。在一些情况下，高温电压对低温电压的比率可达到 2∶1。这个问题可以采用热电池加以避免。热电池可以通过自身火药体系的作用提供电池必需的工作温度，而避开了环境温度的影响。

四、贮存寿命

液体电解质贮备电池的贮存寿命极大地依赖贮存温度，高温对电池是有害的。除非电池确实是大安全系数设计，否则 10 年的预期贮存寿命或许是最好的。铅/氟硼酸/二氧化铅电池的贮存寿命也随着时间的推移而产生衰降，容量产生损失，激活时间加长。然而，如果在电池结构中避免使用有害的有机材料，并且在电池设计时采用一些安全系数，那么 20～25 年的贮存寿命也是可以实现的。

五、线性加速度和角加速度限制

通常期望自旋激活的电池用于枪炮环境中，因此，它必须能承受炮火的推力。随着贮液瓶制造方法的发展，这种电池能承受 20 000～30 000 g 的线性加速度和 30 000 r/min 的自旋转速度。预计小口径(20～40 mm) 抛射体能承受的线性加速度 g 的量级是大口径的 2～5 倍。

为帮助承受这些力，电池部件有时封装在一个塑料支撑体内。通常的设计是用一个铸模的塑料杯来装电堆和贮液瓶的部件，并采用环氧树脂将它们加以固定。最近，采用高嵌入聚氨酯泡沫塑料，将成套电极和贮液瓶部件用 RIM(碰撞反应模塑法)工艺现场封装，这种工艺几分钟就可以完成脱模。这两种类型的支撑体如图 5－10 所示。

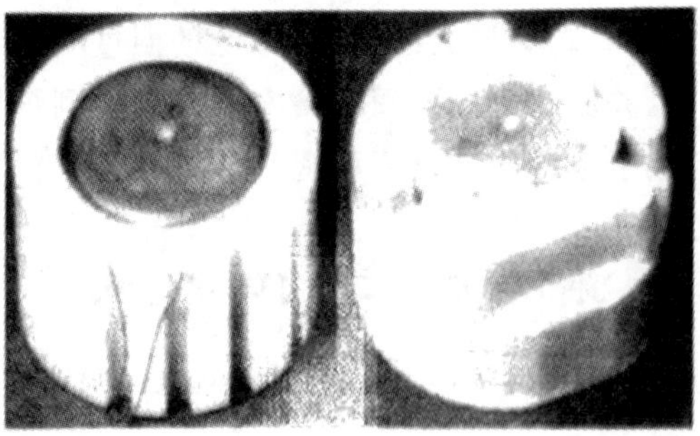

图 5－10　电堆和贮液瓶的装配：通过在模具中灌环氧树脂(左)和现场反应形成聚氨酯泡沫塑料(右)，以形成对电池组的固定

六、激活时间

从电池的启动开始到在规定的电子负载条件下电池能够提供和维持必需的电压，这二者之间的时间就是激活时间。对于液体电解质自旋贮备电池，激活时间包括贮液瓶打开的时间、

电解质分配时间、消除分配道内电解质短路的时间、消除电极钝化的时间和消除任何形式极化的时间。通常在低温下激活时间最长,这是由于低温时电解质黏度的增长和离子移动性的降低是非常大的。

在贮备电池的用途中,通常都规定了允许的最长激活时间,并且经常设计为在要求的时间内达到峰值电压的75%或80%。大炮发射用引信电池是典型的用途,要求电池激活时间非常短,可能小于100 ms。由于电池是用来启动计时器的,因此,到达计时器电压时间过长或不确定性会导致严重的计时错误,以及相应的炮火失效。在某些情况下,计时错误会对安全性产生不利的影响,在不太危急的情况下,0.5~1.0 s的激活时间是允许的。

第五节　典型铅酸电池

一、火箭弹无线电引信用铅-高氯酸电池

(一)结构

火箭弹无线电引信用铅-高氯酸电池采用铅作负电极活性物质,二氧化铅作正电极活性物质,高氯酸水溶液为电解液。电池组由14个单元电池以叠层方式串联组成,如图5-11所示。电池总计有15个极片,其中13个为普通双性极片,如图5-12所示。

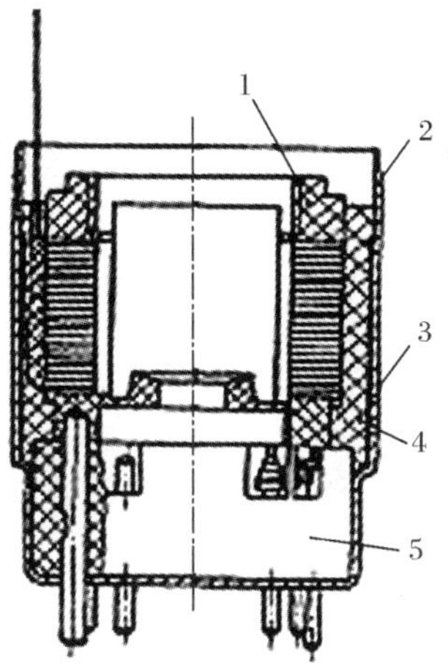

图5-11　串联铅-高氯酸电池组

1—叠层电池组;2—壳体;3—绝缘衬垫;4—环氧树脂;5—激活机构

极片一面是由电沉积形成的负极活性物质——铅,另一面是由电沉积形成的正极活性物质——二氧化铅,极片内圆有4个矩形缺口,两个较深缺口是单元电池进液口,外圆在相对的位置有两个矩形突出部分,装配时起定位作用,两个带有引信耳的极片,如图5-13所示。

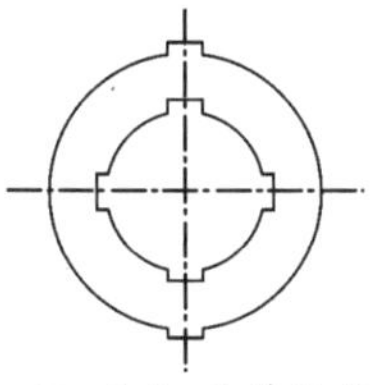

图5-12　铅-高氯酸电池的双性极片

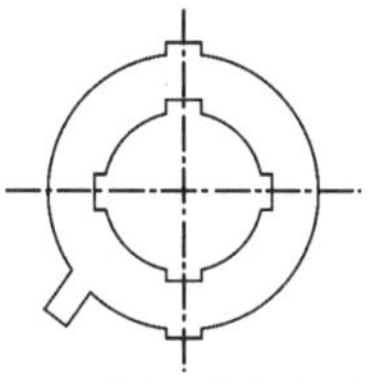

图5-13　铅-高氯酸电池引线耳极片

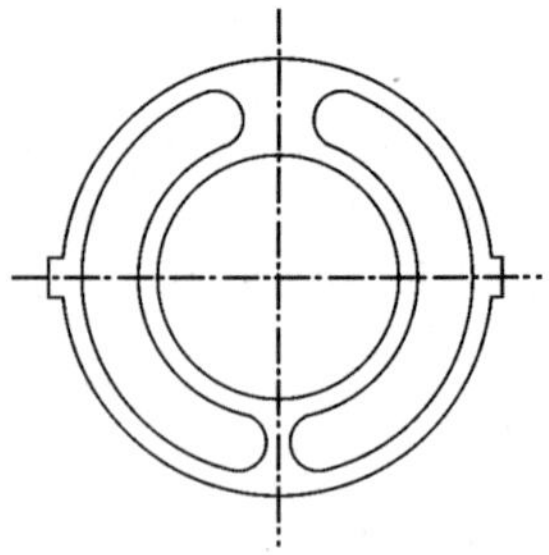
图 5 - 14　铅-高氯酸电池隔离圈

极片分别在叠层电池组的两端，一个引出电池正极线，一个引出电池负极线。每个单元两极片间有隔离圈，如图 5 - 14 所示。总计有 14 个隔离圈，材料为夹纸酚醛板。15 个极片与 14 个隔离圈相间叠合构成电池组时，双性极片和隔离圈外圆两定位突起对齐，这样因为双性极片内圆两个较深缺口深度大于隔离圈内圆环宽度，所以叠合后电池组内圆相对应位置形成两排由上到下的进液道。电池组上端尼龙插座和下端尼龙垫片是和电池组一起装配的，整个外圆用聚乙烯醇缩醛胶黏接固定。在电池组内圆周除两排进液道之外其余部分亦用聚乙烯醇缩醛胶涂敷，使圆周壁光滑利于电解质流动，同时防止电解液把各单元双性极片连通而造成短路或产生噪声。

电池组内腔在玻璃贮液瓶外侧设置一个过滤网罩，下端与尼龙垫片间有密封橡胶垫，并固定而不能转动，与激活机构间设有密封垫。该密封垫中央有击瓶杆出孔，密封垫被电池组下端尼龙垫压在激活机构凸起部位及其四周，平时中间带孔的突起部分托住玻璃贮液瓶。

电池组与上插座、下垫片及激活机构均有根据引线要求而确定的对应定位关系，电池正、负极引线及通过电池罐封层的两条线与激活机构对位，上插座相应接线点互相对位，经焊接而上下接通，上插座各引线点焊接后另有一薄壳尼龙环以定位关系罩在插座各焊点外围，防止焊点外露。激活机构各接线柱与引线焊接，焊点均在激活机构相应的凹陷部分被灌封层所遮，防止与壳体接触短路。

玻璃贮液瓶在电池组中央空腔内，下侧被橡胶密封垫托起，玻璃瓶嘴被带有橡胶垫的定位套卡住，这样玻璃贮液瓶被保护在过滤网内，使用时不妨碍正常被击碎。

电池组最上端由一塑料螺塞封顶，并被环氧树脂黏合剂密封。总体电池由金属壳体包装，金属壳体与电池组间用环氧树脂黏合灌封。

(二)作用过程

该电池为击发式激活机构，当弹丸旋转达到一定转速后，离心销在离心力作用下克服离心销弹簧力而外移，从击针卡口中拔脱，贮能簧推动击针戳击火帽座内的火帽发火，推动击瓶杆克服保险片抗力向前运动，通过下密封橡胶垫中央孔而直接击碎玻璃贮液瓶，释放电解液。电解液在离心力作用下，迅速向外运动，通过过滤网罩沿电池内壁流动。当流到进液口处即进入各单元电池作用腔，电解液沟通两电极，电池被激活而进入工作状态。

二、舰炮无线电引信用铅-氟硼酸电池

(一)结构

舰炮无线电引信用铅-氟硼酸电池采用铅作负电极活性物质，二氧化铅为正电极活性物质，氟硼酸水溶液为电解液。电池由 17 个单元电池以横向插片方式串联组成，总计由 18 个极片串联，其中有 16 个普通双性极片，形状简单，其上一定位置留有一调液孔，如图 5 - 15(a)所示。两个带引线耳极片如图 5 - 15(b)所示。

该电池的主要结构特点是两个半圆形预制塑料件作为壳体，内侧有控制双性极片位置的横向插槽，半圆形双性极片的外圆插入插槽内互相隔离，不需要设置单独的隔离件，电池采用塑料贮液瓶，由低压聚乙烯塑压成形，一端固定在电池上端，另一端为双层复合塑料膜。经热焊将电解液密封在瓶内。电池在一个半圆形预制壳体外围塑压时嵌入 4 个接线柱，其中两个

分别焊接电池正、负电极引线，另两个为引信所用线。结构紧凑，两个半圆形塑料壳体采用超声波焊接成形，机械强度高。

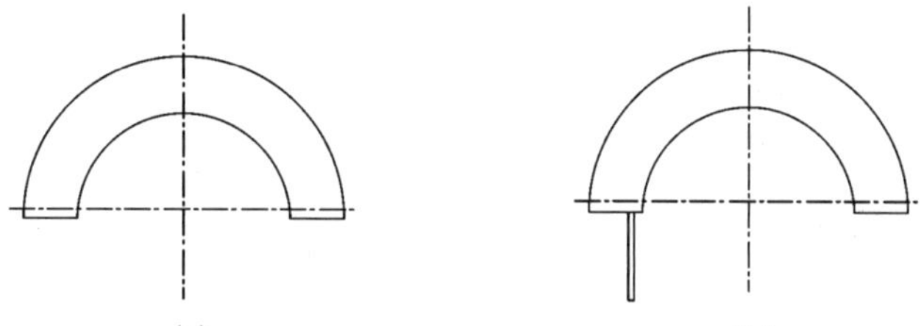

图 5－15　铅-氟硼酸电池双性极片

(二)作用过程

该电池是在高过载、高转速条件下使用，在结构设计上没有单独的激活机构。发射时，在高过载的后坐力作用下，塑料贮液瓶下端薄膜在冲击力的作用下自行破裂，释放电解液，电解液在高转速的离心力作用下，沿各双性极片内半圆弧所形成的极片间空隙进入各单元电池，电池即被激活进入工作状态。调液孔可以调节各单元电解液均匀分布，以保持电池性能的稳定性和避免产生电池噪声。

三、微旋转快激活电池

微旋转快激活电池主要适用于低过载、微旋转火箭炮子母弹电子时间引信，单元电池结构与 DC 转换器连用可供引信电子线路使用。电池采用铂为负吸活性物质，二氧化铅为正极活性物质，高氯酸水溶液为电解液。

(一)结构

该电池为典型单元电池结构，两个单极性电极筒如图 5－16 所示。图 5－16(a)为外侧极筒，图 5－16(b)为内侧极筒。

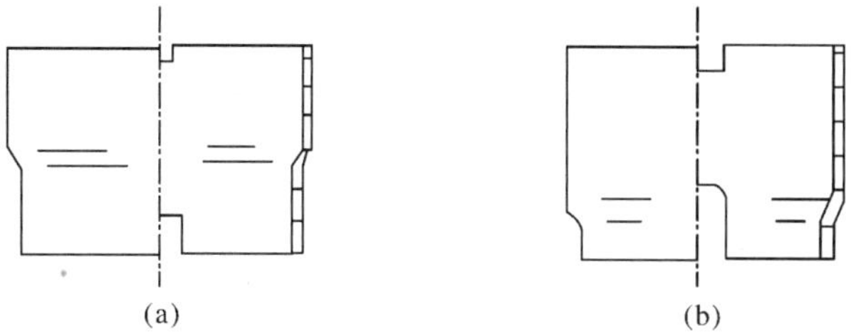

图 5－16　单性极筒

正、负两极筒沿电池纵轴内外分布，通过两个带槽的预制塑料件上下固定，负极筒在外侧，正极筒在内侧，内侧极筒上设计有一定数量、大小和排布适宜的进液孔。两极筒均具有较大放电面积，有承受较大放电电流的能力。电池采用积木式组装经超声波焊接一次成形，玻璃贮液瓶在电池中央，即在电极筒中央，上下均有橡胶件予以保护，平时安全作用时可正常被击碎。

该结构的另一显著特点是电极筒下端的击发式激活机构，击发后活塞式击瓶杆击碎玻璃贮液瓶，并自动锁在机构内保证电池内腔密封。

(二)作用过程

火箭发射时，利用发射电源引爆电池激活机构中活塞撞击瓶杆内的电点火管，驱动击瓶杆克服保险片抗力向前运动，带动击瓶片击碎玻璃贮液瓶，释放出电解液。电解液在击瓶片的冲击下向四周飞溅，电子也开始运动。电解液进入两电极筒，使电池工作。这个过程能够在瞬间完成，电池激活时间很快。击瓶杆运动到一定位置后，喇叭状部分如活塞一样塞进激活座体内，密封了电池内腔，使电池保持长时间稳定的工作状态。

配用于地炮通用电子时间引信的快激活电池，与微旋转快激活电池结构相似，指标相近，但是使用条件截然不同。微旋转快激活电池与快激活电池的比较见表 5-1。

表 5-1　微旋转快激活电池与快激活电池比较

项　目	微旋转快激活电池	快激活电池
主要性能指标	工作电压：1.3～2.0 V 工作电流≥350 Ma 工作时间≥200 s 激活时间： 组平均≤100 ms 单发＜300 ms 无损落高≥1.5 m	工作电压：1.3～2.0 V 工作电流≥350 Ma 工作时间≥200 s 激活时间≤40 ms 无损落高≥1.5 m
外形尺寸/mm	φ41×34	φ41×35
使用条件	直线过载：最大 38.5 g 旋转速度：最大 1 260 r/min 工作温度：－40～50 ℃	直线过载：2 000～20 000 g 旋转速度：最大 2 500～20 000 r/min 工作温度：－40～50 ℃
电极特征	单极性筒状电极	单极性筒状电极
电解液及贮液瓶	高氯酸水溶液玻璃贮液瓶	高氯酸水溶液玻璃贮液瓶
激活机构	活塞白磷式激活机构	双环境力解脱离心版式激活机构
成形工艺	塑料预制件超声波焊接成型	环氧树脂密封，外套金属壳体，加压收口成型
供电方式	与 DC 转换器配合供电，软线焊接	与 DC 转换器配合供电，软线焊接
配用引信	某型火箭子母弹电子时间引信	地炮通用电子时间引信

第六章　锌系列贮备电池

第一节　锌-铬酸电池

一、概述

锌-铬酸电池亦称碳-锌电池，是早期电子管无线电引信所选用的一种电池，通常采用叠层式多单元三组电压输出的设计，主要用于旋转弹上。其工作温度范围为－25～50 ℃，已不满足现代引信技术发展要求。该体系电池由于低温性能差而逐渐被其他体系电池所替代，其功能、特点，以及结构的设计与铅酸贮备电池相似。该体系电池研究、使用时间较早，结构设计较为成热，性能稳定，在一定条件下仍可以借鉴或重新设计。

二、化学原理

电化学式：

$$Zn|H_2Cr_2O_7|\ CrO_3(C)$$

电池总反应：

$$3Zn+CrO_4^{-}+14H^{+}\longrightarrow 3Zn^{2+}+2Cr^{3+}+7H_2O$$

电池的负电极为 Zn，标准电位为－0.76 V，正电极活性物质为 CrO_3，正电极基体 C 不参加电化学反应，只起导电作用，该电池的标准电动势为 2.093 V，但是在低温条件下电压远远低于理论值。该电池所用电解液组分不尽相同，主要组分是铬酸 $H_2Cr_2O_7$，也可以是铬酸盐，如 $Na_2Cr_2O_7$ 或 $K_2Cr_2O_7$，适当添加 H_2SO_4、HCl、$SnCl_4\cdot 5H_2O$ 溶液等物质。

三、结构

早期无线电引信采用电子管，所需电源都是以三组电压组成的设计。有板极电源电压、灯丝电源电压和栅级电源电压，一般为叠层式电池结构，由电池组、电解液贮液瓶、激活机构、壳体及相关接插件等组成。

电池组由镀锌涂碳的双性极片和绝缘隔离垫圈相互叠合成多个单元电池进行串联或并联所构成，电池组内壁架有 2～3 条由双性极片内圆缺口形成的电解液通道。电池组内圆和外圆通过涂胶或塑封使之成为一整体。

该体系电池为圆柱，双性极片和隔离圈亦为圆环片或双圈环形式，设计思想以及结构特征均与铅酸电池基本相似。

根据需要各组电压的输出引线方式有所不同，可以独立引出正、负极引线，也可以采用在串联多个单元电池中的某一极片引出，而作为公用引出线(即中间抽头)。

电解液玻璃贮液瓶置于环状双性极片和环状隔离圈叠合后构成的电池组的中央空腔内。由弹丸发射的后坐力或专门激活机构使其破碎。

该体系电池与相关部件以插脚或插座形式连接。

四、体系特征

锌-铬酸电池具有下述体系特征：

(1)锌-铬酸电池是典型水溶液电池，适用于旋转弹。

(2)该体系电池只在弹丸发射时，玻璃贮液瓶才被后坐力或专门激活机构所击破，电解液在离心力作用下被分布到各单元电池内，电池才被激活。

(3)在锌-铬酸电池中，无论电解液是铬酸溶液还是铬酸盐的酸性溶液，它们都是强氧化剂，同时也是正极的活性物质，在碳质的基体导体上进行还原反应。其反应式为

$$Cr_2O_7^- + 14H^+ + 6e \longrightarrow 2Cr^{3+} + 7H_2O$$

(4)该体系电池视放电电流的密度不同，其工作电压在 1.3～1.6 V 变化，比功率较大，一般为 50～60 mV/cm^3。

(5)该体系电池低温性能差，最低工作温度为－25 ℃。此时起始电压仅达 1.0 V 左右，在这种条件下电池激活时间显著增长，不能满足最小攻击距离的时间要求。

(6)该体系电池激活后锌负极直接同正极活性物质接触，可能产生副反应，使锌和铬酸离子无益消耗，不能够长时间工作或保持工作状态。

(7)在实际研究和应用中，锌负极汞齐化可以提高锌负极放电的极限电流密度，降低高效率放电的极化值。汞齐化后电池激活，湿搁置也可以减少容量损失，对改善低温性能和缩短激活时间都起到较好作用。汞齐化锌负极与锌负极放电比较见表 6-1。

表 6-1　汞齐化锌负极与锌负极单元电池－26 ℃放电比较

放电时间/s	2	5	10	15	50	75	100
汞齐化铜带镀锌负极放电电压/V	1.10	1.30	1.30	1.25	1.17	0.90	0.75
锌负极放电电压/V	0.82	1.15	1.15	1.15	0.85	0.85	0.54

注：试验条件为正电极 5A1C，电解液 68°。

五、应用

锌-铬酸电池在早期电子管无线电引信中有较广泛的应用，其具体应用如下。

(一)加农炮炮弹无线电引信用锌-铬酸电池

该电池的主要性能特点：三组输出分别为电压 90 V、电流 8.5 mA，电压 1.5 V、电流 450 mA。

另一组电压为 -7 V 而不需要电流；电池噪声 <60 mv；满足 $-25\sim50$ ℃条件下 40 s 的工作时间；电池外形尺寸为 $\phi38.35$ mm×47.5 mm；激活方式靠支耳式激活机构在发射时的后坐力作用下破瓶激活电池。

(二)高射炮炮弹无线电引信用锌-铬酸铅电池

该电池外形尺寸为 $\phi48$ mm×35 mm，其他特征与加农炮炮弹无线电引信用锌-铬酸电池基本相同。

第二节　锌/氧化银电池

一、概述

锌/氧化银电化学体系是一类重要的贮备电池，具有高速率放电（电流密度为 150～400 mA/cm^3）、工作电压平稳、激活快、比功率大和比能量高等特点。但其低温性能不理想，结构复杂，用前不能进行检测而又价格昂贵，使应用受到限制。目前，其主要用作火箭、导弹、鱼雷和飞机上的电源。在这些场合，电池允许的体积较引信电源大，是导弹用两大主要电源之一。

锌/氧化银贮备电池分两类：人工激活式和遥控激活式。总体而言，人工激活电池应用于空间系统和可接近的地面设施，通常装配成传统的结构。遥控或自动激活电池主要应用于武器和导弹系统，需要电池长期处于待命状态(贮存)，有快速遥控激活的手段，并在高放电率下有效放电，典型的放电时间是 2～20 min。人工激活电池的性能为质量比能量 60～220 W·h/kg 和体积比能量 120～550 W·h/L 。遥控激活电池自带激活装置，使得其质量比能量和体积比能量分别下降至约 11～88 W·h/kg 和 24～320 W·h/L。

二、化学原理

一次锌/氧化银电池放电时的电化学反应通常认为按下式进行：

$$Zn+2AgO+H_2O \longrightarrow Zn(OH)_2+Ag_2O \quad E^\theta=1.815\ V$$

$$Zn+Ag_2O+H_2O \longrightarrow Zn(OH)_2+2Ag \quad E^\theta=1.589\ V$$

25 ℃下，使用 31% KOH 电解质的电池反应为

$$Zn+AgO+H_2O \longrightarrow Zn(OH)_2+Ag \quad E^\theta=1.852\ V$$

阴极(或正极)是氧化银，其组成是 Ag_2O 或 AgO 或 Ag_2O 与 AgO 的混合物。阳极（或负极)是金属锌，电解质是氢氧化钾溶液，化学反应和相应的标准电位如上式所示。

三、结构

人工激活的锌/氧化银贮备电池的典型结构如图 6－1 所示。这些电池在使用之前才充满电解质。传统的电池设计是带有正、负极柱和注液口/排气口的方形容器。电池是由组装在一个单元容器内的多个单体串联而成的。用在空间项目上的电池采用薄的不锈钢、钛、锰或合金材料来制备电池壳体，使电池的质量降至最小。

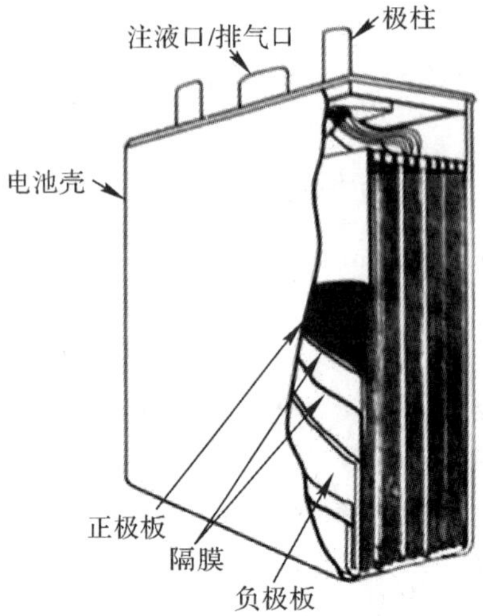

图 6-1 锌/氧化银贮备电池典型结构

(一)电池组成

锌/氧化银贮备电池由正极板、负极板和隔膜组成。每片负极板与相邻的正极板之间用隔膜隔开,然后组装到电池壳体内。极板可以是干式荷电的,也可以是干式非荷电的。

1. 正极板

正极板是将银粉或氧化银粉涂于金属骨架上制成的。铜、镍和银均可用作骨架材料,由于银的电化学稳定性和导电性较好,因此,银骨架用得最多。将银粉压制或烧结到骨架上,制成极板后,将极板在碱溶液中进行化成,然后彻底清洗,再在适宜温度(20~50 ℃)下自然干燥。化成中形成的少量二价银在室温下比较稳定,但随着温度的升高和时间的延长,二价银趋向于放出氧气和分解为一价银。将二价银持续暴露在高温(70 ℃)下,能导致其在几个月内还原为一价银。

2. 负极板

负极板是将锌粉或氧化锌涂到或压制到骨架上制成的,或在碱槽中将锌电沉积到骨架上形成活性非常高的海绵状锌沉积物而制成的。

正、负极实用的最小厚度为 0.12 mm,而正极最大厚度为 2.5 mm,负极最大厚度为 2 mm。极薄的极板用于短寿命、高放电率的自动激活电池。厚极板用于在非常小的电流下连续放电几个月的人工激活电池。

3. 隔膜材料

隔膜材料用于锌/氧化银电池的典型隔膜材料,包括再生纤维素膜(玻璃纸、增强纤维或银处理的玻璃纸)、非编织合成纤维尼龙、Dacron、聚丙烯和非编织人造纤维毡。合成纤维毡通常放在正极侧,以防止正极材料的强氧化影响。再生纤维素是半透膜,能阻止电极间粒子累积(但允许离子迁移),从而防止极板间的短路。人造纤维毡吸收电解质,并将它们分布在极板表面。自动激活电池通常不采用需要长时间才能完全润湿的隔膜。开口的毡隔膜能保护极板,使其几小时不短路。

由于隔膜能防止短路,因此,它对电池的运行是必需的,但是隔膜也阻碍了电流流动,引起了电池内部 IR 降。由于高放电率电池的内阻必须非常低，因此，所使用的隔膜材料必须最少。因而这种类型的电池仅能用于湿寿命非常短的用途。半透膜能造成较大的 IR 降，但也能防止短路，长寿命电池可能含 5 层或 6 层再生纤维素，因此，它们较适合中等或低放电率放电。

4. 电解质

用于锌/氧化银贮备电池的电解质是氢氧化钾水溶液。中等或高放电率电池使用质量分数为 31%的电解质溶液，因为这种浓度的电解质的冰点最低，并且电阻接近最小(28%的电解质电阻最小)。低放电率电池用 40%～45%的电解质，因为 KOH 浓度越高，纤维素隔膜的水解速率越低。

(二)高放电率和低放电率电池设计

一个电池的放电时间若为 5～60 min，则要进行高放电率设计。这种电池能提供高电流输出，并需要大的电极表面积，因此，电池含有很多非常薄的电极，且隔膜的电阻也要尽可能低。也就是说，再生纤维素膜层数为 1 或 2，而低放电率电池的膜层数为 5 或 6。由于 31%的氢氧化钾溶液的电导率较高，因此，应用在高放电率的电池中。

低放电率电池是指放电时间为 10～1 000 h，重点强调高质量比能量和高体积比能量的一类电池。这类电池的电极较厚(2 mm)，使用了电阻比较高的隔膜，并使用了能允许较大安时容量的高浓度电解质(40%)。这种设计结构也从实质上提高了电池的激活后搁置或湿搁置能力。

(三)自动激活电池

自动激活电池是指在经过安装后一段不确定的时期后，能迅速准备使用的一类贮备电池。一次锌/氧化银体系的能量输出非常高，并采用电解质注入整体设计系统，上述两个方面相结合为长时间处于准备状态的武器和其他系统提供了有效的动力电源。图 6-2 是典型的导弹用自动激活电池。

图 6-2　自动激活的锌/氧化银贮备电池结构

该类型电池采用了 4 种激活系统，将电解质从贮液器转移到电池中。所有系统都依靠气体压力来移动电解质，并且最传统的气体源是一种火药装置。

气体发生器是一个小的火药筒，里面含有助燃剂和电子点火器或电子“火柴”。图 6-3 展示了 4 种类型的电池设计。

管式贮液器[见图 6-3(a)]可以做成很多形式。通常管式贮液器是卷绕在电池周围，如图 6-4(带有管式贮液器的电池)所示。但是也可以弯曲 180°做成扁平形状，或者为适用于一些非标准的体积(导弹电池经常安放在其中)而做成各种形状。管式贮液器的两端装有箔形薄膜。激活时,一端的气体发生器用电点燃,气体使薄膜破裂,电解质被压入分配道内,然后分配到各个单体电池中。活塞式激活器[见图 6-3(b)]通过点燃贮液器后面的气体发生器,将电解质推出圆柱形贮液器。箱式激活器[见图 6-3(c)]的电解质贮存在几何形状可改变的箱内,气体发生器位于激活器的顶部。当气体从顶部进入时,电解质从底部的孔处压出。这种系统要求位置非常精确,并且只有相对于组件处于垂直位置时才能正确工作。薄膜-箱式激活器[见图 6-3(d)]使用球形或椭圆球形箱体,薄膜与箱体内部主要周边接触。当点燃气体发生器时,薄膜向相反的一边移动,使电解质通过贮液器边上的孔流出。

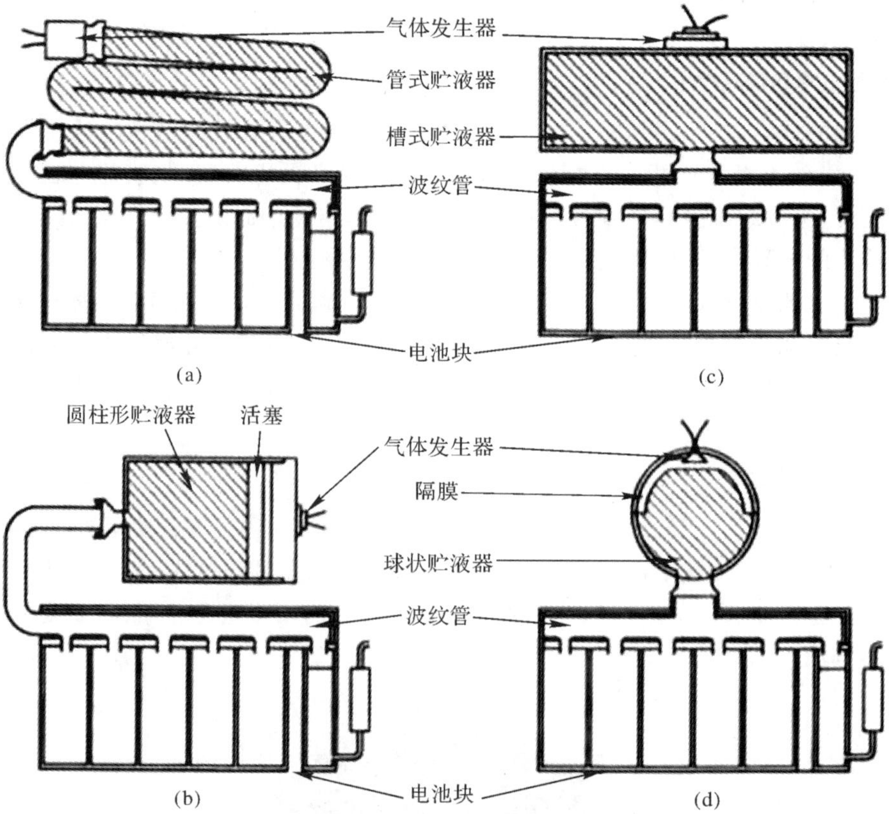

图 6-3 应用于自动激活电池的 4 种类型激活系统的示意图

(a)管式贮液器;(b)活塞式激活器;(c)箱式激活器;(d)薄膜-箱式激活器

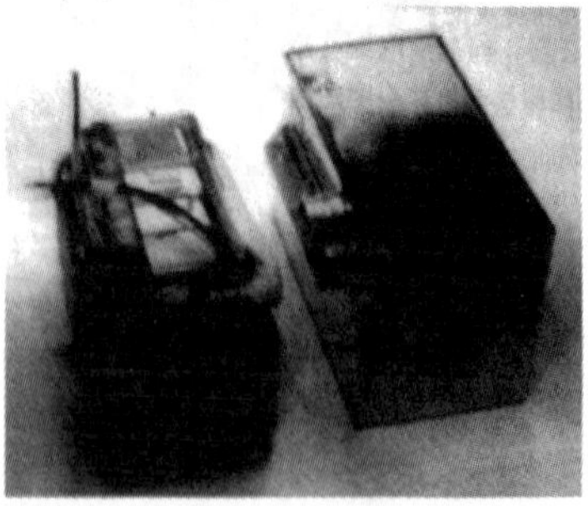

图 6-4 使用管式缠绕贮液器的自动激活锌/氧化银电池的装配图

4 种系统中,管形系统是最通用的,但是在简单形状电池中重了些。活塞式和薄膜式系统中有活动部分，可靠性较低，并且它们也不太适合特殊形状。箱式系统是非常有效的，但是要求位置非常精确。

自动激活电池的操作程序：①给出点火电流；②气体发生器燃烧，产生气体；③膜破裂；④电解质从贮液器中进入分配道；⑤电解质进入电池。在典型的操作中，整个运行程序小于 1 s。在很多应用中，电子负载与电池直接连接，因此，电池是在带载的情况下激活的。

图 6-5 给出了带载和不带载条件下电压的上升时间，不带载的电池在 6 h 以后才使用。延迟使用的电池有隔膜，电压上升时间长反映了电池润湿慢。

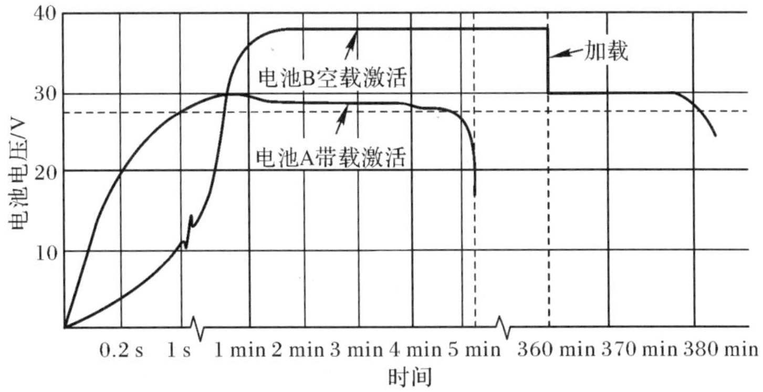

图 6-5　在 25 ℃时自动激活锌/氧化银电池的激活时间

与人工激活电池相比，自动激活电池要付出质量和体积的损失。但是在没有时间进行人工激活或装置不能接近时，这种设计可以应用高性能的电池来满足要求。在很多应用中，两种情况都存在。这种设计的体积损失是基础电池的 2 倍，质量损失是基础电池的 1.6 倍。大多数自动激活电池在设计中采用了整体的电加热器，使电解质的温度保持在 40 ℃左右，或当激活时将一个低温电池加热到 40 ℃。电加热器的应用使电池的设计能满足电压高精度要求，提高了武器的电动系统和电子系统在宽温度范围内的工作能力。

四、工作特性

锌/氧化银贮备电池在一定程度上是一类特殊的电池，几乎全部用于特定的用途。这些应用要求电池能提供平坦的电压曲线和高的质量比能量和体积比能量，并且每一项要求都需要特殊的设计。如果电池在低温环境中工作，就需要使用电加热器。如果电池的放电电流范围很宽，而电压变化很小，就需要用薄电极。低放电率高容量电池要用厚电极和浓度大的电解质。因为没有典型的应用，所以电池没有标准的设计和尺寸。这些应用总是要求电池以最小的体积和质量设计出最大的容量和稳定的电压。很多电池通常组装成一个单元来提供不同的负载电流和容量。

(一)电压

锌/氧化银电池的单体开路电压是 1.6～1.85 V，标称负载电压是 1.5 V。对低放电率电池而言，典型的终止电压是 1.4 V，对高放电率电池是 1.2 V。高放电率放电，如 5～10 min 的放电率时，单体输出电压为 1.3～1.4 V。而以 2 h 率放电时，电压略微大于 1.5 V。图 6-6 给出了 4 种不同放电电流密度下的一组放电曲线，电压平台与放电电流密度(按活性极板的面积计算)成反比。因此,若正极极板面积是 100 cm^2,则放电电流是 10 A,放电电流密度为 0.1 A/cm^2。如果放电率加倍,以 0.2 A/cm^2 放电,那么电压平台将下降。如果放电率下降至 0.05 A/cm^2,那么电压平台将上升。

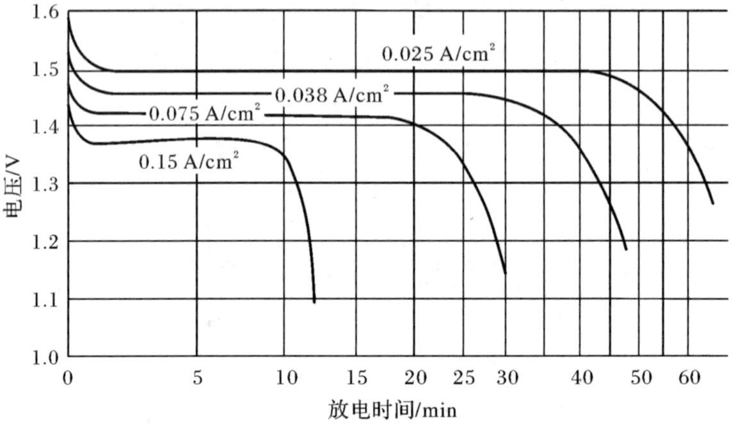

图 6-6 25 ℃时电流密度对电池电压的影响

在电池设计中,电池的安时容量由氧化银活性物质的量决定(锌活性物质是过量的,这是由于相对于银,其价格较低),但是电压由电流密度决定。在一个固定的体积中,可以采用薄电极,这样可以获得高的放电率,而电池的电压并没有下降(这样对每个电池来说提供了更多的电极,降低了电流密度),但是用薄电极会降低电池的容量。电池工作的放电电流密度越低,改变放电率时电压的稳定性越好。

(二)放电曲线

图 6-7 给出了一组高放电率电池的放电曲线,图 6-8 给出了低放电率电池的放电曲线。

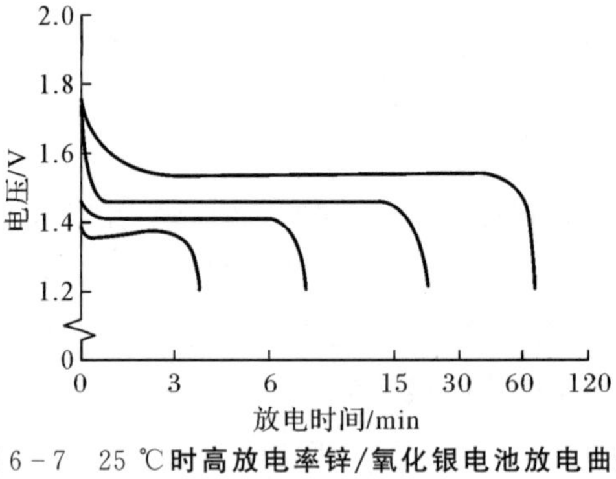

图 6-7 25 ℃时高放电率锌/氧化银电池放电曲线

两种类型电池的设计是非常不同的,主要的不同是电极厚度。薄电极用在高放电率电池中,以提供更多的表面积来降低电流密度,从而能更好地控制电压和更有效地利用活性物质。低放电率放电时,电流密度较低,放电电压较高,活性物质利用率非常高。可以看到,在低放电率放电曲线上有一段时间电压高于 1.6 V,这是由于二价银的影响造成的。这种对电压的影响只有在低放电率放电时才有。

在高放电率放电时,可以得到二价银容量的大部分,但是放电电压由于电流密度较高而下降。

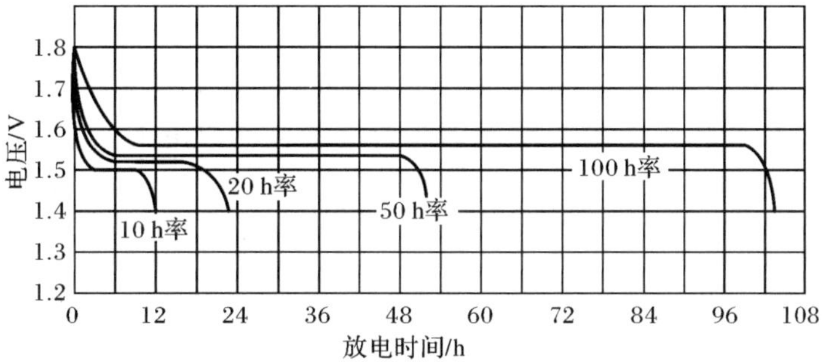

图 6-8　25 ℃时低放电率锌/氧化银电池放电曲线

(三)温度的影响

图 6-9 的一组放电曲线表明了高放电率电池在不同温度下放电时的性能。可以看到，由温度引起的电压变化与由电流密度引起的电压变化是紧密相关的。因此，低温的不利影响可以通过降低电池的电流密度得到改善。高放电电流密度下，电池的放电电压和容量可以通过提高工作温度得到提高。图 6-10 是低放电率电池在不同温度下的一组放电曲线。这两组曲线表明，在 0 ℃以下时温度对锌/氧化银系统的影响是相当大的，因此，在这种环境中电池没有电加热器是不推荐使用的。

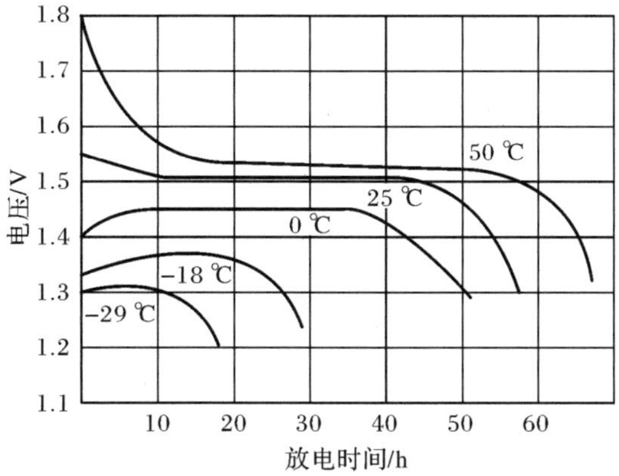

图 6-9　1 h 率下温度对高放电率锌/氧化银贮备电池放电性能的影响

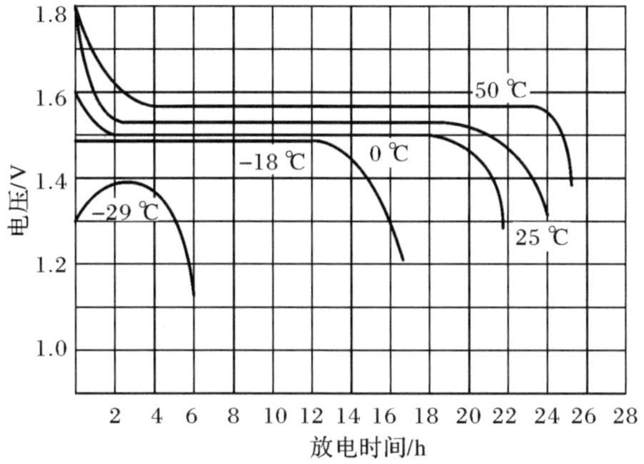

图 6-10　24 h 率下温度对低放电率锌/氧化银贮备电池放电性能的影响

(四)阻抗

图 6－11 给出了高放电率电池在各种温度和放电阶段的动态内阻(DIR)。这些曲线给出了一个直到放电终止时 $\Delta U/\Delta I$ 的下降率,放电终止时动态内阻迅速上升。动态阻抗的下降是由放电过程中正极板的电导率上升和温度升高引起的。这种特性可发生显著的变化,取决于电池的设计、放电的环境温度和放电率改变后电压变化发生时的点。

(五)工作

锌/氧化银电池的性能以每单位质量和体积的安培数[A/kg(L)]对工作时间的曲线来表示,如图 6－12 所示。同样可以看到这种电池体系在 0 ℃以下时对温度特别敏感,这些数据在合理的精度内可适用于高放电率和低放电率电池的设计。

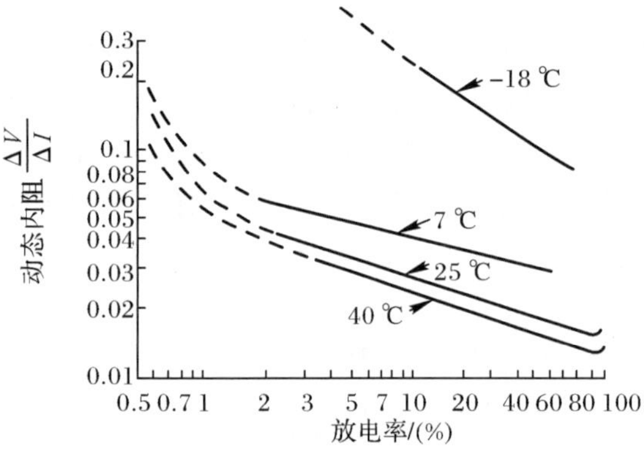

图 6－11 锌/氧化银贮备电池的动态内阻

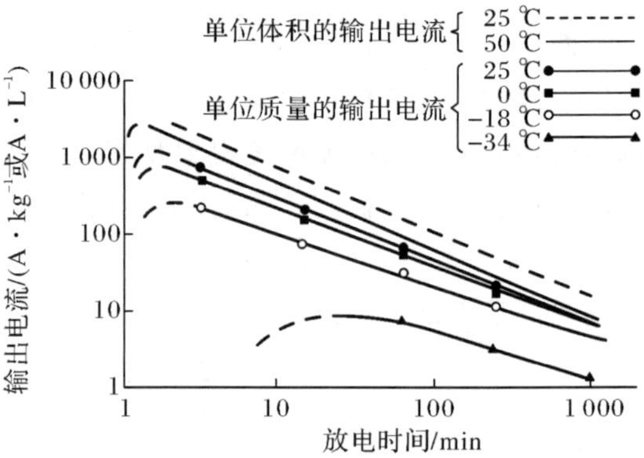

图 6－12 锌/氧化银贮备电池的工作时间

(六)贮存寿命

图 6－13 给出了锌/氧化银电池的干贮存寿命,给出了电池在 25 ℃、50 ℃和 74 ℃下贮存 2 年过程中的容量变化数据。图中容量的损失是由于正极活性物质是二价银的消耗,在 20 ℃以上会慢慢地分解为一价银。负极板的分解是非常小的。据估计,当贮存温度为 50 ℃时,一价银的水平可保持大约 30 个月。经验表明,当电池贮存在平均温度为 25 ℃或 25 ℃以下的环境中时,其容量可保持在一价银水平或以上水平长达 25 年或更长。

锌/氧化银电池的湿贮存寿命随设计和制造方法的不同而有很大变化。图 6－14 为大多数设计的预期性能提供了指南。电池湿贮存寿命的下降主要是由于负极板容量的损失(海绵状锌在电解质中的溶解)和通过纤维素隔膜的短路。

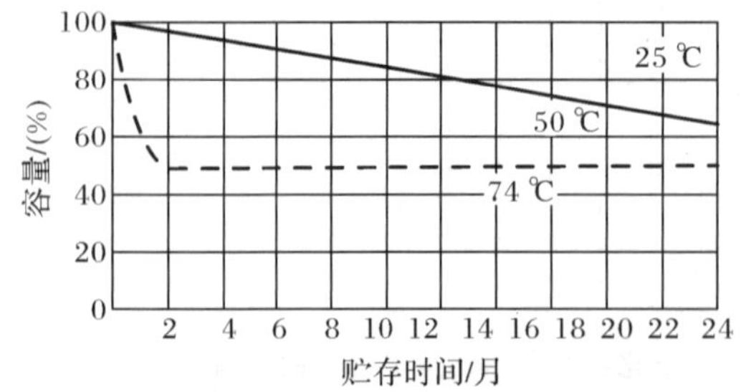

图 6－13 锌/氧化银贮备电池的干贮存寿命

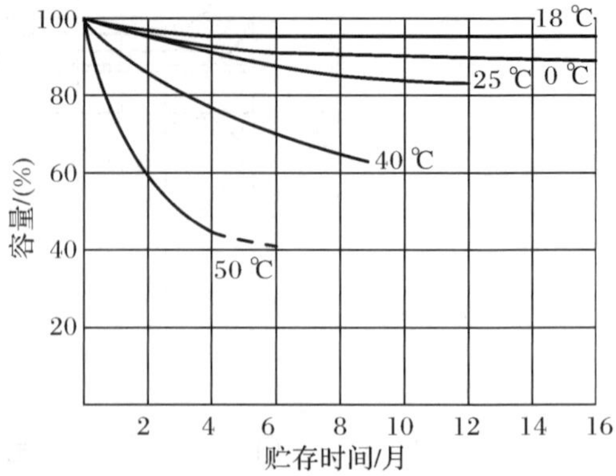

图 6－14 锌/氧化银贮备电池的湿(激活后的)贮存寿命

五、特殊性能及维护

在性能和可靠性方面，开发人工激活和自动激活锌/氧化银电池，以满足高度严格的需求。使用前的贮存时间和贮存温度是非常重要的。必须进行特别的维护以保证适量的规定类型的电解质加入到每个人工激活的电池中，并保证电池激活后在合适的温度下、在贮存寿命期限内放电，一些电池壳体有泄压阀或电加热器，或两者都有，对这两者必须要进行仔细维护和监测。

需要对自动激活电池的气体发生器的点火线路、加热线路，以及排气装置进行特殊的预安装检验。对长时间的安装而言，必须注意监控环境的温度，以防止电池长时间暴露在高温下而发生性能衰降。对电池也应当进行周期性的检查，以确认点火线路是完好无损的，因为有些电路对电磁场是敏感的。如果激活后的电池没有在特定的时间内进行放电，那么电池必须替换掉。

保证此类电池的最佳电性能必须是在室温或比室温稍高一点的温度条件下进行工作。温度在 15 ℃以下会对高放电率电池的电压有不利的影响，在 0 ℃以下还会对两种型号的电池都造成相当大的容量损失。

第三节 锌-镍电池

研究锌-镍电池的主要目的在于用它来代替锌-氧化银电池。锌-镍电池的主要特点是工作电压高、湿搁置性能好、能量密度大、价格较低、资源丰富。

锌-镍电池的电池组设计中单体电池为干荷电电池。镍电极采用烧结板块，真空浸渍镍盐。经两次的充-放化成制得。锌电极用电沉积法加工制成，隔膜采用麻类纤维作成的纸板，电解液是密度为 1.3 的氢氧化钾溶液。

锌-镍电池在 25 ℃以上放电，电流密度为 175 mA/cm^2 时，电池的平均工作电压为 1.45 V，而锌-银电池为 1.31 V，锌-镍电池输出的能量比锌-银电池高 44%，如图 6 - 15 所示。

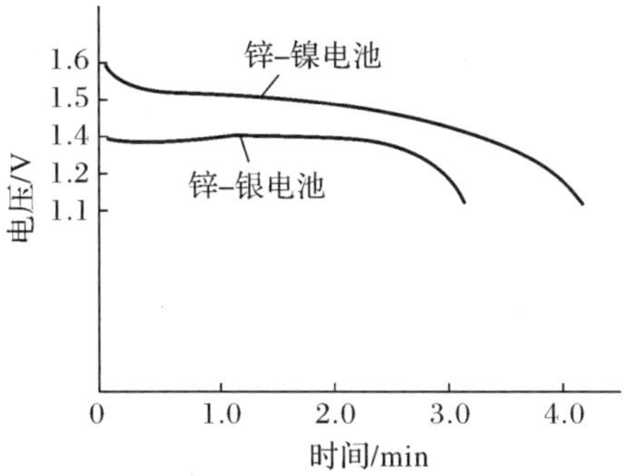

图 6 - 15 锌-镍电池和锌-银电池 25 ℃以上的放电曲线

当温度低于 25 ℃时，锌-镍电池接通负载激活后，性能不如锌-银电池。只有开路激活湿搁置 30 s 后再接通负载，其性能才和锌-银电池大致相当。可见，锌-镍电池激活后湿搁置性能比较好。在低温大电流放电使用时，还需采用加热措施，干电荷的锌-镍电池在长期贮存中自放电现象较严重，电池容量和电压随贮存时间的增长而明显降低。在设计时应使镍电极有很大的贮备容量，以弥补长期干搁置过程中自放电的损失。

第七章　锂系列贮备电池

金属锂具有极高的电化当量(3.86 A·h/g),因此,采用金属锂作为贮备电池的阳极可以提供比传统贮备电池更高的能量。在金属锂电池体系中,具有更高的质量比能量和比功率的电池有锂/氧化硫电池、锂/五氧化二钒电池、锂/亚硫酰氯电池、锂/氧化钴锂电池等。它们是在贮备电池中占有重要位置的电化学体系,广泛应用在榴弹自毁引信、电子时间引信、防坦克地雷引信、防步兵地雷引信、自毁撒布雷布撒器、炮射防坦克地雷引信及其改进型上。

第一节　化学原理

一、锂/五氧化二钒电池

这种体系的基本电池结构由锂负极、聚丙烯微孔隔膜和按质量90%五氧化二钒和10%石墨构成的正极组成。当该体系作贮备电池时,电解质通常采用2 mol/L $LiAsF_2$ +0.4 mol/L $LiBF_2$ 溶于甲酸甲酯中,因为这种体系在长期贮存条件下能够显示出优良的稳定性。

图7-1说明锂/五氧化二钒体系有两个放电平台。第一个放电平台发生的净的电池反应被认为是锂在五氧化二钒中的嵌入反应,起始电压范围是3.4～3.3 V,当第一个放电平台大约放出50%容量时电压降到3.3～3.2 V,从这点开始电压又逐渐下降到3.2～3.1 V。这种现象是由第一个放电平台的平衡过程导致的。第一个放电平台结束后,锂/五氧化二钒体系出现一个快速的电压变化,到达了2.4～2.3 V附近的第二个放电平台。这一步骤包括五氧化二钒的减少,但机理尚不清楚。第二个放电平台对温度和放电率较敏感,因为这一原因绝大部分锂/五氧化二钒电池(包括贮备电池和非贮备电池)仅设计在第一个放电平台水平工作。

贮备锂/五氧化二钒电池的长期贮存性能主要取决于电解质的稳定性。六氟砷酸锂在甲酸甲酯溶液中是不稳定的,会发生包括甲酸甲酯的水解及其水解产物脱水的分解反应,这些反应导致装电解质的贮液瓶提早破裂。通过保持溶剂中性或碱性能够使六氟砷酸锂在甲酸甲酯溶液中处于稳定状态。事实上,可以通过在甲酸甲酯中使用两种电解质六氟砷酸锂和四氟硼酸锂溶解来保持电解质的稳定,同时添加金属锂去除贮液瓶中的水。

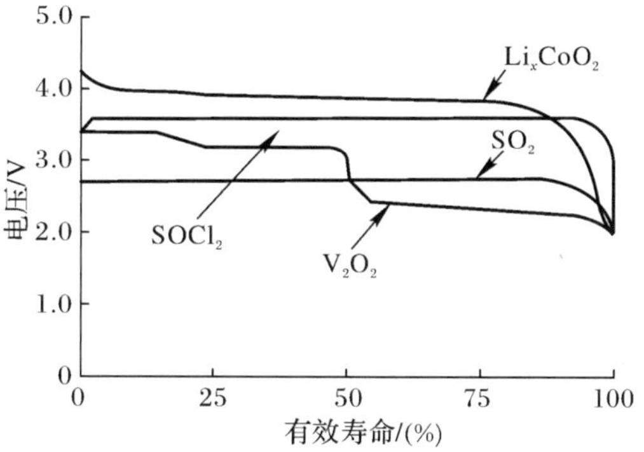

图 7-1 在 20 ℃时锂电池性能比较

注:$SOCl_2$ 为 3.6 V;V_2O_5 为 3.4 V;SO_2 为 2.9 V;Li_xCoO_2(x=0.4~0.5)为 4.0 V

二、锂/亚硫酰氯电池

这种体系的基本结构由锂负极、无纺玻璃纤维隔膜和 Teflon 黏结的碳电极组成,碳电极仅作为反应场所。这一体系的一个独特特点是亚硫酰氯实际上有两种作用——既作为溶剂溶解高氯铝酸锂,又是负极活性物质。

图 7-1 显示锂/亚硫酰氯电池优良的放电性能。该体系的电池反应式为

$$4Li+2SOCl_2 \longrightarrow 4LiCl+S+SO_2$$

在放电过程中生成的绝大部分二氧化硫溶解在电解质中,基本没有气压生成。根据放电率和温度,锂/亚硫酰氯电池体系一般工作电压范围在 3.0~3.6 V,放电电压平稳。贮备电池需要具备高电位和放电电压平稳这些优良的放电特性,特别是放电电流密度高。而在非贮备锂/亚硫酰氯电池中锂负极被一层钝化氯化锂膜覆盖,在贮存和高温搁置的情况下钝化膜将限制负极的电流输出能力,并且增加了达到工作电压所需要的时间。

常规的溶于 $SOCl_2$ 的 $LiAlCl_4$ 电解质被证明是非常稳定的。装电解质的玻璃贮液瓶放在 74 ℃条件下贮存超过 12 年外观没有明显变化。因为这一点和其他优越性能,锂/亚硫酰氯贮备电池成为高能贮备电池的选择。

最近由于在常规的溶于 $SOCl_2$ 的 $LiAlCl_4$ 电解质中额外使用 $AlCl_3$ 锂/亚硫酰氯电池体系的放电率特性得到提高。然而应该指出的是,这种高放电率电解质固有的稳定性还需要证实,以确定其在贮备电池中的应用。

三、锂/二氧化硫电池

锂/二氧化硫电池体系的基本结构包括锂负极、隔膜和聚四氟乙烯黏结碳正极,正极与锂/亚硫酰氯电池体系相似,正极只作为反应场所。电解质一般用溴化锂(LiBr)、乙腈(AN)和二氧化硫(SO_2)的混合物,二氧化硫也作为正极活性物质。

将溴化锂溶于乙腈和二氧化硫的电解质用于贮备电池,有一个严重问题是其在贮存中的不稳定性。这种电解质一般用在非贮备电池中,不适合用于贮备电池,因为在与电池其他部件隔离的情况下贮存,会分解形成一种高活性固体产物。如果用 $LiAsF_6$ 取代 LiBr,那么电解质具有很好的稳定性。在中等或低放电率条件下,$LiAsF_6$ 电解质的基本性能是相当于或优于 LiBr。

锂/二氧化硫贮备电池使用稳定的电解质($LiAsF_6$ 溶在 AN-SO_2 中),电池反应式与非

贮备电池一样，为

$$2Li+2SO_2 \longrightarrow Li_2S_2O_4$$

然而应该指出的是 $LiAsF_2$ 溶在 AN－SO_2 中的电解质，因为电解质电导性差，仅限于中等或低放电率放电。因此，贮备锂/二氧化硫电池体系应被性能更高的锂/亚硫酰氯电池体系取代。

四、锂/预充电的 $Li_xCoO_2$$(0.5\leqslant x<1)$电池

Li_2CoO_2是获得贮备电池中高压高能正极的一种新手段。关键是如何获得这种用于贮备电池的正极原材料。对于 Li_xCoO_2 正极，可以通过电化学的方法从 $x\geqslant 0.5$ 的材料中脱出锂，接着就可以作为一次非激活电池的正极来使用。这种锂/预充电的 $Li_xCoO_2$$(0.5\leqslant x<1)$电池在结构上和锂/五氧化二钒电池非常相似。除正极材料不同之外，其他结构特性完全一样。

锂/五氧化二钒电池和锂/预充电的 $Li_xCoO_2$$(0.5\leqslant x<1)$ 电池都具有独特的设计特性，在特殊的应用要求下均可以进行充电。

第二节　结　　构

一、常规设计

金属锂负极贮备电池基本上由激活与电解质输送系统、电解质贮存罐、单体和(或)电池部分三大部分组成。

当然，根据不同的应用目的，实际的设计可以相差很大。电池可以设计为一个简单、小型的一单体系统，利用贮液瓶来人工激活；也可以是一个庞大、复杂的多单体系统，通过自动电子触发机构将电解质从贮存罐输送到高压的电池工作仓中。电池体系中的电极和部件组成与一般的电池相同，但必须考虑到电解质的贮存和电池激活时电解质的输送问题。另外，电极反应部分和其他部件必须采用牢固的免维护设计，这样才能满足严格的环境和性能要求，尤其是在军事和一些特殊场合中的应用上。表 7－1 列出了典型锂贮备电池的要求，也解释了这种电池具有独特的结构和设计的原因。

锂贮备电池的设计中有一些是普通的电池结构设计。外壳通常采用 300 系列的不锈钢，因为这种材料可以长期抵抗来自电池体系内部和电池外部环境的腐蚀作用。不同的焊接技术，如激光焊、钨极惰性气体电弧焊（TIG）、电阻焊和电子束焊等都可以应用于 300 系列的不锈钢。因此，该外壳有 20 年的可靠使用性，可以保证金属锂电池的严格密封。电路的接线采用常用的玻璃-金属方式，这也保证了电池长期贮存对密封的要求。

表 7－1　典型锂贮备电池的特性

工作温度范围：－55～70 ℃	激活后电压快速提升
10～20 年的不激活贮存寿命	机械环境承受性能
严格密封	20 000 g 的冲击加速
较高的体积比能量，良好的可靠性	20 000 r/min 的高速旋转
较低的电噪声	运输和配置过程中的振动水平
平坦的放电电压曲线	几秒至 1 年的使用寿命

二、金属锂贮备电池的类型

目前生产的金属锂贮备电池基本上有3种：电解质贮存在玻璃贮液瓶中的单个单体电池、利用电解质贮液罐的多单体电池组、利用玻璃贮液瓶或贮液罐贮备电解质的双极性多单体电池。

（一）贮液瓶型

利用贮液瓶贮备电解质的单个单体电池，因其简单的结构且没有多单体电池组存在的电池内部漏电问题而成为可靠性最高的贮备电池设计。该电池中的一部分是按照美国国家标准（ANSI）来确定尺寸的，而另一部分则由于特殊的使用目的而没有按照ANSI标准来确定尺寸。但总的来说，这两种类型在结构上都十分简单。

图7-2给出了一只约1 A·h的A型结构Li/$SOCl_2$体系锂贮备电池的截面图。该电池由环形结构的部件组成，锂负极紧贴着圆柱形不锈钢壳体的内壁，无纺玻璃纤维隔膜紧挨着锂负极放置，而用聚四氟乙烯（Teflon）黏结的碳正极塞入隔膜中间。圆柱形的镍集流体保证正极物质和极耳间的电子导通，同时还保护着密封的玻璃贮液瓶。贮液瓶由上方和下方的绝缘支持体牢牢固定住，以防止在激活电池时容器底部传递的直接冲力过早地破坏了贮液瓶。电池单体严格密封以保证在非激活状态下的贮存寿命。电池的激活是通过在电池底部施加一个急剧的冲力以打破贮液瓶来实现的，此时电解质会被多孔正极和玻璃隔膜吸收从而激活电池。

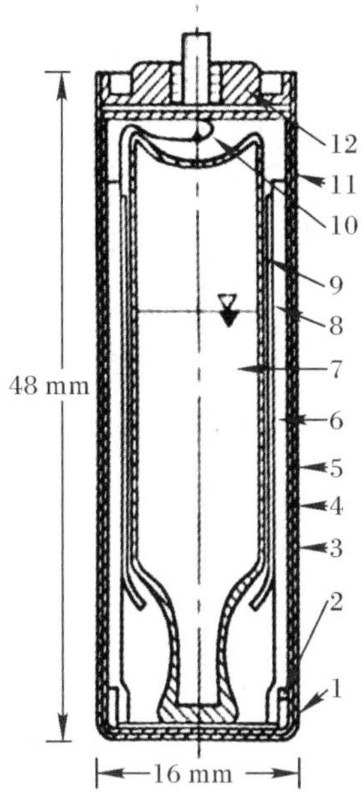

图7-2　A型贮备Li/$SOCl_2$电池截面图

1—绝缘材料；2—电池底部隔膜；3—电池壳；4—锂负极；5—隔膜；6—碳正极；7—电解质；8—集流片；9—玻璃贮液瓶；10—正极极柱引线；11—顶部隔板；12—电池盖

图7-3和图7-4分别是Alliant G2659型Li/V_2O_5和Alliant G2659B1型Li/$SOCl_2$贮备电池的截面图，容量范围是100～500 mA·h。

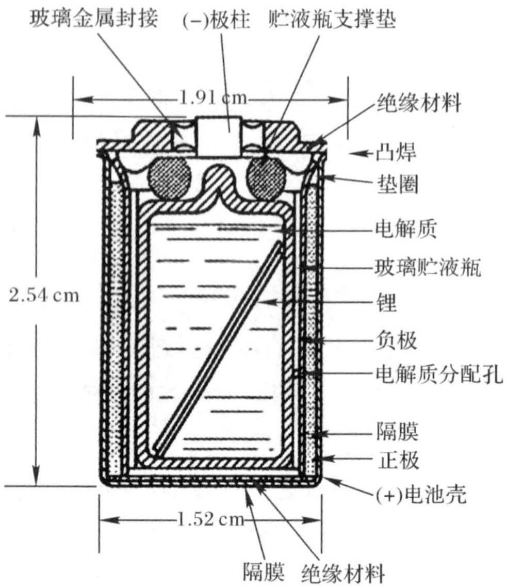

图 7－3　Alliant G2659 **型** Li/V_2O_5 **贮备电池**

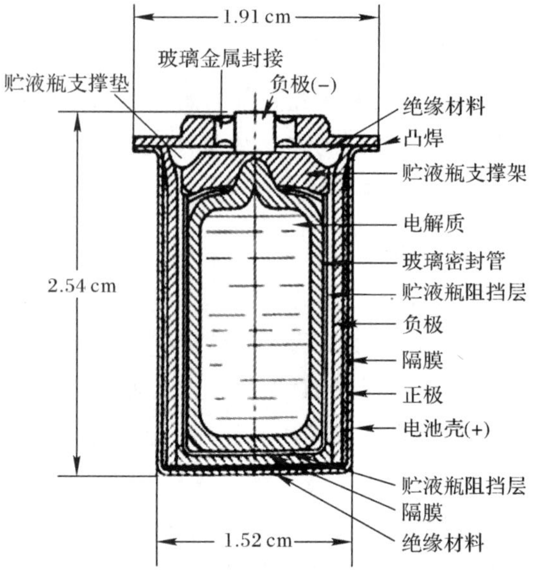

图 7－4　Alliant G2659B1 **型** Li/$SOCl_2$ **贮备电池截面图**

这两种电池具有相似的外部组件和内部组件的安置。最后将电池的壳体和盖帽在电池的边缘凸焊在一起。盖帽作为电池的盖子，其上结合了一个玻璃-金属封接绝缘子，中央引线由52号镍铁合金制备的中心接线销连接起来。中央引线极柱是负极（两种电池都是），而电池底部和壳体是正极。为了长期贮存而采用的严格密封部件可以使电池能够贮存超过20年之久。

电池内部组件的装置包括环状放置的电极及其包围着的用于贮存电解质的玻璃贮液瓶。另外，在电池的上部和下部还有一些绝缘件以防止电池内部短路。

这两种电池在设计上也有一些不同之处。在锂/亚硫酰氯贮备电池中，贮液瓶中不仅有电解质还装有正极活性物质 $SOCl_2$，而锂/五氧化二钒电池的正极氧化剂是在正极电极中的。锂/亚硫酰氯电池中和电池壳接触的是聚四氟乙烯黏结的碳粉，而锂/五氧化二钒电池中的正极是将干混的 V_2O_5 和石墨模压得到的。锂/亚硫酰氯电池中，聚四氟乙烯黏结的碳粉正极用来还原 $SOCl_2$，是先制备成片状，然后和金属集流体一起辊压成型，再塞入到电池壳中紧挨着内壁。两种电池的另一项不同之处是电极连接的方式。V_2O_5 电极的电传导是通过对成形电极施加直接压力产生接触，而 $SOCl_2$ 体系的正极极耳在焊接盖帽时直接焊接到了电池壳体。

锂负极中的金属锂是压到316 L的不锈钢拉网集流体上。316 L不锈钢导线的另一端点焊到绝缘子的中心导线上。负极在辊压成柱状后塞入到电池中，紧靠着隔膜。两种电池都要有贮液瓶支撑结构以防止特殊的震动环境对电池的影响。锂/亚硫酰氯电池中，由于乙烯-四氟乙烯共聚物和玻璃材料的化学稳定性而被作为绝缘件、隔膜和支撑件等。锂/五氧化二钒电池中具有较大的选择性，许多橡胶和塑料都能够使用。

（二）多单体电池型

在一些场合中需要比单体电池更高的电压，以致一只电池必须根据需要而包含两个或更多的电池单体。典型的电压是12～28 V，因为金属锂电池单体的工作电压是2.7～3.3 V，所以这样的电池需要 4～10 个单体。这一类电池是十分特殊的，具有特别的激活方式。它将电解质贮备在唯一的贮存罐中，却能够使多个单体电池都能够获得电解质。这种类型的电池在双极性电池中很受重视，能够获得更高的电池容量，并可以通过控制电池内部单体的漏电流而使放电时间达到或超过 1 年。漏电流可以进行限制，一般限定在放电电流的百分之几以内。然而，这种电池设计限制了电池的小型化，而许多其他类型的双极性电池一般都可以小型化设计。

图 7－5 给出的是美国海军设计的 BA－6511/SLQ 型锂/亚硫酰氯高能电池，总质量大约 1 451 b，安排在直径 29.2 cm、长 43.2 cm 的密封装置中。这种电池包括 21 只单体，其中 18 只单体组成一个 56 V 的部分，在额定容量 65 A·h 时可输出 4 kW 功率；另 3 只电池组成一个 10 V 的部分，在额定容量 57 A·h 时可输出 7 A 电流。贮存罐中的电解质通过一个输送系统分布到 21 只电池单体中去。通过一个小型爆炸点火器触发激活，由存于贮液器中的能量系统提供推力。这种电池的单体被设计成环状的圆片，中心处有孔以实现电路和管道连接[见图 7－5(b)]。两类电池单体在构成上是近似的，不同的是单体的厚度和容量，这是由于其中一组只有较少的单体数。高压高倍率部分的电池单体有 5 只负极片和 6 只正极片。负极是单面的，由金属锂压合到拉伸的镍网上。正极是冲切的聚四氟乙烯黏结在镍网上的碳电极，如图 7－5(c)所示。隔膜是无纺玻璃纤维隔膜。

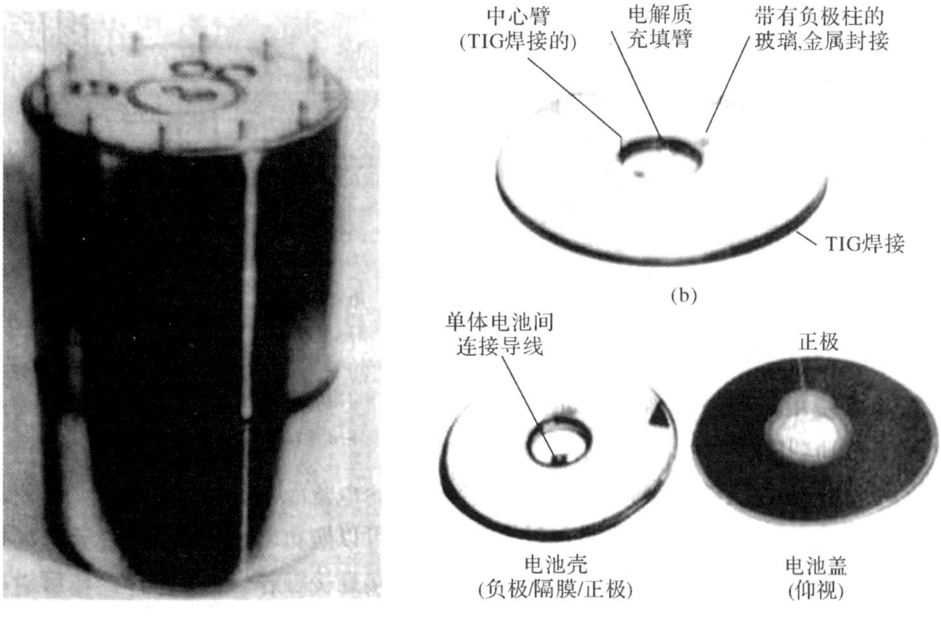

(a)　　　　(c)

图 7－5　BA－6511/SLQ 高功率贮备电池

(a) Li/$SOCl_2$ 贮备电池；(b)高功率单体电池；(c)高功率单体电池的电池壳和电极装配

另一个较新的贮备电池利用了预充电的 Li_xCoO_2 材料($0.5 \leqslant x < 1$)，如图 7－6 所示。这种贮备电池包括三个密封焊接的电池单体，中间是一个电解质贮存罐，这些部件都放在不锈钢的电池容器中。这种电池是用来给“手动装填广域军火(HWAM)”提供动力的。

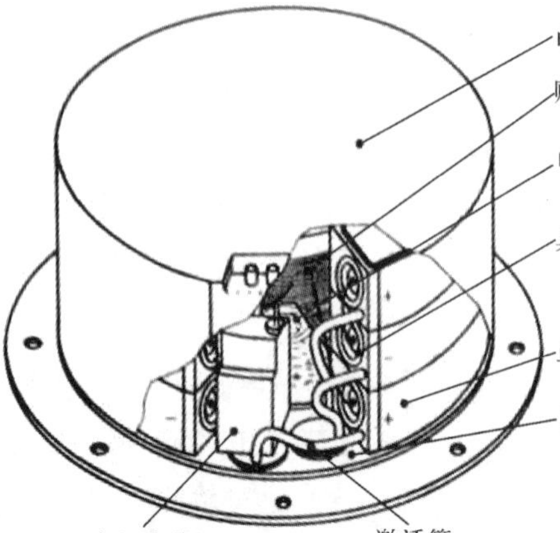

图 7-6　为手动装填广域军火(HWAM)研发的贮备 Li/Li_xCoO_2 电池

图 7-7 是其他应用于轻型导弹上的多单体电池,在锂/卤化物电池技术的基础上,利用先进的薄电极技术提高了电极能量利用率,并降低了电池内阻,同时采用了混合隔膜,具有更好的电解质吸收性和力学性能。这种轻型高能电池的其他优势是:①具有比热电池或锌/银电池更小的质量;②质量比能量超过 250 W·h/kg;③ 随着工作时间或是能量与功率比的增加,具有更大的质量优势;④低于-32 ℃贮存 10 年后仍可放出很高功率;⑤较低的工作温度允许电池放置在一些对温度敏感的电子设备附近。

图 7-7　1 kW 高功率锂/氯氧化物贮备电池

(三)单电解质贮存罐的多单体双极性电池

金属锂贮备电池从数量上来说,一般较少采用双极性结构,除非是为了一些特殊用途而设计的电池。双极性结构是指电池中的一个集体部件即作为一个电池单体的负极集流体,又作为另一个紧挨着的电池单体的正极集流体。这种结构不限于金属锂贮备电池中采用,这种结构的金属锂贮备电池仅是其他种类双极性电池的技术改进。

双极性电池具有许多优点:①高压电池具有非常高的比能量和比功率;②坚实的结构可以经受武器发射时的旋转力或后坐力;③易于调整电堆电压;④易于适应不同的能量和功率要求。

图 7-8 是采用双极性结构的锂/亚硫酰氯贮备电池的结构图。这种电池质量接近 5.4 kg,体积为 2 000 cm^3。这种电池的激活是通过触发电子引线或激励器或其他类型的方式,以给电池一个电脉冲来实现的。这种贮备电池主要应用在火炮炮弹中作为电子导火索的电源,或是用在导弹中提供电能,从而在武器点火或发射前能够获得电脉冲。不过,当这种电池作为引信使用时,常常是通过发射时的加速(后坐力)或是旋转力来激活的。炮弹的加速力释放出点火栓撞击,并点燃雷管,然后雷管就点燃气体发生器或是打破一个金属隔离膜直接放出贮备气。

一旦电池像所述的那样激活，高压气体(比如来自一个气体发生器，或是贮备的气体/液体，或是 CO_2)就会推动电解质通过输送系统(电解质输送管路)进入每一个电池单体。

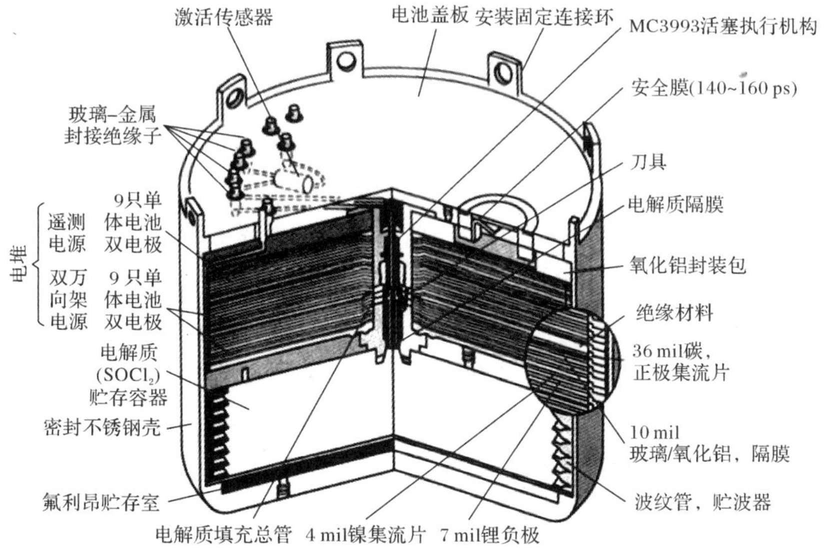

图 7-8　圣地亚国家试验室 MC3945 Li/$SOCl_2$ 贮备电池

这种电解质贮存容器通常采用一种可折叠的杯状物，如箱子或弯曲的管状设计。这就可以在较长的非激活期保存电解质，而在激活时又能够作为输出机构使用。每一个贮液器都有某种隔离膜，隔离膜可以通过高压力或机械方法破坏，这样电解质就可以进入电池的单体电堆部分。

一双极性电堆以及处于中心位置的电解质输送系统构成了电池工作区。当电解质进入中心的输送系统后，它就可以通过环绕电池的孔洞或通道进入每一个电池单体。电解质输送流场的设计是控制电池内部漏电的关键。对于双极性电池，工作寿命相对较短(几秒至几小时)，流场相对简单。但当要求电池有较长工作寿命时，电池内部不可避免的漏电流就决定于漏电路径的长度和面积。另一种电池结构是为了“延伸范围制导导弹(ERGM)”计划而设计的。从根本上来说，这种设计和图 7-7 中显示的结构是相似的。不过改进后真正用来测试的装置如图 7-9 所示。这种电池采用了 Li/$SOCl_2$ 体系，但用了一种特殊的四氯镓酸锂电解质以提高电池性能。测试的装置利用气体压力来压缩波纹管并破坏隔离膜以激活电池。在实际应用中，发射时的后坐力就可以实现这一功能。

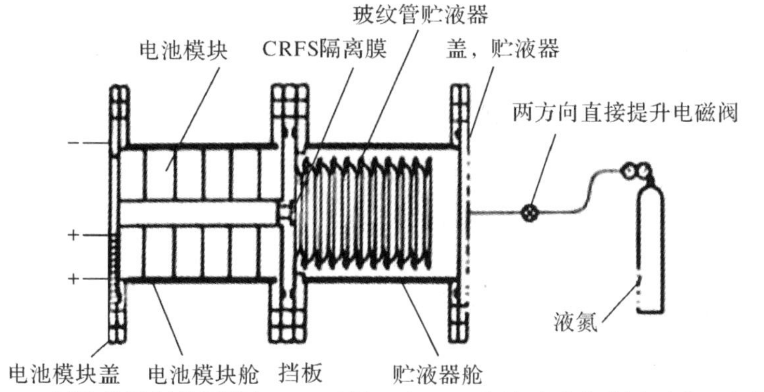

图 7-9　延伸范围制导导弹(ERGM)用 Li/$SOCl_2$ 电池试验室激活测试固定装置

第三节　工作特性

一、贮液瓶电池

电压“激活时间”特性是贮备电池特有的，也是重要的指标之一。这一点对军用电器来说尤为重要，因为这些电器使用的贮备电池必须设计成能在 1 s 甚至 0.5 s 内达到工作电压。对给定电池设计和电化学体系的贮备电池来说，激活时间是由放电率和温度决定的。

一般来说，$Li/SOCl_2$ 和 Li/V_2O_5 体系的电压抬升时间特性基本相同。图 7－10 显示的是 $Li/SOCl_2$ 电池(见图 7－4)在 5 种不同温度下以 0.1 mA/cm^2 的电流密度放电的电压抬升时间特性。在室温(24 ℃)或更高的温度下，电压抬升时间一般为 20 ms，但在低温条件下则增加到 500 ms。电池活化的能力主要取决于电池设计，即当贮液瓶被打破时，电解质能迅速扩散并渗透到电极和隔膜的多孔结构中。

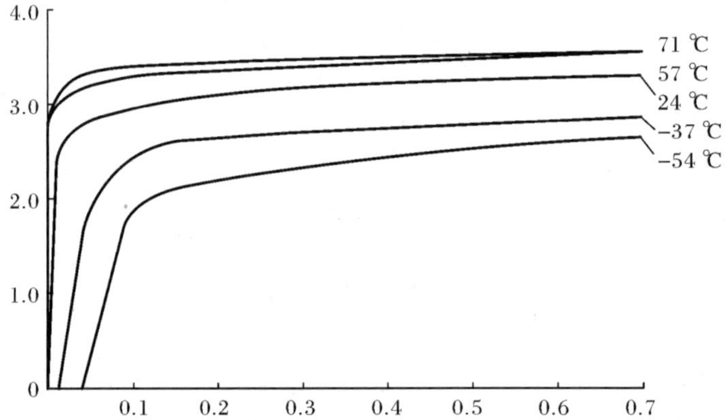

图 7－10　$Li/SOCl_2$ 贮备电池激活时间特性(Alliant G2659BI 模块；负载 4.35 kΩ)

$Li/SOCl_2$ 和 Li/V_2O_5 电池体系(见图 7－3 和图 7－4)进入稳定放电状态时的电压平台如图 7－11 所示。这两个体系在低温条件下，在电压 3.3～3.0 V 的范围，以及电流密度小于 1 mA/cm^2 的条件下，它们的电压值非常接近。在高温、室温或高于 74 ℃的条件下，$Li/SOCl_2$ 电池的工作电压高于 3.5 V，而 Li/V_2O_5 电池的工作电压一般只在 3.2～3.4 V 。更高的电压以及更大的容量说明 $Li/SOCl_2$ 电池比 Li/V_2O_5 电池具有更高的体积比能量。如图 7－11 所示，Li/V_2O_5 体系在很宽的温度范围内容量变化很小，但是在以 0.1 mA/cm^2 相同的电流密度下放电时，Li/V_2O_5 体系的容量还是比 $Li/SOCl_2$ 体系要小。虽然 $Li/SOCl_2$ 电池在低温条件下容量和电压都比较低，但是这仍然要比其他电池体系高，而且该体系的电压特性表现为一个稳定且唯一的电压平台。高温曲线同样非常平坦，并且在电流密度为 0.1 mA/cm^2 的条件下，其放电电压一般在 3.6 V 以上。在相同的放电率下，$SOCl_2$ 体系在室温条件下的电压特性与在高温条件下基本相似，但比高温条件下略低，约为 3.5 V。表 7－2 是两个体系对相同的负载进行放电时测得的输出参数，说明了 $Li/SOCl_2$ 电池优异的性能。这两个体系的电压很相似，使得用电器可以在它们之间进行一对一的替换。

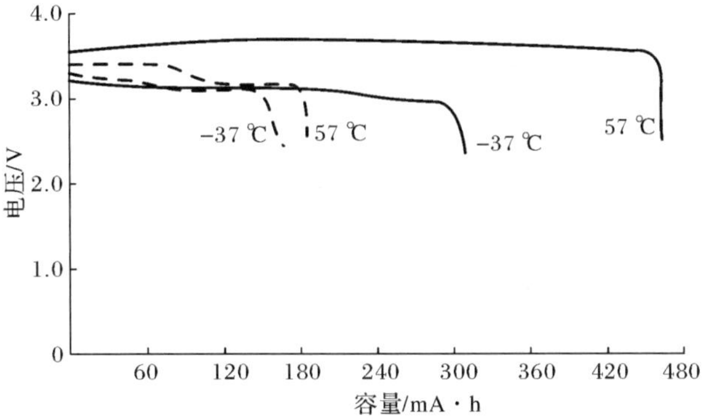

图 7-11　贮备 Li/V_2O_5 电池和 $Li/SOCl_2$ 电池放电性能对比(电流密度为 0.1 mA/cm)

————Li/V_2O_5 电池；——$Li/SOCl_2$ 电池

表 7-2　$Li/SOCl_2$ 和 Li/V_2O_5 电池体系性能比较

体　系	温　度/℃	单体电压/V	容　量/mA · h	单体体积/cm^3	单体质量/g	质量比能量/$W \cdot h \cdot kg^{-1}$	体积比能量/$W \cdot h \cdot L^{-1}$
Li/V_2O_5 *	−37	3.15	160	5.1	10	50.4	98.8
	57	3.30	180	5.1	10	59.4	116.5
$Li/SOCl_2$ #	−37	3.05	300	5.1	10.5	87.1	179.4
	57	3.60	450	5.1	10.5	154.3	317.6

* Alliant model　G2659；# Alliant model　G2659B1。

图 7-12 是非激活态的 $Li/SOCl_2$ 电池在 71 ℃条件下贮存 12 个月后，在−54～71 ℃范围的放电曲线。贮存对电池特性没有明显的影响。无论是放电过程中电压的略微下降还是非贮备电池在首次加入负载时造成的电压滞后，该贮备电池都没有出现。图 7-12 还对未经贮存的电池在各种负载和温度下放电的特性作了概括。

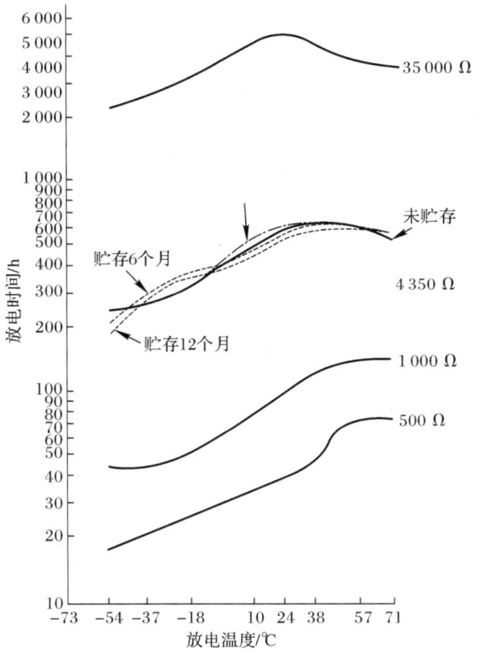

图 7-12　放电率和贮存时间对 $Li/SOCl_2$ 贮备电池的影响(Alliant G2659B1 模块)

图 7-13 是 $Li/SOCl_2$ A 型贮备电池(见图 7-2)的放电曲线。该体系的安时容量明显要比同型号的一次非贮备电池大。图 7-13 还显示了该电池在 1.25 kΩ(约 3 mA)或 0.15 mA/cm^2 的电流密度下放电的电压特性。-10 ℃时,在电压高于 2.0 V 的几分钟里,可以得到大于 1.5 A 的电流(电流密度为 100 mA/cm^2)。这种电压截止到 2.0 V 的特殊能量与放电电流在各种温度下的关系如图 7-14 所示。这种表现在高温条件下与在 25 ℃条件下相似。

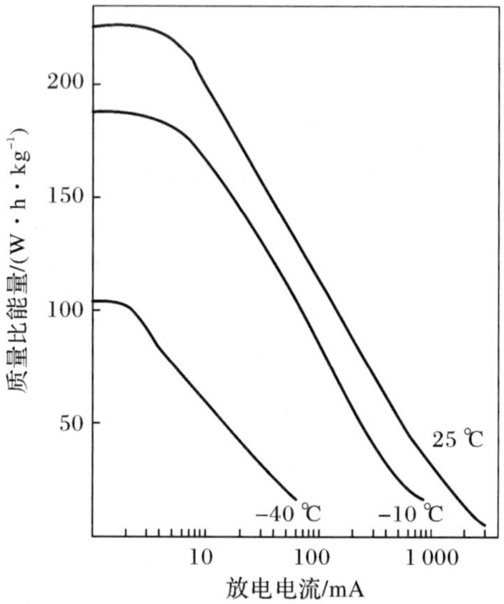

图 7-13 1.25 kΩ 下 $Li/SOCl_2$ 贮备电池的典型放电曲线(Tadiran TL-5160 模块)

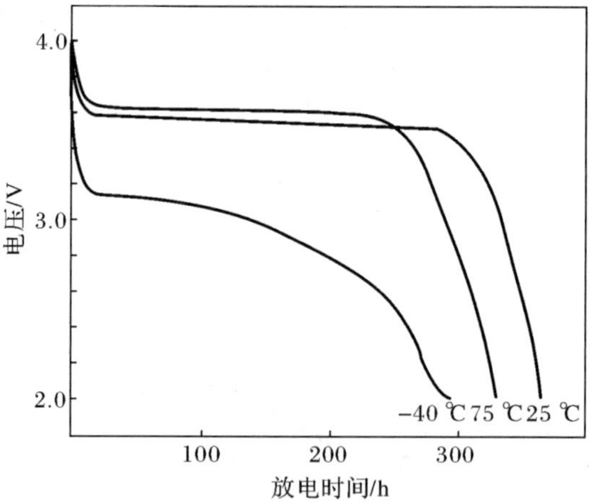

图 7-14 放电电流和温度对 $Li/SOCl_2$ 贮备电池质量比能量的影响
(Tadiran TL-5160 模块)

二、电池组设计

采用单个激活设计的 Li/SO_2 电池组的放电特性如图 7-15 所示。该图表示了一个 12 V、100 A·h、使用 $Li-AsF_6$ 溶于 $AN-SO_2$ 电解质的电池的放电特性。因为电池是人工激活的,所以电压抬升时间加长了,这主要是由于位于舱体中间隔离膜旁的激活螺钉需要旋转好几圈才能将隔离膜刺穿。如果使用电或化学方法控制的活塞或小型点火器来刺穿隔离膜,电池就很容易被激活，从而缩短激活时间。虽然电池的工作寿命非常短，但是数据表明，如果使用稳定的电解质，那么它仍然可以在低放电率下维持长时间的放电。

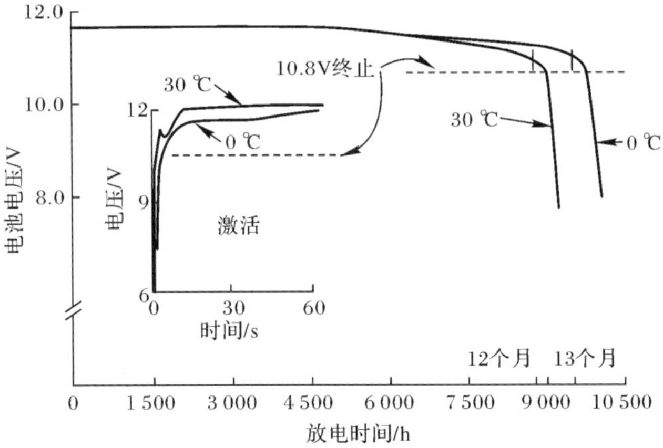

图 7-15　12 V、100 A·h Li/SO_2 电池的激活和放电曲线($LiAsF_6$ 的 $AN-SO_2$ 电解质)

图 7-15 的两种 Li/SO_2 贮备单体电池在不同温度下的典型放电曲线如图 7-16 所示。

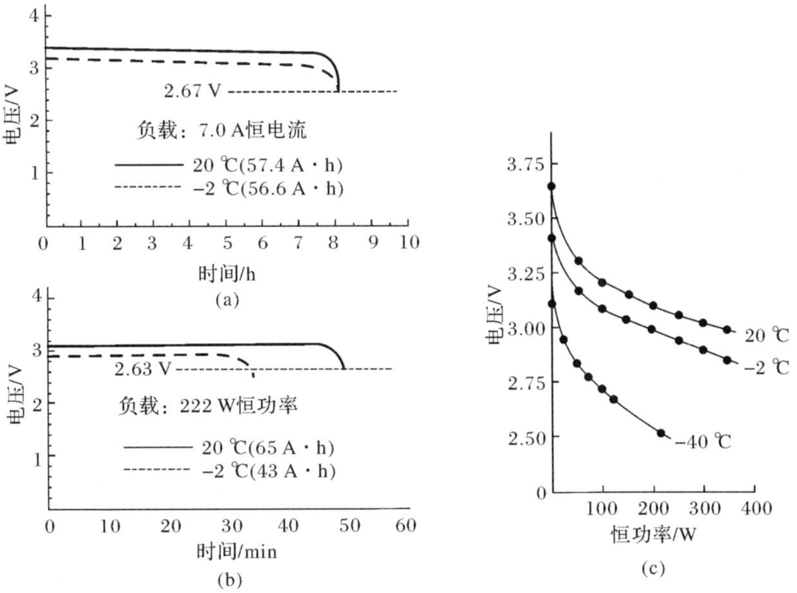

图 7-16　$Li/SOCl_2$ 贮备电池的放电特性(Alliant G3070A2 模块)

(a)低放电率放电曲线；(b)高放电率放电曲线；(c)不同温度和功率负载下的高放电率电池放电特性曲线

第四节　锂贮备电池发展方向

锂电池比功率大、比能量高、易于实现全密封，且不会像铅酸电池那样造成环境污染和人体损害，随着武器系统的不断发展，锂贮备电池技术还有很大的发展空间。

一、锂贮备电池小型化研究

随着精确打击武器的发展，现代引信日益小型化和多功能化。这就要求引信电源兼有小型化和大功率的特性。无论是实现电池大功率供电，还是实现电池小型化，其核心技术之一都是提高电池的体积(或质量)比功率和比能量。提高电池比功率和比能量的主要途径在于电化学性能的基础研究，包括先进的电极材料研究、高效的添加剂研究和电极制作工艺的优化等。在此基础上，优化贮备电池结构设计，尽可能减少电池辅助零部件所占空间是实现贮备电池小型化的重要途径。由于锂电池理论比能量高，且电极材料可以做得很薄，因此，与铅酸电池、银锌电池和热电池等相比，其在小型化方面更有优势。

二、锂-亚硫酰氯贮备电池模块化、系列化研究

引信对电源的激活过载、激活时间、工作温度、体积等要求不同，使得贮备式电池变成了专用部件，不同引信使用不同的电池。但是，实际上所有电池都有相同的部件(电池单元、储液瓶、外壳等)，如果将相同部件设计成标准件，形成系列产品，那么不同电源选用相应的部件，对引信电源的研制将有很大的促进作用。锂-亚硫酰氯贮备电池是国内外最早开发研制的锂贮备电池体系，高低温性能好，放电电压平稳，工艺水平高，技术相对成熟，国外已有多个品种的电池成品，已经在多个弹种、多种使用环境下得到应用，国内的预研成果也很多，实现电池产品模块化和系列化最有前途。

三、开展复合电源研制

每种电源都有其自身固有的局限性，有一定的适用范围。将锂贮备电池与其他电源有机结合起来，进行优势互补，形成具有新功能的复合电源，也是一个重要的发展方向。通常化学电源激活时间长，工作时间也长；而物理电源工作时间短，激活时间也短。如果将二者有机地结合起来，就可以研制出小体积、快激活、长时间工作的电池，满足日新月异发展的引信的需求。目前国内已在这方面做了有益的探索，更多的复合电源有待进一步开发。

第八章　热　电　池

第一节　概　　述

热电池是以熔盐作电解质，利用热源使其熔化而激活的一次贮备电池。热电池具有很高的比能量和比功率、使用环境温度范围宽、贮存时间长、激活迅速可靠、结构紧凑、工艺简便、造价低廉、不需要维护等优点，一问世就受到军方的青睐。目前，热电池已经被广泛地应用在导弹、炸弹、地雷、诱饵弹、干扰机、鱼雷、空间探测系统等方面。图 8－1 给出了几种典型的热电池外形图。

图 8－1　几种典型的热电池外形图

热电池的工作寿命取决于单体电池的电化学体系、电池的结构等因素。热电池一旦被激活，只要电解质保持熔融状态，就可以源源不断地输出电能，直到参加反应的活性物质被耗尽为止。即使活性物质是过量的，但由于热电池内部热量的散失致使电解质重新凝固，热电池也会停止输出电能。因此，在激活后，热电池正常工作的两个基本条件如下：

(1)电池活性物质的组成和数量(如阳极和正极)。

(2)其他结构因素，包括整个电池的形状以及其中所用的隔热材料的类型与数量。

热电池的激活通常是由外设信号源给装在电池内部的激活装置提供一个能量脉冲来实现的。典型的激活装置，如电点火头、电起爆器和机械撞击火帽等，都可以引燃电堆里的焰火加热材料。激活时间是从输入激活信号开始到电池达到一定的电压，并可以维持一定的电流输出时所需要的时间段，是电池尺寸、电池设计以及电化学体系的函数。对大的电池来讲，几百毫秒的激活时间并不罕见；已经实现高可靠性设计的小型电池可以在 10～20 ms 达到工作状态。

表 8－1 为几种室温锂电池与锂热电池的性能比较情况。室温锂贮备电池与锂热电池相比，优点是工作温度低、工作电压高、不需要加热、激活时间短、工作时间长、反应过程放热小、对其他零部件无热影响，其不足之处在于室温锂电池的工作电流密度较锂热电池小，不利于大功率放电。

表 8－1　室温锂电池与锂热电池性能对比

电池体系	室温锂电池			锂热电池	
	锂/亚硫酰氯（$Li/SOCl_2$）	锂/硫酰氯（Li/SO_2Cl_2）	锂/二氧化硫（Li/SO_2）	锂硅/二硫化铁（$LiSi/FeS_2$）	锂硅/二硫化钴（$LiSi/COS_2$）
能量密度/（$Wh \cdot kg^{-1}$）	贮备电池：50～150 原电池：300～440	贮备电池：45～135 原电池：265～387	贮备电池：32～95 原电池：200～280	贮备型：20～45	贮备型：20～75
功　率	中等到高	中等到高	中等	高	高
单元电池工作电压/V	3.0～3.9	3.0～4.2	2.7～2.9	1.6～2.1	1.6～2.1

由表 8－1 可见，室温锂电池的能量密度大，其中锂/亚硫酰氯原电池的能量密度最大，可达 440 Wh/kg，而锂热电池中，能量密度最高的锂硅/二硫化钴电池的能量密度也仅有 75 Wh/kg，二者相差近 6 倍。从表 8－1 中还可以看出，同为室温锂电池，贮备电池的能量密度和功率密度均比原电池小，这其中的主要原因在于贮备电池中的贮液瓶及激活机构占用了大量的电池内部空间，使得贮备电池的功率密度和能量密度均为原电池的几分之一，甚至几十分之一。

热电池具有下述体系特征：

（1）具有高的比能量和比功率。

（2）电解质平时为固态不导电，无自放电现象，可贮存 10 年或更长时间。

（3）工作靠内部热源加热，受环境温度影响小，可在－70～70 ℃范围工作。

（4）不仅能够用于低过载、低旋转条件，而且能够在高过载、高旋转速度条件下工作，能经受各种环境条件的考核。

（5）结构紧凑，体积小，使用简便。

（6）激活时间短，通常在 1 s 左右，最短可达 0.05～0.35 s，一般都能满足引信最小攻击距离要求。

（7）不能预先进行性能检查或筛选。

（8）引信用热电池体积小，若长时间工作，则温度难以维持，工作寿命有限。

第二节　热电池电化学体系

所有热电池单体都由碱金属或碱土金属阳极、可熔融盐电解质和金属盐正极组成。焰火加热材料通常插在串联电堆的每一个单体电池中间。

一、负极材料

在 20 世纪 80 年代以前，绝大多数热电池都应用了金属钙负极，通常是把钙箔附在铁、不锈钢或镍箔等的金属集流片或基片上。“双金属”负极是把金属钙蒸镀在基片材料上，因此，钙负极的厚度通常是在 0.03～0.25 mm。在其他一些设计中，钙箔既可以被压在多孔“擦奶酪板”式的基片上，也可以被点焊在基片上。金属镁是另外一种被广泛应用的负极材料，既可以做成“双金属”负极，又可以被压或点焊在基片上。

在 20 世纪 70 年代中期，锂逐渐被广泛用于热电池负极材料。锂用于负极主要有两种形态：锂合金与纯金属锂。使用得最广泛的锂合金是含 20%（质量）锂的锂铝合金，以及含 44%（质量）锂的锂硅合金。尽管锂硼合金已经通过了评估，但其成本过高，还未被广泛使用。

LiAl 和 LiSi 合金都是粉末，这些粉末经过冷压形成负极片，通常其厚度在 0.75～ 2.0 mm。在单体电池中，锂合金负极的一边是和铁、不锈钢或镍集流片连接的。在激活的热电池中，锂合金负极是以固态负极的形式出现的，因此负极的温度必须低于熔点或只使其部分熔化。含 44%（质量）锂的锂硅合金在 709 ℃时会部分熔化；而 α,β - LiAl 在 600 ℃时就会部分熔化。一旦超过这些熔点，熔融的负极就会直接和正极材料相接触，导致产生大量热量的化学反应直接发生，使得单体短路。

在激活的热电池中，纯金属锂负极工作在高于其熔点 181 ℃的温度下。为了防止熔融的金属锂到处流动造成电池短路，必须使用具有高比表面积的金属粉末黏合材料或金属海绵来吸附锂。这种吸附主要是靠黏结材料的表面张力。

金属锂负极的制备方法是先把黏合材料和熔融的金属锂混合，然后把固化的混合物压延成箔片，通常厚度为 0.07～0.65 mm。随后，这种箔材被冲切成与单体尺寸一样的负极零部件。冲切好的负极用铁箔制成的杯子包住，这杯子既可防止锂的流出（会造成电池短路），又可作为集流片使用。这样的金属锂负极在温度超过 700 ℃的情况下使用，电性能也无明显下降。每一个热电池的设计者或制造厂商都已经研制出了多种热电池用的负极，可以根据不同电池的性能要求选择最适用的负极。

二、电解质

过去，多数热电池都采用氯化锂与氯化钾共晶盐（45∶55 LiCl∶KCl，质量比，熔点 352 ℃）作电解质。一般来说，含锂的卤盐混合物具有较高的离子导电性，而且与负极材料及正极材料有很好的相容性，已成为首选的电解质。同许多低熔点的含氧盐相比，卤盐混合物不易因热分解或其他副反应产生气体。最近，在许多新研究出来的电解质中都含有溴化物，既可以获得低熔点电解质（这就可以延长热电池的工作时间），也可以降低电池内阻（可以提高电池的电流负载能力）。含溴化物的电解质有 LiF - KBr - LiBr（熔点 320 ℃）、LiCl - KBr - LiBr（熔点 321 ℃）和全锂电解质 LiF - LiCl - LiBr（熔点 430 ℃）。含有混合阳离子的电解质（即含有 Li^+ 和 K^+，而非全部是 Li^+，）在放电的过程中容易产生 Li^+ 的浓度梯度。尤其在热电池大电流输出时，这种 Li^+ 的浓度梯度容易使共晶盐的成分偏析，导致电解质共晶盐局部过早固化。

在热电池的工作温度下，熔融盐电解质的黏性很小（往往只有百分之一）。为了使熔融盐电解质不流动，就需要在其中加入黏合剂。早期，在 $Ca/CaCrO_4$ 和 $LiAl/FeS_2$ 体系中使用了黏土，如高岭土和气化硅土。但是这些硅酸盐物质都会和 Li(Si) 合金及金属锂负极发生反应，而具有高比表面积的 MgO 对易反应的负极则呈明显的惰性。目前，大多数体系都选择 MgO 作熔融盐电解质黏合剂。

三、正极材料

热电池已经采用了很多种正极材料，这些材料包括铬酸钙($CaCrO_4$)、重铬酸钾($K_2Cr_2O_7$)、K_2CrO_4、$PbCrO_4$、金属氧化物(V_2O_5、WO_3)以及硫化物(CuS、FeS_2 和 CoS_2)等。比较适用的正极材料的标准为：与合适的负极配对后具有高的电压，与熔融的卤盐具有较好的相容性，并且热分解温度要接近于 600 ℃。铬酸钙与钙负极的配对($Ca/CaCrO_4$)是最常用的电化学体系，因为它们有高的电位(在 500 ℃时，单体电压可达 2.7 V)，其热稳定温度也在 600 ℃左右。FeS_2 和 CoS_2 常和含锂的负极配对使用，FeS_2 的热稳定温度在 550 ℃左右，CoS_2 的热稳定温度在 650 ℃左右。

四、焰火加热材料

在热电池中已经采用的加热源的两种基本形态分别是加热纸和加热片。加热纸是在一块无机纤维垫上黏附 Zr 粉和 $BaCrO_4$ 的一种类似纸的材料。加热片是由成分为 Fe 粉和 $KClO_4$ 形成的混合材料压制成片状的加热材料。

$Zr-BaCrO_4$ 加热纸是由焰火级 Zr 粉和 $BaCrO_4$ 制备得来的，这两种物质的粒度都在 10 μm 以下。无机纤维，如陶瓷和玻璃纤维，经常被用于加热纸垫的结构材料。Zr 粉、$BaCrO_4$ 和无机纤维在加入水后通过湿法造纸技术就变成了类似纸的材料，既可用单个的模具，也可以用造纸法连续生产。经过造纸法得到的这种类似纸的材料被冲切成零部件并被干燥。一旦被烘干，就要特别小心地处理这些加热零部件材料，因为如果有静电或摩擦，它们就极易被点燃。加热纸的燃速通常在 10～300 cm/s，燃烧热约为 1 675 J/g。加热纸燃烧后成为电阻比较大的无机灰分。如果把加热片插在单体与单体之间，就要通过高电导率的集流片把两个单体连接起来。在一些电池设计中，用加热纸燃烧后产生的灰分作为单体间的电绝缘材料。在这种情况下，可能还会有另外一种陶瓷纤维材料作为“基底”，以提高电绝缘性能。目前，在最先进的片形热电池中，加热纸只被用作点火条或者引燃条。在这种应用情况下，引燃条被点火头点燃，然后引燃条再依次把加热片点燃，而加热片就是热电池的主加热源。

加热片是由细 Fe 粉(1～10 μm)和 $KClO_4$ 组成的混合材料经冷压成形后制得的。Fe 粉的质量分数为 80%～88%不等，远超过与 $KClO_4$ 的化学计量比。过量的 Fe 粉大大增加了加热片燃烧后的导电能力，代替了单体间起隔离作用的集流片。$Fe-KClO_4$ 加热片的燃烧热从 88% Fe 粉的 920 J/g 变化到 80% Fe 粉的 1 420 J/g 。$Fe-KClO_4$ 加热片的燃速比 $Zr-BaCrO_4$ 加热纸的燃速要慢；点燃 $Fe-KClO_4$ 加热片所需的能量也比点燃 $Zr-BaCrO_4$ 加热纸所需的能量要高。因此，在电池生产过程中，$Fe-KClO_4$ 加热片不像 $Zr-BaCrO_4$ 加热纸那样极易被引燃。$Fe-KClO_4$ 加热片，尤其是还未被压制成片的粉末材料，必须被谨慎地处理与保存，要与可能的引燃物隔离。

$Fe-KClO_4$ 加热片燃烧后依然可以导电，这就简化了单体间的连接与电池设计。燃烧后能保持原来的形状，在动力学环境中也非常稳定(如冲击振动和旋转)。$Fe-KClO_4$ 加热片的这些优点，大大增强了热电池的耐用性。使用 $Fe-KClO_4$ 加热片的另外一个好处是 $Fe-KClO_4$ 加热片的反应热比 $Zr-BaCrO_4$ 加热纸的要高得多。因此，$Fe-KClO_4$ 加热片是一个贮热器，在燃烧后可保持相当多的燃烧热，可以有效地延长热电池的工作寿命。

五、激活方法

热电池的激活是通过给装在电池内部的激活装置一个外加信号来实现的。目前有四种基本的激活方法：加电信号激活电点火头、加机械脉冲激活撞击火帽、机械冲击激活钝感装置、光能信号（如激光）激活焰火装置。

电点火装置通常有一个或多个桥丝，并含有热敏焰火加热材料。一旦给点火头通以点火电流，电桥就会点燃焰火加热材料，然后焰火加热材料又会引燃热电池中的加热源。通常，电点火装置分为两类：电爆管和电点火头。典型的电爆管是被封装在一个金属或陶瓷的密封装置里，并只有一个或两个桥丝。通常使用的电爆管所需的最小激活电流是 3.5 A，并且最大安全电流极限是 1 A 或 1 W。电点火头不带有封装装置，并且只有一个桥丝。电点火头所需的激活电流为 500 mA～5 A 不等，可测试的安全电流极限不超过 20 mA。电爆管的价格通常是电点火头的 4～10 倍，但在有电磁辐射的环境中使用的热电池必须使用电爆管。

撞击火帽是靠机械撞击装置点燃焰火加热材料的火工品。通常，使用球半径为 0.6～1.1 mm 的撞针激活火帽所需要的冲击能量为 2 016～2 880 gf · cm。火帽被固定在电池外壳的火帽台上。

惯性激活装置是由迫击炮或大炮发射时产生的巨大冲击或加速度激活的装置。它被设计成能对某个已知的冲击力及其作用时间的综合效果做出反应的状态。特别地，惯性激活装置要被牢牢地固定在电池的内部结构件上以保证其可以经受严苛的动力学条件。

光能（如激光）激活装置是用一个激光束通过装在电池外壳上的光学窗口来点燃电池内部的焰火加热材料以实现热电池激活。这种激活方法特别适用于有强烈的电磁干扰会严重干扰电点火方式的情况。

热电池可以装配不止一种激活装置。根据电池的应用情况，装配在一个热电池上的既可以是相同类型的多个激活装置，也可以是多种激活装置的任意组合。

六、绝缘、隔热材料

热电池在整个服役期间都保持严格的密封，即使在其内部温度达到或超过 600 ℃时也如此。用来减缓电堆热损失及降低电池表面温度的隔热材料必须是无水的，而且必须具有较高的热稳定性。陶瓷纤维、玻璃纤维、某些耐高温聚合物，以及它们的组合都已经被用作热电池的隔热材料。某些老的电池仍在用石棉作为隔热材料，在 20 世纪 80 年代以前，石棉曾被广泛地用作热电池的隔热材料。

通常，在热电池中，用于导流线、极柱、点火装置及其他导电零部件的电绝缘材料是云母、玻璃或陶瓷纤维布以及耐高温聚合物。

隔热材料被围在电堆的外围以及上下端。某些电池还使用了耐高温环氧制作的绝缘、隔热结构件，并且这些结构件还为激活装置与盖子上的极柱提供了安全保护空间。长寿命热电池（工作时间超过 20 min）一般都使用了高效隔热材料，如果要继续延长热电池的寿命（如 1 h，甚至更长），就需要使用真空毯，以及具有双层壳壁的真空整体壳来减少热损失。特殊的高热容片和额外的“假单体”也被装在电堆的两头，以此来减少热损失，延长被激活电池的工作寿命。图 8 - 2 给出了典型的热电池绝缘、隔热材料的组装及已安装了电激活装置（电爆管）的封装盖子。

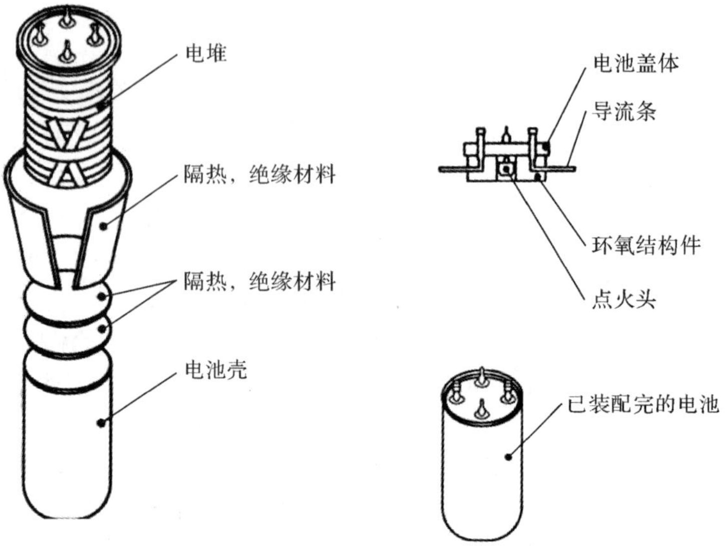

图 8－2　热电池的典型装配图

延长激活热电池工作寿命，降低热量对靠近电池的热敏零部件的影响的一个有效办法就是使用外用保温毯。如果热散失是以电池外表面的散失为主的，那么使用外用保温毯的保温效果要比单纯在电池内部使用隔热材料的保温效果要好，基本原因在于电池内部产生的高温气体不可能穿透电池壳外保温材料。外用保温材料、材料的固定方法，以及使用的周围环境都对电池的热损失有很大影响，而且所有这些关系在热电池的设计中都必须考虑。

第三节　单体电池化学原理

一、锂/二硫化铁（Li/FeS_2）体系

常用的锂负极共有三种形态：LiSi 合金、LiAl 合金及带有金属基体材料的锂负极 LiM，通常是用铁粉作为基体材料。这几种负极的区别为：激活后，锂合金负极是固态的，而在 LiFe 混合物中的金属锂是熔融状态的，但这三种负极在单体中的化学反应都是相似的。LiSi 合金、LiAl 合金及锂负极 LiM 都可以和 FeS_2 配对使用，而且都可以配相同的电解质。所使用的电解质既可以是传统的 LiCl－KCl 共晶盐电解质，也可以是具有高锂子电导率的 LiF－LiCl－LiBr 全锂电解质，或者使用低熔点的 LiF－KBr－LiBr 电解质以延长电池激活后的工作时间。由于 FeS_2 是良好的电子导体，因此，所用电解质层必须要严格防止正极和负极的直接接触及单体短路。夹在负极和正极间的电解质，在熔融后，就被惰性的黏合剂的毛细管作用吸附，用得最广泛的黏合剂是 MgO。

由于没有任何的伴生副反应发生，因此，Li/FeS_2 电化学体系已成为最优先采用、热电池中被应用得最广泛的电化学体系。热电池自放电的程度取决于所用电解质的类型及电池的温度。正极的主放电过程为

$$3Li+2FeS_2 \longrightarrow Li_3Fe_2S_4\,(2.1\ V)$$

$$Li_3Fe_2S_4+Li \longrightarrow 2Li_2FeS_2\,(1.9\ V)$$

$$Li_3Fe_2S_4 + 2Li \longrightarrow Fe + 2Li_2S(1.6\ V)$$

大多数电池设计只使用了第一个反应过程,有时为避免单体电池电压发生变化也应用到了第二个反应过程。

依使用的负极不同,负极所发生的相转变也不一样。对于 LiAl 合金,有

$$\beta - LiAl[20\%(质量)Li] \longrightarrow \alpha - LiAl(固溶相)$$

当金属锂的含量低于 18.4%(质量)(全部形成 β - LiAl 相的最低锂含量)而高于 10.0%(质量)(全部是 α - Al 固溶相的最高锂含量)时,LiAl 合金就形成 α,β - LiAl 两相混合物。当 LiAl 合金的成分处于 α,β - LiAl 两相混合物时它的电压出现平台。LiAl 合金的这个电压平台比纯锂的电压平台低 300 mV 左右。

LiSi 合金,其相变过程为

$$Li_{22}Si_5 \longrightarrow Li_{13}Si_4 \longrightarrow Li_7Si_3 \longrightarrow Li_{12}Si_7$$

LiSi 合金负极的电压平台出现在成分改变而发生相变的过程中间。例如,它的第一个电压平台就出现在由 $Li_{22}Si_5$ 相向 $Li_{13}Si_4$ 相转变的过程中。含 44%(质量)Li 的 LiSi 合金在第一个电压平台的电压比纯锂电压低 150 mV 左右。

使用 FeS_2 作正极时会引起较大的电压瞬变现象,即每个单体会出现 0.2 V 甚至更高的"峰"电压,这种现象在电池激活时就特别明显,可以持续几毫秒甚至几秒。与这种现象有关的因素为:①瞬间的温度冲击;②正极原材料中的电化学活性杂质(如氧化铁与硫酸盐)的量;③FeS_2 分解出的单质硫;④活性锂还未被固定等。在要求输出电压很规律的情况下,这种"峰压"是不能接受的。这种电压瞬变现象可以通过"多相锂化"法,在正极中(FeS_2 和电解质的混合物)加入少量的 Li_2O 或 Li_2S(典型配比为 0.16 mol Li∶1 mol FeS_2)来完全消除。通过对 FeS_2 进行洗涤和真空处理以去除酸溶性的杂质和单质硫,也能降低"峰压"但不能完全消除。

Li/FeS_2 电化学体系相对 Ca/$CaCrO_4$ 体系有许多重要的优点:对放电条件的兼容性较广,可开路搁置也可大电流密度放电;大电流负载能力是 Ca/$CaCrO_4$ 体积的 3~5 倍;对电性能有较高的可预测性;结构简单;处理工艺多样化;在特别严苛的动力学环境下稳定性较好。

由于 Li/FeS_2 电化学体系具备了这些优点,因此,在众多要求高可靠性的军事应用与空间应用领域,Li/FeS_2 电化学体系成了首选的热电池体系。

二、锂/二硫化钴(Li/CoS_2)体系

在熔融盐电解质中,当二硫化钴与锂配对使用时,其电压明显低于二硫化铁。然而,相对于硫的损失,CoS_2 的热稳定性比 FeS_2 的高。随着温度的升高,CoS_2 的分解过程为

$$3CoS_2 \longrightarrow Co_3S_4 + S_2(g)$$

$$3CoS_2 \longrightarrow Co_9S_8 + 2S_2(g)$$

而 FeS_2 的分解过程为

$$2FeS_2 \longrightarrow 2FeS + S_2(g)$$

热稳定性的大致标志是当温度达到 700 ℃时,由 FeS_2 分解产生的硫的蒸气压可达到 1 atm,而由 CoS_2 分解产生的硫的蒸气压达到 1 atm 时的温度为 800 ℃。毫无疑问,用 CoS_2 替代 FeS_2 后,可以生产出热稳定性更高的单体电池,也因此可以有效地把热电池的激活工作寿命提高到 1 h 以上。在激活的热电池中,温度大约在 550 ℃时 FeS_2 分解为 FeS 和单质硫的倾向很明显。自由硫可以直接和负极结合,发生放热量极高的化学反应。这不但降低了负极

可利用容量，而且放出的过量的热量更加速了 FeS_2 的分解。CoS_2 的热稳定温度超过 650 ℃，可以使得电堆的初始热设计较高，而不会导致正极有较明显的热分解。在热电池激活工作的后期，CoS_2 内阻低于 FeS_2 正极，也可证明上述观点。

三、钙/铬酸钙($Ca/CaCrO_4$)体系

该体系单元电池阳极为 Ca，阴极为 $CaCrO_4$，电解质为 LiCl－KCl(45∶55 W%)共熔盐(600 ℃时溶解度为 34 W%)，并加入 10 W%左右的 SiO_2 黏接剂。其放电过程依赖于化学反应和电化学反应间巧妙的配合。电池激活后 Ca 负极立即和 LiCl-KCl 共晶盐电解质中的锂离子发生反应，并形成 CaLi 合金液珠。随后这些 CaLi 合金就成为发生电化学反应的真正工作负极。负极的半电池反应为

$$CaLi_x \longrightarrow CaLi_{x-y} + yLi^+ + ye^-$$

CaL 合金液珠同样也会和溶解的 $CaCrO_4$ 发生反应，形成一层 $Ca_5(CrO_4)_3Cl$ 膜。这种 Cr^{5+} 的化合物与在正极的半电池反应中形成的反应产物是同一种东西：

$$3CrO_4{}^{2+} + 5Ca^{2+} + Cl^- + 3e^- \longrightarrow Ca_5(CrO_4)_3Cl$$

这种反应产物 $Ca_5(CrO_4)_3Cl$ 在正极和负极间就起到了隔膜或物质迁移阻挡层的作用，从而阻止了电化学自放电的进行。一旦反应产物 $Ca_5(CrO_4)_3Cl$ 膜的完整性被破坏，就会造成活性电化学物质的化学反应，并伴生大量的热，导致热电池出现“热失控”的现象。同时，如果反应生成的 CaLi 合金过量，而过量的 CaLi 合金又不能及时地被负极半电池反应消耗掉，过量的合金能引起电池间隙性短路，这种“合金噪声”时常出现在低温放电的电池中。

第四节　单体电池结构

基本上，所有单体电池设计不外乎三大类：杯式单体、开放式单体和片式单体。为满足规定的性能要求，一些电池的设计可能不止应用一种单体结构。

一、杯式单体电池

杯式单体的一个主要特征是有一个双层的负极（Ca 或 Mg)，即负极活性物质放在一个中心集流片的两边。在负极的每一边都有浸渍了电解质共晶盐的玻璃纤维带做成的电解质片。紧接着每一层电解质的是去极剂片，去极剂片由正极材料($CaCrO_4$ 或 WO_3)和无机纤维基体(或无机纤维纸)组成，然后被封装在镍箔做成的带有微小褶皱的杯和盖子里面[见图 8－3(a)]。在一些电池的设计中，用镍“孔”配以无机纤维密封垫等来防止单体电池激活后熔融电解质发生泄漏。Zr－$BaCrO_4$ 加热纸放在杯式单体电池的两边给单体电池提供热量。

杯式单体的优点在于反应面积很大(单体为两面或双电极结构)，并含有较多的反应活性物质。杯式单体的缺点在于难以做到不使电解质发生泄漏，同时，它的热容也比较低。$Ca/CaCrO_4$ 体系也易于“合金化”(产生过量熔融的 CaLi 合金)，容易导致单体电池短路。为了缩短激活时间，一般杯式单体电池在装配到电堆之前还要“预熔”一下。单体与单体之间是通过输出导线之间点焊连接的，存在着潜在的可靠性问题。

当前，杯式电池的应用是有限的，只能在一些早期设计的电池中找到这种结构。

二、开放式单体电池

除不被杯和盖子封装在里面之外，开放式单体电池的结构与杯式单体电池的结构是相似的[见图 8－3(b)]。去掉封装的设计是可行的，这是因为减少了电解质的量，使其可以被玻璃纤维布基体的表面张力牢牢地吸附。一些电池使用了均一的电解质——去极剂片，另外，一些电池则分成了单独的电解质片和去极剂片。开放式单体电池特别使用了“哑铃”式负极集流片。在这种“哑铃”式结构的负极集流片的一片上真空蒸镀了一层负极材料(这在其中一个单体电池里作为负极)，而另外一片就直接作为相邻串联单体电池的集流片了。“哑铃”式负极集流片的中间通过一段较窄的桥式导流条连接。桥式导流条起了连接单体的作用，免去了单体间点焊连接的过程。加热单体电池的 Zr－$BaCrO_4$ 加热纸被折叠起来的“哑铃”式负极集流片夹在中间。

开放式单体电池结构被用在激活后并有脉冲输出的热电池中，工作寿命相对较短。开放式单体电池的各个电极片可以被做得很薄，能够获得较高的热传导及较快的激活时间。

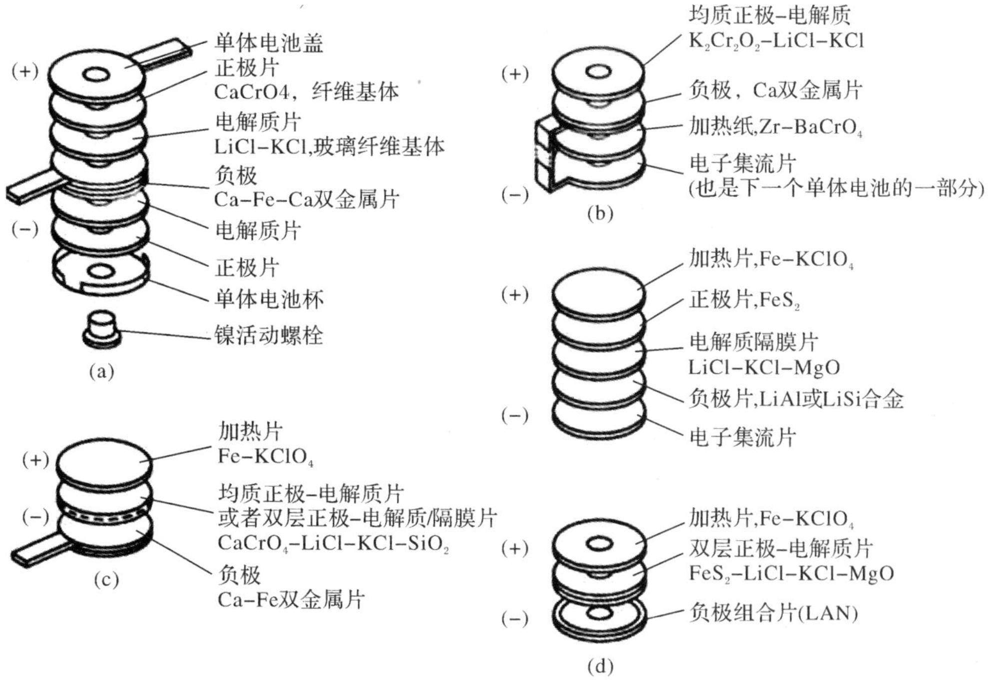

图 8－3　不同单体电池的结构图

(a)杯式单体电池；(b)敞开式单体；(c)Ca/$CaCrO_4$ 片式单体；(d)Li 合金/FeS_2 和 Li/FeS_2 片式单体

三、片式单体电池

在片式单体电池中，电解质、正极和加热源都是圆片式的。负极的形态各异，取决于所选用的电化学体系。在片式单体电极片的生产过程中，各种电极材料被加工成粉末，然后这些粉末被单轴压机压成电极片。在工作温度下向熔化的电解质中加入惰性黏合剂，靠毛细作用或表面张力，或两者的共同作用来吸附熔融的电解质。

图 8-3(c)是典型的片式 $Ca/CaCrO_4$ 的单体电池，其组成部分如下。

(1)一片 Ca 负极：既可以是 Ca 箔(可使用镍箔或铁箔集流片)，也可以是 Ca 双金属片(把 Ca 蒸镀在镍或铁集流片)。

(2)片式电解质片：由 LiCl-KCl 共晶盐和 SiO_2 或高岭土黏合剂组成。

(3)片式正极片：由 $CaCrO_4$、LiCl-KCl 共晶盐、SiO_2 或高岭土黏合剂组成。

(4)片式加热源：由 Fe 粉和 $KClO_4$ 组成(另外，加热源也可以使用开放式单体电池中所使用的由“哑铃”式负极集流片折叠起来把 $Zr-BaCrO_4$ 加热纸夹在中间的非片式加热源)。

这种单体设计的变化：

(1)采用了有独立的电解质层和正极层的两层一体片。

(2)使用了含有电解质、正极材料及黏合剂的均质电极片(即去极剂-电解质-黏结剂片，或 DEB 片)。

图 8-3(d)是典型的片式 Li/FeS_2 的单体电池，其组成部分如下。

(1)Li 负极：既可以是片式合金粉，也可以是锂金属组合片。

(2)片式电解质片：由电解质共晶盐和 MgO 黏合剂组成，电解质共晶盐可以是 LiCl-KCl、LiF-KBr-LiBr 或 LiCl-KBr-LiBr。

(3)片式正极片：由 FeS_2 和加了 MgO 或 SiO_2 黏合剂的电解质组成。

(4)片式加热片：由焰火级 Fe 粉和 $KClO_4$ 组成。

(5)集流片：可以是铁或不锈钢箔，位于加热片和锂合金负极之间，集流片通常不和带有整体金属杯的金属锂负极连用，在一些情况下，特别是在长工作寿命热电池中，有时候也会在 FeS_2 正极和加热片之间加入另外一个“集流片”，以缓冲或减小热冲击对正极的影响。

片式结构单体电池强度好，能在较宽广的温度范围内可靠地工作，而且生产成本低。但是在一些需要短激活时间和高电压脉冲输出的应用中，比较适用的仍是 $Ca/LiCl-KCl/K_2Cr_2O_7$ 和 $Ca/LiCl-KCl/PbCrO_4$ 电化学体系等，及使用加热纸的开放式单体电池结构。

第五节　电堆结构设计

所有的热电池都是为满足一系列的具体性能要求而设计的，其中包括输出电压、输出电流和激活后的工作时间等。在具体的电池设计中，输出电压的大小决定了串联单体的个数。由于每一个单体电池的最高电压是固定的(依电化学体系的不同，单体电池的开路电压为 1.6～3.3 V 不等)，因此，电池的输出电压是多个独立的单体电池电压的和。由 180 个单体串联、输出电压将近 400 V 的电池已生产成功。一般的电池有 14～80 个单体，输出电压则为 28～140 V。图 8-4 给出了两种不同的单体电池的电堆结构，其中一个是杯式单体电池，另外一个是片式单体电池。

单体电池的电流负载能力决定于单体电池的反应面积，最直接相关的就是单体的尺寸(直径)。单体电池电压和可用的最大电流密度(单位面积上的电流)随电化学体系的不同而差异很大。单体电池有效反应面积和由此确定的电池负载能力可以用并联一定数量的单体电池来解决。

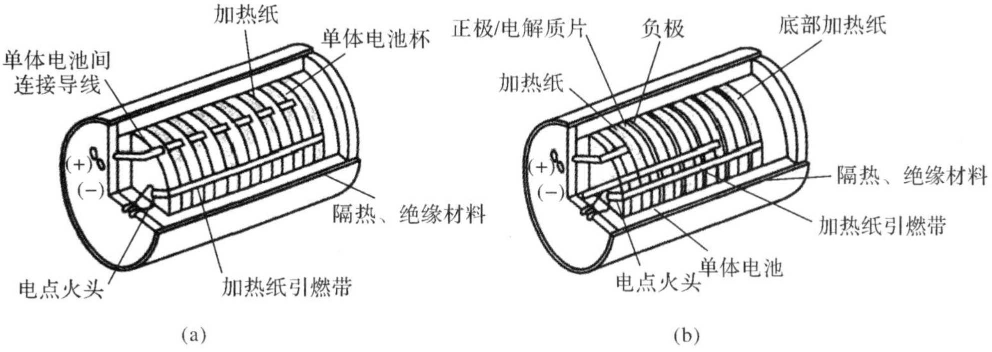

图 8-4 典型热电池的总装结构图

(a)杯式单体电池;(b)片式单体电池

热电池通过串联所需要数量的单体电池后就可以实现多路电压输出。既可以从特定数量的单体输出多路电压,也可以一组电压由一组单独的单体电池提供而不与其他电压组共享单体。在同一系统中,一个独立的电压组的电路不能与其他电压组的电路相互干扰。在同一个电池中,电堆的不同部分可以使用不同的电化学体系,这样,在一个同一产品中会出现两种电化学体系的不同特性。这种设计的一个典型例子就是在一个电池中,用能够快速激活的电化学体系组成的电堆提供快速激活时间,而用另外一种可以长时间大电流输出的电化学体系组成的电堆提供激活后的电流输出。在应用了这种设计的电池输出中,必须用二极管来连接两个由不同电化学体系形成的电堆电路,以防止其中一个电堆对另外一个电堆充电。在一些热电池的设计中,把两个或更多个单独的电池组合到一起形成热电池组以提供多组相互独立、有多种电流负载能力的电压输出。

通常,电堆被电池壳与电池盖焊接后所形成的压力固定住。而另外的一些电池使用了电池内壳以给电堆固定的装配压力,而用外壳和电池盖提供严格的密封。图 8-5 给出了使用电池内壳的典型热电池结构图。

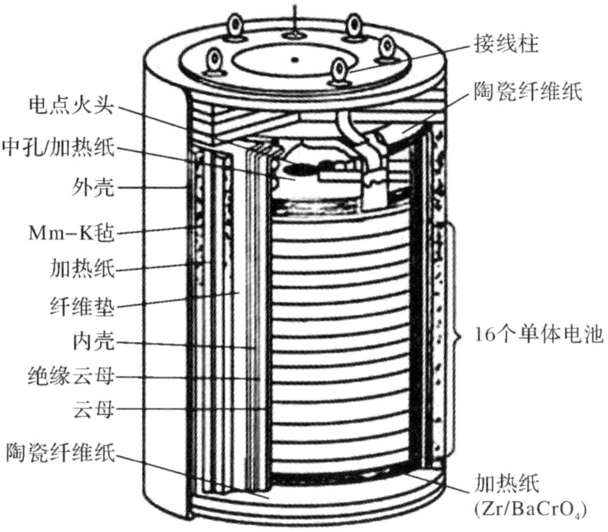

图 8-5 使用电池内壳的典型热电池结构图

第六节　热电池性能特征

热电池是为满足特定的性能而专门设计的。这些特定的性能不仅包括输出电压、输出电流、工作寿命、激活时间等，还包括贮存环境条件、工作环境条件、固定方法、表面温度、激活方式和激活能量等。

一、电压变化范围

热电池的输出电压不是线性的。通常在激活后 1 s 左右，输出电压达到最高值，随后电压就开始逐渐降低，直到低于最低可用电压。电压变化范围指的是最低可用电压与最高可用电压之间的电压。通常，最低电压极限是峰值电压的 75%。电池输出曲线(包括激活时间、峰值电压和电压衰减率)特征取决于电池所用的电化学体系，并受电池工作温度和所加载的负载大小的显著影响。图 8－6 给出了放电负载大小对热电池输出曲线特征的影响。

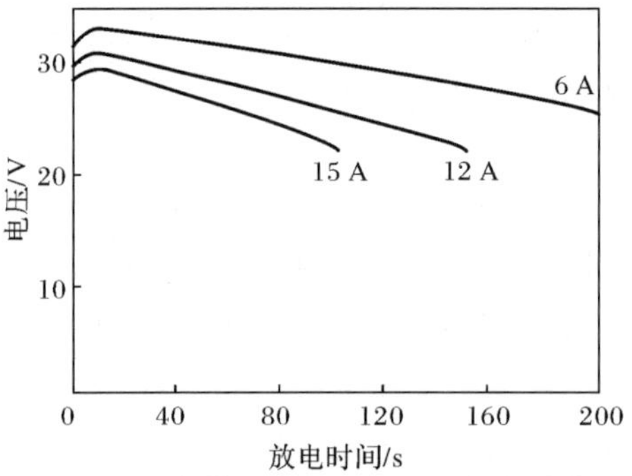

图 8－6　在三种不同负载输出下 Li/FeS_2 热电池电压特征曲线

二、激活时间

激活时间是从施加能量到点火装置开始到电池输出电压达到规定的最低电压时所需要的时间。激活时间受电池工作温度、所加负载大小和选用电化学体系的影响。

降低电池工作温度或增大加载的负载都会使激活时间延长。通常，Li/FeS_2 热电池的激活时间为 0.35～1.00 s 不等。一方面，大尺寸(直径)、高负载输出的热电池的激活时间可以长达3 s 之多。另一方面，快激活电化学体系 $Ca/K_2Cr_2O_7$ 的激活时间可以短至 12 ms。图 8－7 给出了不同电化学体系可以达到的激活时间范围。图 8－8 给出了环境温度对热电池的激活寿命与激活时间的影响。

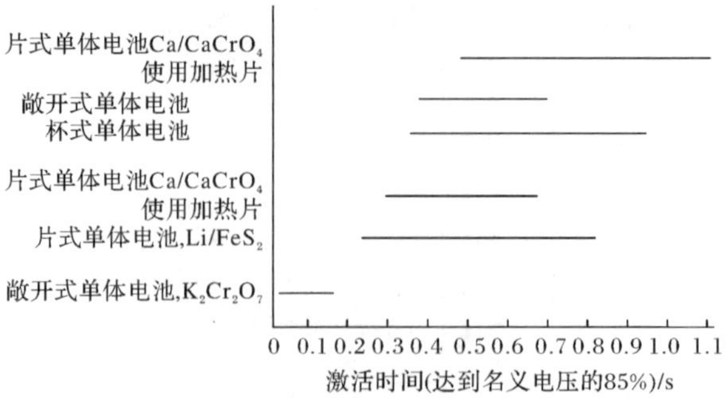

图 8－7　不同单体电池结构所能达到的激活时间范围

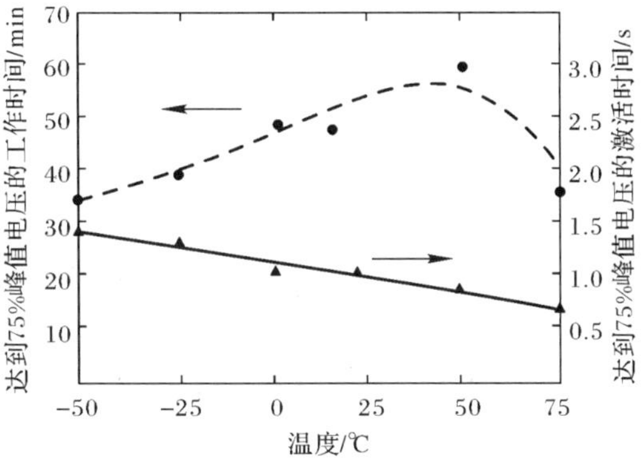

图 8-8　Li/FeS_2 热电池的激活时间、工作时间与环境温度的关系

三、激活寿命

激活寿命是从施加激活能量开始到电池电压下降到规定的电压下限时的时间。激活寿命受单体电池所选用的电化学体系、电池工作环境温度和输出电流大小等的影响。一般来说，为了使热电池在高、低温工作环境温度下或接近室温的环境下获得最长的激活寿命，热电池的热量平衡（所有单体质量与输入热量的比值）必须严格遵守。在接近热电池的极限使用温度时，激活寿命都会比较短。这是因为在低温极限使用温度下，电解质很快就会固化；在高温极限使用温度下，会引起 FeS_2 的快速热分解，从而导致活性物质的耗竭。

四、注意事项

在系统设计中，如果涉及应用热电池，必须注意以下几个热电池的特征。

(1)未激活的热电池内阻极高（兆欧级）。一旦激活，依单体设计的不同，其单个单体的内阻在 0.003～0.02 Ω。电池组的内阻就等于所有串联的单体电池内阻之和。

(2)有的电化学体系，如 Li/FeS_2，可容许在放完电后由外接电源进行充电；而另外的电化学体系，如 $Ca/CaCrO_4$，完全不容许由外接电源进行充电。

(3)在激活电池的过程中，没有被烧断的电动执行机构的电桥，有可能成为外接激活回路的附加负载。

(4)在激活热电池后，有可能在“带电”零部件与电池壳或激活器回路之间产生漏电现象。在系统设计中必须对诸如电池壳接地、电堆共用输出端和激活器回路接地作出明确的规定，以便于在电池设计中引入特别的电绝缘预防措施。

(5)激活热电池的表面温度有可能达到 400 ℃。因此，电池的固定方式、在该固定方式下热传导的特性、高温对周围零部件的影响，以及对邻近的易燃材料等的影响都必须考虑到。通过使用额外的隔热材料（或高效隔热材料）可以明显降低电池的表面温度，但这会使电池的体积增加，也使电池的成本增加。

第七节　热电池技术发展

自 20 世纪 40 年代热电池诞生以来，人们为了获得更理想的电源，对热电池的结构设计、电池材料、生产工艺、检测手段等相关技术开展研究，取得了丰硕成果。电池材料、电化学体系和结构设计发展状态代表热电池技术发展水平。

一、热电池种类方面

几十年来,热电池技术发展历程伴随着电化学体系的发展和创新,开发了多种类型的热电池。性能较佳且技术较为成熟的热电池电化学体系有钙/硫酸铅(Ca/PbO_4)、镁/五氧化二钒(Mg/V_2O_5)、钙/铬酸钙($Ca/CaCrO_4$)及今天流行的锂/二硫化铁[$Li(Me)/FeS_2$]体系,电解质是熔盐和细黏土的混合物。

LiM_x/FeS_2 热电池作为一个理想的热电池电化学体系,不但克服了热电池长期存在的电噪声,而且比能量、比功率得到很大提高,是热电池技术发展的重大突破。$LiSi/FeS_2$ 和 $Ca/CaCrO_4$ 长寿命热电池组的性能比较见表 8-2。

表 8-2 锂系热电池与钙系热电池性能比较表

类 型	单 位	钙系热电池	锂系热电池
体 积	cm^3	2 344	400
质 量	g	3 700	—
工作电压	V	25.4～34	28±44
工作电流	A	1	3～5
激活时间	s	2	2
工作时间	s	600	720
使用环境	℃	−40～+50	−40～+50
贮存寿命	Y	10	25
比能量	体积(Wh)/cm^3	53	70
	质量(Wh)/kg	34.5	—
备 注		$Ca/CaCrO_4$ 电池	$LiSi/FeS_2$ 电池

二、热电池材料方面

人们已针对热电池所用的电极材料、电解质等关键材料,不断突破技术难关,推出多种新型材料,拓宽了热电池应用技术领域,提高了热电池技术性能,加快了产品更新换代步伐。

1. 阳极材料种类繁多,锂合金材料优势明显

目前通常使用的锂合金阳极有 Li-Al、Li-Si 和 Li-B。也有人使用金属锂加超细金属粉作为阳极材料。近年来,经人们详细研究,对锂合金阳极的反应机理有了更深刻的了解。

Li-Al 合金由一个含锂量为 20%(质量百分比)的单一固溶相组成,因此,它的放电机理比较简单,仅显示一个电压平台。

Li-Si 合金是一个多放电台阶的阳极材料。利用 Li-Si 合金多电压平台放电特性,设计热电池时,可以利用几个电压平台,故其总容量要比 Li-Al 合金大,且大电流放电能力强,电极电位比 Li-Al 合金低,因此,其综合性能大大优于 Li-Al 合金。

Li-B 合金的含锂量高达 80%(质量百分比),因此,容量大,大电流放电能力强,以 8 A/cm^2 放电时仍无明显极化。但材料制备困难、生产成本偏高等原因,使得 Li-B 合金至今未得到大规模应用。

目前性能优良的 Li - Al、Li - Si 合金已制备成功，并形成批量生产能力，Li - B 合金的制备也已取得进展，具备实验室小批量生产能力。

上述锂合金阳极随着放电深度的增加，锂含量不断减小，内阻也随之升高。人们已找到了合适的导电添加剂，大大改善了电极放电后期的导电性，提高了电极材料的利用率，这是阳极材料研究中取得的又一成果。

2. 阴极材料聚焦硫化物，制备技术是关键

与锂合金阳极相匹配的热电池阴极材料是二硫化铁和二硫化钴。前者的主要特点是资源丰富、价格便宜、电性能稳定，属中等稳定物质，开始分解温度为 350 ℃，如果 500 ℃ 搁置 20 min，那么容量损失高达 62%。使用 FeS_2 作热电池阴极材料的主要问题是热电池在激活时存在瞬间电压尖峰，降低了电压精度，限制了使用范围。后者是一种新型阴极材料，材料产业化研究和应用工作有待深入。

过渡族金属硫化物中的 FeS_2 和 CoS_2 作为热电池的阴极材料各有其特点，可根据所设计电池的不同特点选用不同的硫化物作材料。CoS_2 的特点更适于研制长时间工作的脉冲型电池，但成本偏高。低成本的 FeS_2 可通过适当的处理措施，如加入添加剂等改善其性能，可以用来研制快激活型热电池。

3. 电解质种类呈现多元化，性能指标各有所长

LiCi - KCl 是热电池电解质使用最多的产品，优点是价格便宜、容易制备。它是一种低熔点共熔物，属于二元阳离子电解质。当热电池高速放电时，Li^+ 很容易形成很大的浓度梯度，易引起电池严重极化；同时还会因 Li^+/K^+ 的比例失调，导致电解质的熔点升高，造成热电池过早失效。为此人们一直在努力寻找替代产品，表 8 - 3 列出了热电池常用电解质主要性能参数。研究表明，在通常电性能要求下，采用 LiCi - KCl 二元电解质制备单体电池较为普遍。该电解质适于高温小电流放电，放电峰值电压最高，放电时间最长，但不宜大电流放电，因为大电流放电时阴极容易生成 J 相[$LiK_6Fe_{24}S_{26}Cl$]，严重影响阴极利用率，电极极化较大，而且由于电导较小，离子迁移速度慢，Li^+/K^+ 比值变化导致阴极附近过早出现电解质凝固，缩短了工作寿命。

表 8 - 3　热电池常用电解质主要性能参数

电解质名称	MgO/(W%)	熔点/℃	导电性/($S \cdot cm^{-1}$)
CsBr - LiBr - LiBr	30	238	0.30
LiBr - KBr - LiF	25	313	1.25
LiCl - LiBr - KBr	30	321	0.86
LiCl - KCl	35	352	1.00
LiCl - LiBr - LiF	35	436	1.89

采用 LiF - LiCl - LiBr 全锂电解质制备的单体电池，能够满足大电流放电的要求。这是因为其电导率较大，且不存在 Li^+/K^+ 比值变化问题，消除了 J 相生成的可能性。但具有共同锂阳离子的共晶熔体使锂的熔解度增大，从而降低了阳极利用率，且其熔点较高，对保温材料的性能要求较为苛刻，因此，不宜用于长寿命电池。

LiBr－KBr－LiF 电解质的熔点较低，允许 Li^+/K^+ 比值较大偏移而不出现提前凝固现象，因此，适于低温、长时间放电，但电导率较低，不宜大电流放电。

4. 保温材料选择广泛，复合材料前景看好

$Li(Me)/FeS_2$ 热电池正常的工作温度范围为 400～550 ℃，必须靠优质的保温材料维持工作温度才能使电池正常工作。对短寿命热电池来说，一般的保温材料，如云母片、石棉等，就能满足要求。对中等寿命或长寿命热电池来说，必须使用高性能保温材料才能满足要求，寿命越长，需要保温材料的性能就越好。对于 1 h 左右工作寿命的热电池，通常使用硅酸铝陶瓷纤维或纤维板。

长寿命热电池工作时间长达 4 h，需要高性能的隔热材料保持温度，降低热量散失，才能长时间维持电池工作所需的温度条件。目前市场上的隔热材料是一种含有 SiO_2、TiO_2 和石英纤维的铸造复合材料板。气凝胶隔热材料最有开发前景，其导热率只有现用材料的 1/3，主要缺点是波长 3～7 μm 的红外光可以穿透，正好对应热电池的工作温度，需要掺加遮光剂（如碳黑）。另外，材料太脆，需运用一些强化剂，如陶瓷或碳纤维，这无疑增强了热量的传导散失。

三、热电池技术方面

现代化武器装备发展需要高性能的热电池。要求热电池具有以下特点：①高比能量和比功率，即进一步缩小体积和减少质量；②长工作寿命，工作时间达到 2～4 h；③长贮存寿命，与配用武器系统保持同步寿命周期。

第三篇　弹载物理电源

第九章　旋转式磁发电机

第一节　概　　述

涡轮发电机是一种通过涡轮结构和磁电转换装置将气动力转换为电源的发电机。按照能量来源和结构，涡轮发电机可分为气动式和燃气式两类。鉴于气动式涡轮发电机的应用范围远大于燃气式涡轮发电机，本章只讨论气动式涡轮发电机。

一、基本构造

结构上，涡轮发电机主要由涡轮、转轴、轴承、永磁体转子、定子(导磁片、导磁体)、线圈、压力调节器(进气口与排气口)、整流和滤波电路等组成。其中：涡轮用于将弹丸与空气相互作用产生的气动力转换为涡轮的旋转；永磁体转子用于产生工作磁场，并与定子内的导磁片或导磁体构成闭合磁路。涡轮发电机及其核心部件外观如图 9-1 所示，内部结构如图 9-2 所示。

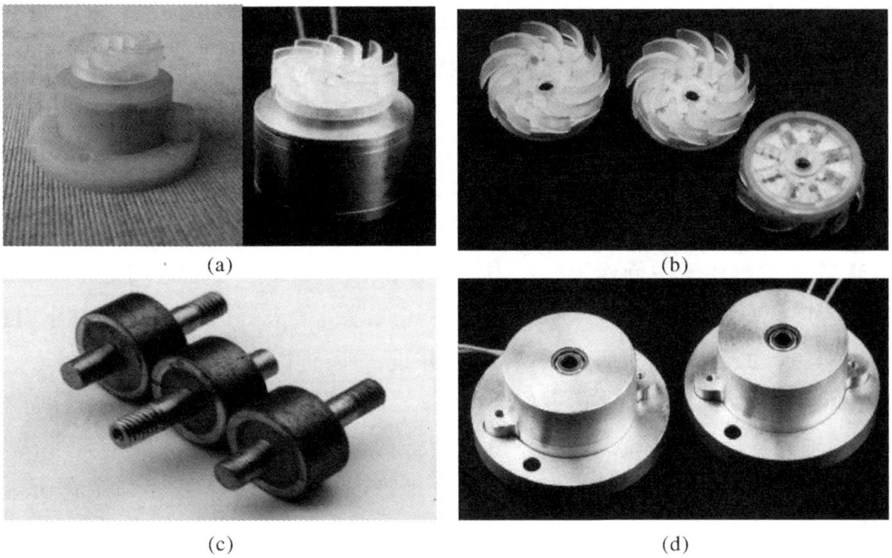

图 9-1　涡轮发电机及其部件实物图

(a)涡轮发电机实物图；(b)涡轮实物图；(c)转子实物图；(d)定子实物图

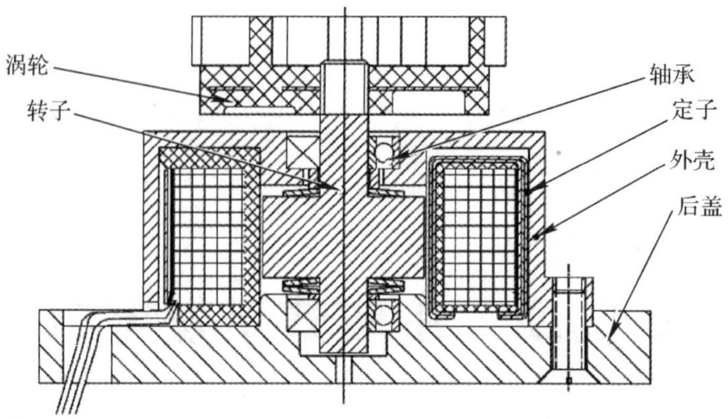

图 9-2　涡轮发电机结构示意图

按照进气方式和安装位置的不同，涡轮发电机的进气道主要有侧进气和中心孔进气两种类型。图 9-3 给出了分别采用两种进气形式的涡轮发电机结构示意图。

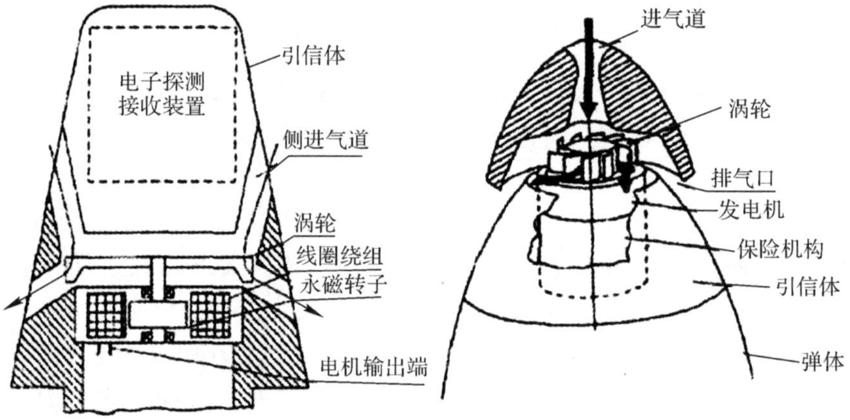

图 9-3　采用不同进气道的涡轮发电机结构示意图

(a)侧进气；(b)中心孔进气

二、工作原理

涡轮发电机的基本工作原理是，非工作状态下，多对(2 对、4 对、6 对等)磁极转子与定子中的导磁片或导磁体，构成如图 9-4 所示的闭合磁路。因磁极与定子之间存在一定磁力矩，且储存、运输等非发射环境中受到的气动力所产生的扭矩始终小于磁极与定子间的磁力矩，涡轮发电机不工作。弹丸飞出炮口后，被压缩的空气通过引信头部的进气口轴向作用在涡轮上，并被涡轮叶片转换为径向气流，产生气流动量，并进一步产生驱动涡轮转动的扭矩。弹丸速度达到特定值后，风速大于涡轮启动速度(如 30 m/s)，当扭矩大于磁力矩时，扭矩将驱动发电机涡轮及与之同轴固连的永磁体转子转动，诱发转子和定子间的磁通量发生周期性变化，从而在感应线圈中产生电动势。因此，涡轮发电机发电过程中的能量转换关系为气流动能→转子机械能→电能。

扭矩的大小取决于通过涡轮叶片的气流参数、涡轮结构参数，以及涡轮叶片外缘切线与涡轮圆与叶片交点连线间的夹角 β_2，如图 9-5 所示。

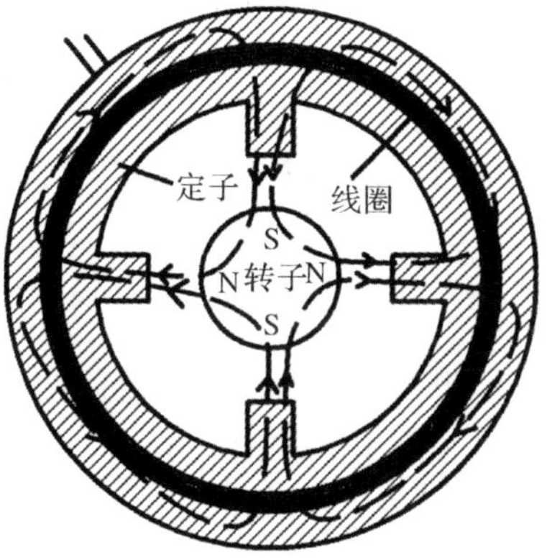

图 9-4　涡轮发电机内的闭合磁路示意图

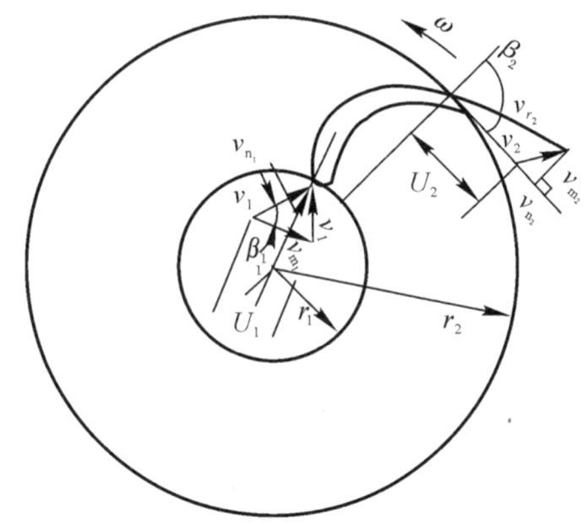

图 9-5　扭矩计算相关参数示意图

扭矩 T 可表示为

$$T=\dot{m}r_2(v_{r_2}\cos\beta_2-\omega r_2) \tag{9-1}$$

式中：r_2 为涡轮叶片到轴的距离，即涡轮叶片的半径；ω 为涡轮转速；v_{r_2} 为经过叶片边缘的气流速度。

式(9-1)表明，当 $\beta_2=0$ 时，扭矩最大。这就意味着涡轮叶片外缘足够弯曲，以至于气流将沿涡轮的切线方向流动。优化设计结果表明，$\beta_2=0$ 在设计中不可能实现，这个角度通常在30°左右，虽然不能使扭矩达到最大，但可以保证相邻叶片间的气流不会互相干扰。

式(9-1)还表明，角度 β_2 增大或转速提高都会使扭矩减小。如果叶片可塑性较强，且在离心力作用下发生弯曲，β_2 就会增大。那么在扭矩一定时，角度 β_2 增大将导致转速减小。这为减小转速提供了思路，关于减小转速的设计方法将在本节后续部分详细阐述。根据式(9-1)，可得到理论上的最大转速如下：

$$\omega_{\max}=\frac{v_{r_2}\cos\beta_2}{r_2} \tag{9-2}$$

此时，扭矩为零，涡轮将以恒速转动。

使用式(9-1)计算的前提是气流速度 v_{r_2} 已知。但因气流速度 v_{r_2} 是流体模式的参数，且取决于涡轮叶片的结构及进气口参数，因此，v_{r_2} 的理论计算非常困难，通常通过试验测得。

正常工作条件下，涡轮发电机的输出功率可按照下式进行计算：

$$P=(NF)^2R/\{[(r+R)/\omega]^2+L^2\} \tag{9-3}$$

式中：N 为发电机线圈匝数；ω 为涡轮的转速；r 为涡轮发电机的内阻；L 为线圈电感；R 为涡轮发电机的负载电阻；F 为涡轮发电机的磁通。

三、基本制造与装配工艺

通常情况下，为保证涡轮发电机的低成本，发电机中的定子和轴承通过焊接固连，轴由冷铸工艺制成，永磁体用热塑工艺焊接在轴上，涡轮和绕线筒用尼龙铸成，采用单向缠绕方式制作线圈。

在涡轮发电机制造与装配过程中，应严格控制以下工序：

(一)磁芯加工及磁化

将原材料加工(铸造)成为空心圆台,并按图 9-4 进行磁化。磁化过程必须严格控制充磁夹具与磁转子的配合尺寸以及充磁电压,保证充磁均匀且各磁参数满足要求。转子充磁完成后,可采用专用磁转子磁通检测装置进行百分之百检测。

(二)转轴与磁芯装配

转轴与磁芯之间通过塑料灌封的形式连为一体。灌封中,需要注意两个问题:一是保证一定的灌封连接强度。如果强度不满足要求,那么在发射时产生的较大后坐力的作用下,可能出现磁芯从转轴上脱落的现象,影响涡轮发电机正常工作。二是保证磁转子中环形磁体与轴杆的同轴度,这是保证涡轮发电机高转速的技术关键。在榴弹上,涡轮发电机一直处于高转速,若上述问题解决不好,则轴承容易受损,影响涡轮发电机的正常工作。另外,环形磁体与转轴的同轴度还决定了涡轮发电机的低速启动特性。

(三)定子(或导磁体、导磁片)装配

定子装配可采用以下三种方案。

方案一:将涡轮发电机的上、下壳体与磁路合为一体。其优点是可大大降低涡轮发电机的成本,缺点是加工精度要求高,涡轮发电机磁滞损耗大,相同风速条件下涡轮发电机的输出功率偏低,且耐冲击强度较差。

由于导磁片与上、下壳体连在一起,加之导磁片较长,因此,在后坐力的作用下,磁气隙会发生变化,影响涡轮发电机的正常输出。可行的改进方法是缩短涡轮发电机的轴向尺寸,增加径向尺寸,并对材料进行硬化处理,使涡轮发电机不悬空,并去掉底部钢珠。但此改进方法只能用于特定尺寸的引信,不利用涡轮发电机的通用化。

方案二:将涡轮发电机壳体结构由外筒和后盖改为上盖、套筒及后盖。其优点是易加工,装配中容易保证上、下轴承同轴,涡轮发电机的低速性能比较好。缺点是涡轮发电机整体连接不牢固,勤务处理和使用中,相关参数会发生变化,与引信整体连接及定位也存在问题,不满足通用化要求。

方案三:为增强整体结构的耐过载性能,将壳体材料由尼龙改为硬铝,减小下盖上的通孔直径。

四、主要特点

涡轮发电机的特点主要体现在功能、结构和应用上。

(1)功能特点。涡轮发电机的功能不仅局限在通过转轴前部的转子、定子和线圈等组件为引信供电,还可通过转轴后部螺纹连接的齿轮组和弹簧,将出炮口后的空气阻力解脱第二道保险,可实现迫击炮弹、火箭弹和航空炸弹等引信的双环境保险,并提供符合标准的安全距离。在时间引信应用背景下,电源激活与计时电路启动同时发生,具有快速激活的特征,对提高计时精度具有重要意义。

(2)结构特点。由于涡轮发电机发电能量来源于弹丸出炮口后的空气阻力,因此,需要在引信内单独设立进气口和出气口,这破坏了引信的密封性,对长期储存不利,当风速较大(400 m/s)时,存在轴承在高转速条件下发生断裂等可靠性问题。

(3)应用特点。在弹道顶点和空气稀薄地区,涡轮发电机会因风速较小不工作,影响引信正常工作。

(4)其他特点。涡轮发电机寿命较长,制作技术简单,经济性好,并可进行百分之百无损检测。

五、涡轮发电机的应用情况

1943年,气动涡轮发电机首次被用作引信电源。1965年,挪威首次将气动涡轮发电机技术用于迫弹引信NVT224。之后,美国、英国、中国、法国、德国、荷兰、澳大利亚、瑞典、瑞士和土耳其等国家,先后启动基于涡轮发电机技术研制了各种各样的电引信和电子引信,并将其广泛用于迫弹、火箭弹、航弹、中大口径榴弹和破甲弹等通用弹药。由于气动涡轮发电机不仅能为引信电部件供电,还可提供离心力之外的第二环境激励,因此,在非旋和微旋弹药引信中得到广泛应用,且在迫弹引信的应用最为广泛。

从目前各国装备情况看,涡轮发电机主要用作迫击炮弹无线电引信、电子时间引信、多用途引信,以及其他炮弹电子时间引信的电源。例如,美国60 mm迫击炮的M734多用途引信、XM769电子时间引信、XM745弹头起爆/练习用引信,FZU－55A/B、FZU－48航弹引信,新加坡的EP713、EP784、EP796、EP760、EP761,以色列的M131、M136,南非的SIGMA－M174、LAMBDA－M760,以及西班牙的PR/EA等。美国是拥有气动涡轮发电机引信种类最多的国家之一。

第二节　涡轮发电机关键技术

涡轮发电机设计主要包括以下内容。

(1)研究不同级别能量输出设计方法,以满足同一引信内不同电路,以及不同引信电路的工作需求。比如,用于无线电引信时,需要为工作电压不同的时基振荡电路和无线电发射电路同时供电。又如,既可作为无线电引信的电源,又可作为电子时间引信的工作电源,有利于提高电源部件的通用性,对引信“三化”建设意义重大。

(2)小型化。为工作电路和其他引信部件提供更多空间,满足引信功能扩展需求。

(3)涡轮限速设计方法。弹丸速度较大时,减小转轴因强度导致的可靠性问题。

(4)速度识别设计方法。设计确定涡轮发电机启动的风速阈值,保证发电机在弹药或引信勤务处理环境中不工作。

(5)转子永磁体材料的选择。合理选择永磁体材料,是实现高能量输出或减小涡轮发电机尺寸的关键。

(6)结构设计。它包括涡轮机构用于引信解除第二道保险的结构设计、高过载条件下转轴的强度结构设计,以及涡轮发电机的总体设计。

(7)涡轮、转子、定子(或电枢)的耐高过载设计方法。其主要方法包括用密度小的金属代替尼龙、在涡轮底部增加金属支撑件、采用耐高温塑料材料等。

一、涡轮发电机磁路设计

根据电磁发电原理，涡轮发电机的磁路应包括转子、定子和线圈三个组件。

图 9-6 给出了用于迫击炮弹引信的涡轮发电机磁路示意图。可以看出，处于最内层的永磁体转子有 6 个(3 对)磁极，相邻磁极间的角度为 60°。中间为感应线圈，最外层是有 6 个突起的定子组件。

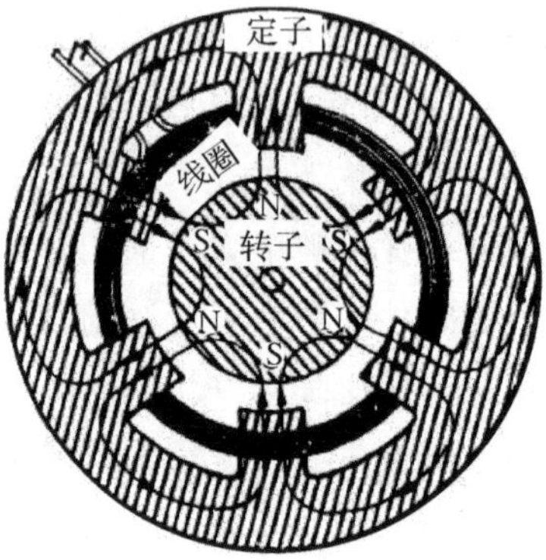

图 9-6　含 6 个磁极的磁路

涡轮受气流驱动开始转动后，转子的磁动势将发生周期性变化，并在线圈中感应出电动势。由于永磁体转子有 3 对磁极，因此，涡轮每转动 120°，线圈中将感应出现一个电动势周期。换句话说，涡轮每转动一周，将会在线圈中感应 3 个周期的电动势。

当然，也可采用含有 2 极或 4 极的转子。当转子仅含有 2 个磁极时，涡轮每转动一周，将感应一个电动势周期；而如果有 4 个磁极，涡轮转动一周就会感应出 2 个电动势周期。

涡轮转动的前提是气流施加在转轴上的扭力必须保证克服转子和定子间的吸引力。但是在引信的勤务处理中，涡轮是不允许工作的，因此，涡轮机构必须区别发射环境和勤务处理环境，以保证引信在发射后的可靠性和勤务处理中的安全性。

二、涡轮限速设计

在迫击炮弹引信设计背景下，涡轮发电机可以在低速飞行条件下(45～60 m/s)完成解除保险和供电两个功能。如果弹丸飞行速度为 120～240 m/s，就必须考虑限制涡轮转速，以满足上述速度区间内保证引信炮口安全距离及降低轴承磨损等问题。涡轮限速设计方法主要有以下几种。

(一)花式金属结构限速方法

早期的限速方法是通过在涡轮机构内增加一个带有若干金属爪的“花”式盘来实现，即花式金属结构限速方法。

花式金属结构限速方法的基本原理是：弹丸速度较低时，位于涡轮周围的金属爪处于折叠状态；弹丸速度增大时，离心力作用使金属爪打开，堵住涡轮叶片部分通风通道，达到降低转速的目的。

图 9-7 表明了采用和未采用减速设计时，在试验室内得到的涡轮转速与进气口气流速度

之间的关系。可以看到，在采用减速设计后，涡轮转速在整个速度范围内都有衰减。当进气口气流速度为 2 100 m/s 时，转速由 119 000 r/m 衰减到 94 000 r/m。这种方法可行性强，且已经在试验中得到验证，但因设计空间受限，以及不利于简化结构等原因，现已不再使用。

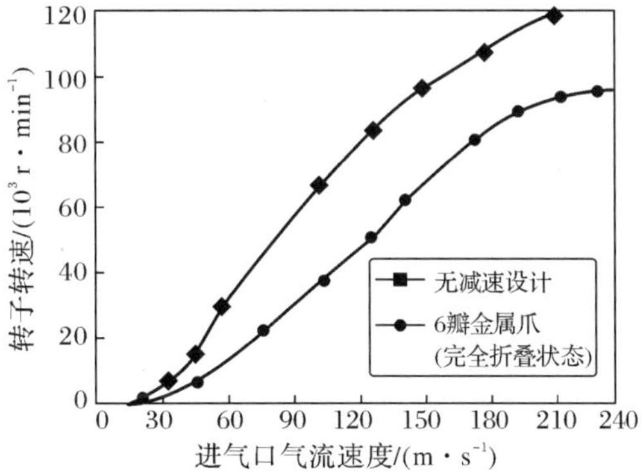

图 9-7　有减速器与无减速器时涡轮转速与气流速度间的关系

(二)叶梢切根伸张限速法

早期的涡轮机构有 12 个叶片。为提高涡轮发电机的输出电压，采用 10 个涡轮叶片，使气流经过更大的旋转角度。这种情况下，涡轮发电机的输出电压增大了 50%。削减涡轮叶片的下部，使它们在高速旋转产生的离心力作用下发生弯曲，使式(9-1)中的 β_2 增大，从而减小涡轮扭矩。

采用 10 片涡轮叶片后，采取削减叶片梢根部方法与未削减时压缩气流速度与涡轮转速间的关系如图 9-8 和图 9-9 所示。可以看到，削减叶片下部后，在高速气流速度作用下(125～240 m/s)，涡轮旋转速度下降了 22%。当气流速度为 60 m/s 时，涡轮转速下降了 10%；当气流速度在 45 m/s 以下时，涡轮转速基本保持不变。

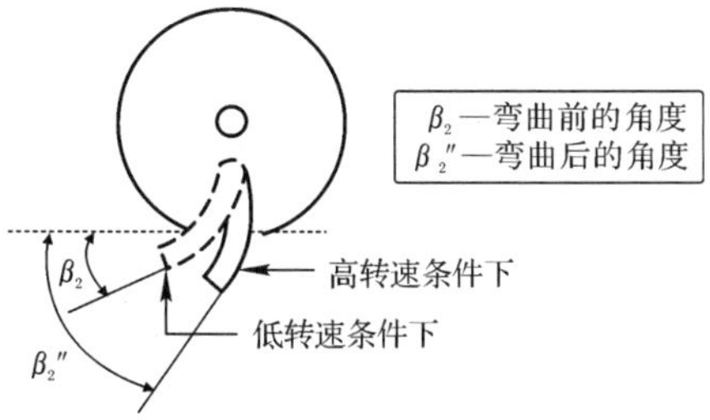

图 9-8　削减涡轮叶片梢根部后叶片的转动情况

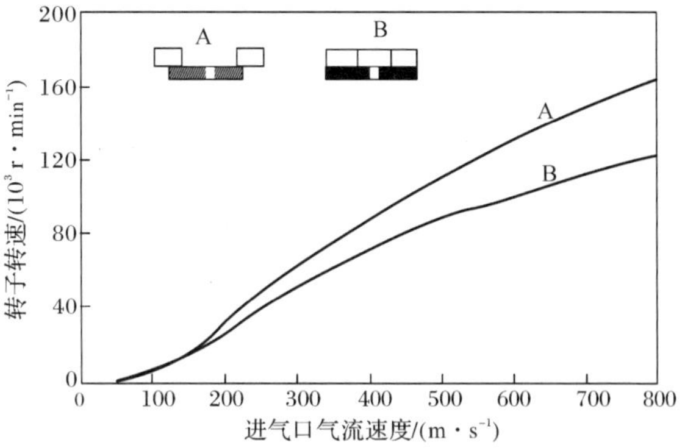

图 9-9　未削减时压缩气流速度与涡轮转速间的关系曲线

这种方法已经在迫弹多用途引信(美 M734)中得到应用。与花式金属结构限速方法相比，其优点是仅对涡轮叶片进行了设计改进，且没有增加任何其他部件，不会对涡轮体积和可靠性大小产生任何影响。

(三)文丘里管进气口结构(变截面管限速法)

采用文丘里管进气口结构的主要特点不是通过改变涡轮自身结构，而是通过改变进气口与出气口之间喉部的横截面积来达到降低气流速度，并达到降低转速的目的。采用文丘里管进气口结构的设计尺寸如图 9-10 所示。

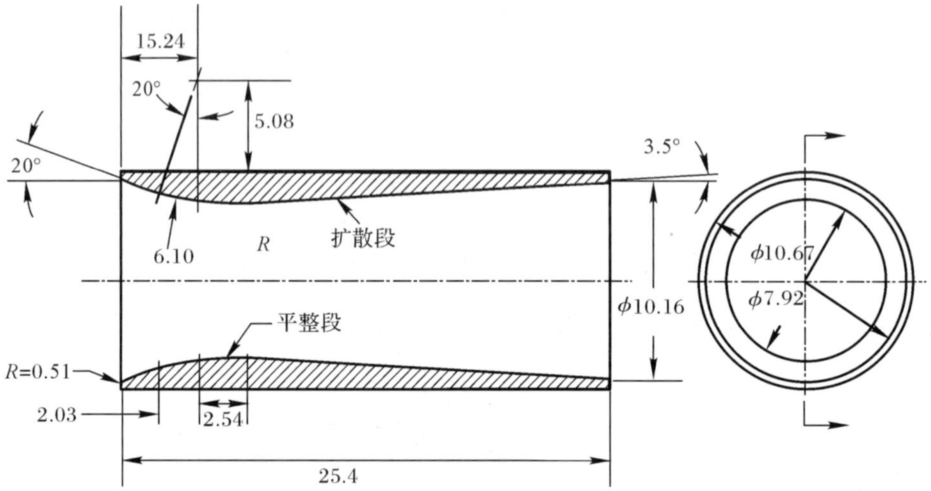

图 9-10　Venturi 结构的设计尺寸(单位:mm)

图 9-11 给出了 3 种进气口结构尺寸下，弹丸速度与气流速度之间的关系曲线，第一种和第二种是内径分别为 11.6 mm、7.9 mm 的圆筒形结构，第三种是进气口内径为 11.6 mm、喉部内径为 7.9 mm 的文丘里管结构。可以看出：弹丸速度相同的情况下，通过第一种结构的气流速度要比第二种结构大；第三种结构与第一种结构相比，在弹丸速度相同时，通过两种结构的气流速度基本相当，但在高速区内，前者比后者要小 33%。

采用文丘里管结构后，涡轮的减速效果如图 9-12 所示。图 9-12 中，曲线 A 和曲线 B 分别表示采用内径为 9.8 mm 的圆筒形进气口结构，以及采用进气口内径为 11.6 mm、喉部内径为 7.9 mm 的文丘里管结构时，弹丸速度与涡轮转速的关系。可以看出，在高速区，涡轮转速减小了 33%。如果在采用文丘里管结构后，再采用涡轮叶叶梢切根结构，可取得更好的减速效果。

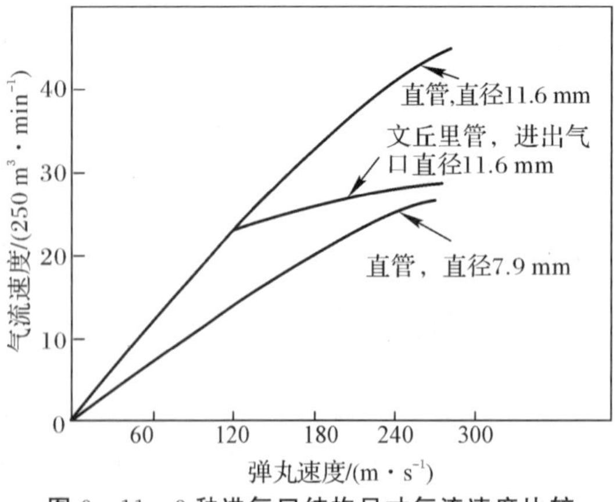

图 9-11　3 种进气口结构尺寸气流速度比较

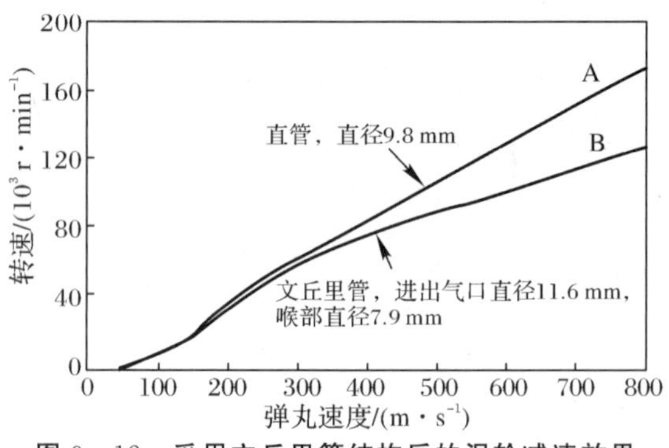

图 9-12　采用文丘里管结构后的涡轮减速效果

(四)制动法

所谓制动法是指采用叶梢切根后，不仅能通过气流所带来的离心力使叶片转动更大角度，还会使叶片与电机外壳发生摩擦，起到制动涡轮的效果。但由于该种方法对涡轮叶片的强度要求较高，因此，在大批量生产中不可行。

(五)排气孔限速法

排气孔限速法的主要目的是解决涡轮发电机在迫击炮弹、中大口径榴弹及火箭弹电子引信上的通用问题。

按照涡轮发电机的工作原理，其转速与通过涡轮叶片的空气流量有关。在 40 m/s 和 50 m/s 的低风速条件下，排气孔的面积对涡轮发电机转速的影响如图 9－13 所示。

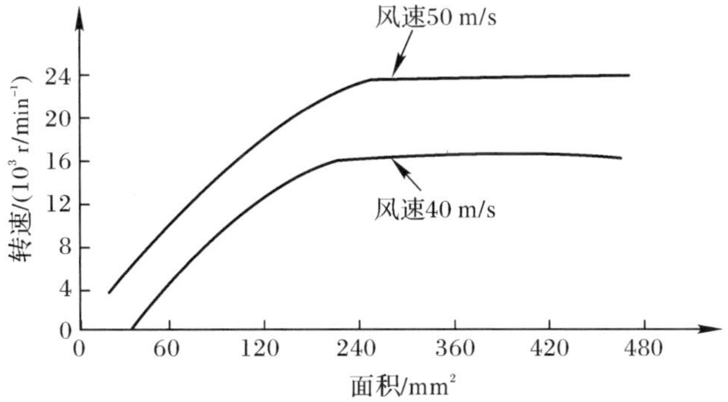

图 9－13　排气孔的面积大小与涡轮发电机转速关系曲线

图 9－13 中的曲线表明，当排气孔的面积超过喉道面积的 3 倍以上时，涡轮发电机转速不会再增大，趋于平缓。但从上升段来说，通过限制排气孔的面积可限制涡轮电机的转速。这说明高风速条件下，通过限制排气孔的面积能限制涡轮发电机的转速，这一点已通过高速吹风试验得到验证。

三、速度识别设计

涡轮发电机的速度识别(速度鉴别)能力是指识别驱动涡轮转轴开始转动时对应的最小弹丸速度(阈值速度或启动速度)的能力。具体来说，在弹丸阈值速度以下，涡轮发电机不发生转动，但在阈值速度以上，涡轮必须启动发电。因此，将涡轮用于引信后，其速度识别能力对保证引信的作用可靠性和勤务处理安全性至关重要。

(一)速度识别的途径

速度识别有两条途径：一是通过涡轮叶片设计和进气口(或进气通道)设计确定转动扭矩，使气流在速度阈值以下不发生转动，但在该速度阈值以上必须使涡轮发生转动；二是通过调整永磁体转子与定子间的吸引力大小来进行速度识别。无论是采用哪种方法，还是综合使用上述两种方法进行速度识别，都必须以保证涡轮发电机在引信使用的电性能和机械性能实现为基本前提。速度识别设计的基本做法是，先在阈值速度下对涡轮叶片和进气口结构进行优化设计，再通过调整转子与定子间的吸引力来保证速度识别。

任何情况下，如果转子和定子之间产生位移，都会在涡轮电机中产生回复扭矩。因此，要使涡轮转动起来，外部施加扭矩的大小必须超过转子与定子间因磁力产生的扭矩(可称为“贮备扭矩”)。

对涡轮发电机而言，在弹丸速度达到或超过阈值速度时，弹丸迎面气流进入涡轮并被压缩，并通过叶片产生大于贮备扭矩的外部扭矩来驱动涡轮轴旋转。贮备扭矩主要由转子与定子磁极的尺寸、方向，转子与定子间的空气间隙大小，转子与定子间的漏磁通道，以及转子的磁化程度等因素决定。因此,对上述参数进行优化设计,改变转子与定子间的吸引力,从而改变启动速度是进行涡轮发电机速度识别的关键。

(二)阈值速度的模拟计算

图 9-14 给出了测量涡轮发电机启动参数的试验装置,其由进气口、气流调节器、储气间、测压计、涡轮电机、频率计、功率计、时基和记录仪等组成。将涡轮发电机安装在图示小室内,进气口与储气间连通,气流大小可以通过气流调节器进行调整。

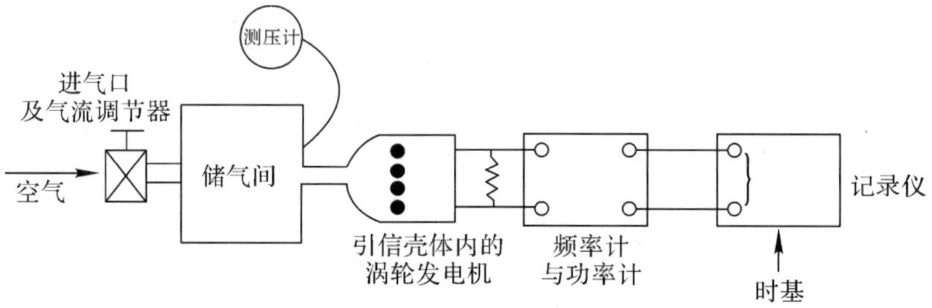

图 9-14 测量涡轮发电机启动参数的试验装置

模拟条件下,流经管口的气流速度与储气间压力间的关系可以用伯努利定律表示:

$$v=\sqrt{\frac{2\Delta p}{\rho}} \tag{9-3}$$

式中:Δp 为储气间的气体压力;ρ 为储气间的空气密度。

测量阈值速度的基本步骤是,逐渐增大储气间的压力直到涡轮轴开始转动,之后用式(9-3)计算得到。

(三)阈值速度与电能输出的关系

图 9-15 给出了不同定子与转轴间隙下的阈值速度与输出电能间的关系曲线。可以看到,其他参数恒定时,如果间隙减小,那么阈值速度增大。将间隙从 6.35 mm 减小到 5.84 mm,涡轮启动的阈值速度将从 10.6 m/s 增大到 27.5 m/s,这主要是间隙减小后转子与定子间的吸引力增大引起的。

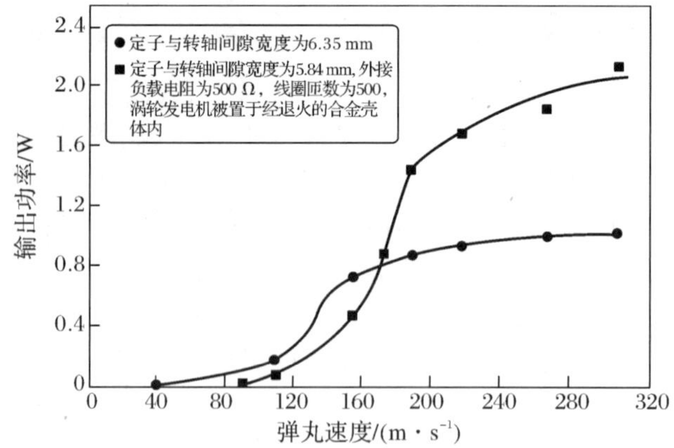

图 9-15 不同定子与转轴间隙下的阈值速度与输出电能间的关系曲线

(四)转子磁化对阈值速度的影响

转子的磁化程度对阈值速度有很大影响。图 9-16 给出了转子的磁化原理示意图,将转子材料置于脉冲磁化器内,在脉冲磁化器上的线圈内充以脉冲电流,那么脉冲磁化器磁极对应转子的部分将被磁化为所需磁极。

转子的磁化程度主要取决于磁化过程中施加在脉冲磁化器电容组上的充电电压。图 9－17 给出了磁化电压对涡轮启动速度的影响，当充电电压从 33 V 增大到 100 V，再增大到 200 V 时，启动速度将对应地从 35 m/s 增大到 46 m/s，再增大到 168 m/s。图 9－17 还表明，获得对应转速的气流速度也将随着充电电压的增大而增大。

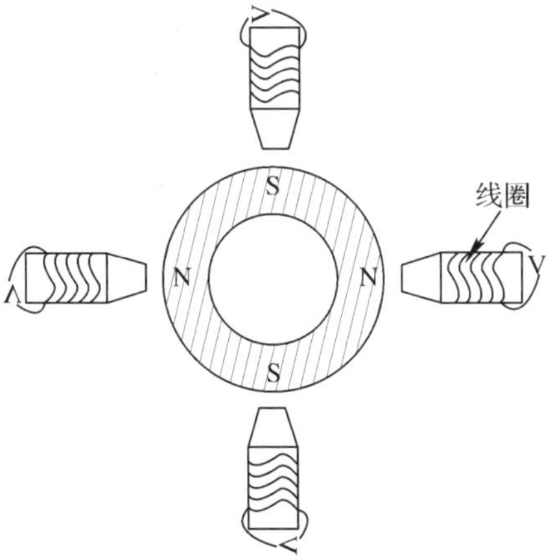

图 9－16　**转子磁化图**

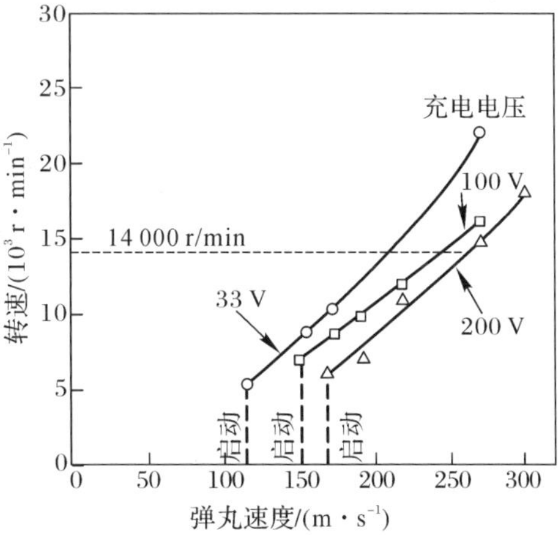

图 9－17　**磁化电压对涡轮启动速度的影响**

四、小型化设计

涡轮发电机的小型化将给其他电子部件提供更多设计空间，也给其在子弹引信中应用提供了更多可能。涡轮发电机的小型化设计可以参照相关低成本引信设计的一些方法。

如果涡轮发电机中的转子和定子各有 2 个磁极，那么其磁路与图 9－3 中用于 60 mm 迫击炮弹引信涡轮发电机的磁路类似，不同的是其中的磁力线由 6 条减少为 2 条。假设定子的高度为 7.62 mm，用铝镍钴材料制成的永磁体转子的高度也是 7.62 mm，则涡轮发电机将在引信内占用一个直径为 19.68 mm、高为 18.67 mm、总体积为 5 462 mm^3 的空间。图 9－18 给出了采用上述尺寸、双磁极结构和铝镍钴永磁体转子时，涡轮发电机输出功率与转速的关系曲线图。可以看到，这个涡轮发电机在 100 000 r/min 的转速下产生的最大电能是 0.8 W，比较适合用于电子时间引信。

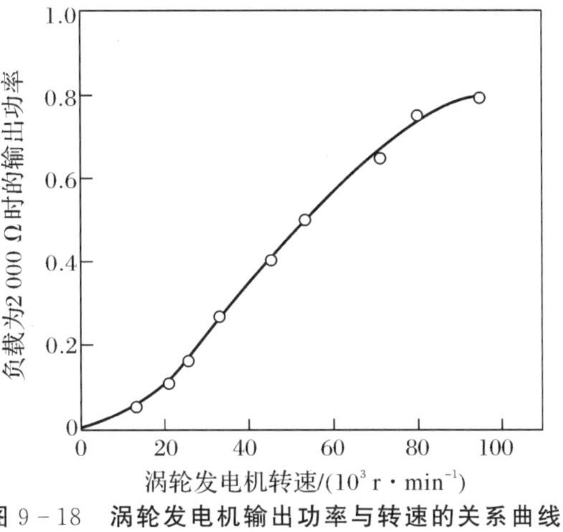

图 9－18　**涡轮发电机输出功率与转速的关系曲线**

如果涡轮发电机的体积为 4 096 mm^3，且转子和定子各有 4 个磁极。其中：转子采用铝镍钴材料制成，直径为 7.62 mm，并从径向将其分为 4 个磁极；定子组件由 2 块装在合金环两端且完全相同的合金圆盘组成，基本尺寸为宽 6 mm×高 6 mm×厚 0.67 mm。装配后的涡轮发电机外径为 18.6 mm，包括涡轮在内的高度为 15.24 mm。相对于 2 磁极设计，这种 4 磁极设计的主要优势在于它的金属底盘可以根据要求冲压而成，适合大批量生产。在采用低成本球形轴承(外表面为压制护圈，内表面为旋转轴)后，输出到匹配载荷中的功率与涡轮转速间的关系如图 9-19 所示。

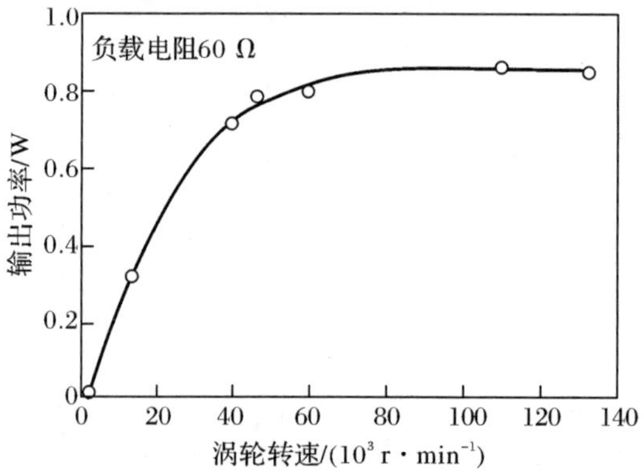

图 9-19　输出功率与涡轮转速关系图

注：转子材料为铝镍钴，总体积为 4 096 mm^3，采用 4 磁极结构

由图 9-19 可以看出，该设计方案输出的最大功率是 0.8 W，与 2 磁极设计方案产生最大功率相同，但其获取该电能的最大涡轮转速仅为 60 000 r/min，远低于 2 磁极设计的 100 000 r/min。

图 9-20 给出了采取 4 磁极设计方案、负载为 30 Ω 时，涡轮发电机输出功率与弹丸速度间的关系曲线。由曲线可以看出，当气流速度达到 55 m/s 时，涡轮发电机输出的最大电能为 0.8 W，可满足多选择引信的电能需求。

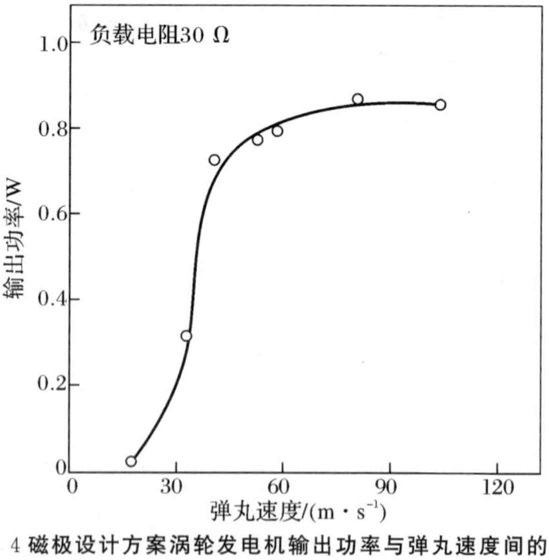

图 9-20　4 磁极设计方案涡轮发电机输出功率与弹丸速度间的关系曲线

五、提高电能输出设计

用铁磁材料钴与稀土材料(如钐或镨)合金制成的永磁体在很多方面具有比铝镍钴材料更好的性能。

永磁体的性能参数包括最大能量积、漏磁、回复磁导率等。其中,最大能量积用来衡量单位体积永磁材料在一定空气气隙下可得到的最大能量输出,该参数可以从永磁材料的退磁曲线上得到。漏磁、回复磁导率则用来表征实际输出与最大能量积的比例。理论上,即使磁路在几何上可以达到最优,实际输出也仅占最大能量积的一部分。这也表明,在形状和体积相同的情况下,永磁体材料的最大能量积越大,涡轮发电机将输出越大的能量。作为铝镍钴系列中最大能量积最大的材料,AlNiCo－8 的最大能量积为 5 MGOe,远远小于钴钐合金($SmCo_5$)的最大能量积 23 MGOe。因此,用钴钐合金替代铝镍钴作为涡轮发电机转子的材料将会获得更大的能量输出。从小型化的角度看,用钴钐合金得到与铝镍钴相同的能量输出,前者的体积要小于后者。

另外,铝镍钴比钴钐合金更容易发生退磁化。$SmCo_5$ 在外界磁场高达 18 kOe 时,也不会轻易发生退磁化。如果将完全相同的 $SmCo_5$ 和 AlNiCo－8 放入螺线管中进行退磁化,那么前者需要更高的电流。而如果将 $SmCo_5$ 放入能够使 AlNiCo－8 发生退磁化的所需最小电流的螺线管中,那么 $SmCo_5$ 的退磁化不会明显降到其最大值以下(剩磁)。

在涡轮发电机的应用背景下,由定子线圈输出到载荷中的电流也可以使永磁体转子产生退磁化,因此,要从涡轮发电机中获得更大电流,用 $SmCo_5$ 替代 AlNiCo－8 就显得更为必要。

研究表明,用钴稀土材料取代铝镍钴材料作为永磁体后,还可利用钴稀土材料与铝镍钴材料在漏磁特性方面的区别,通过再设计进一步提高涡轮发电机的性能。

图 9－21 给出了两个涡轮发电机的输出功率与转速间的关系曲线。其中,一个采用烧结的 AlNiCo－2 材料作为转子材料,另外一个采用钐钴合金,两者具有相同尺寸。采用 AlNiCo－2 作为永磁体材料时,输出功率随转速增大而增大;在转速达到 80 000 r/min 后,转速增大对输出功率几乎没有影响,输出功率停留在 6 W。当采用钐钴合金作为磁芯材料时,输出功率与转速呈线性关系。图中曲线表明,当转速为 25 000 r/min 时,两者的输出功率分别是 11.2 W 和 3.5 W。然而,输出功率增大是通过消耗更大的机械能量实现的。采用钐钴合金永磁体后,涡轮发电机需要的启动速度为 146 m/s,而 AlNiCo－2 转子所需的启动速度仅为 25 m/s。

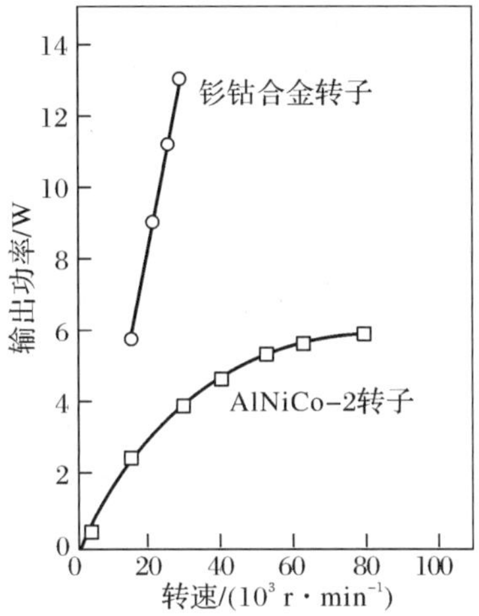

图 9－21　相同尺寸下钐钴合金与 AlNiCo－2 转子的输出功率与转速间的关系曲线

图 9－22 中给出了两个直径为 7.62 mm 的小尺寸 2 磁极涡轮发电机的输出功率曲线，其转子材料分别是钐钴合金和 AlNiCo－2，对应的最大输出功率分别是 4.1 W 和 0.8 W。

总之，采用钐钴合金取代 AlNiCo－2 作为涡轮电机的永磁体材料：一方面，可以在指定转速下获得更大的输出电能；另一方面，则要求这个速度能够克服更大的扭矩，或者说需要更大的启动速度。

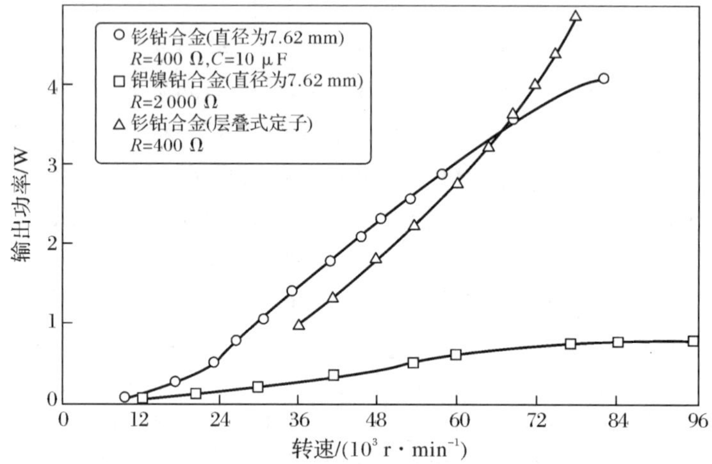

图 9－22　小尺寸钐钴合金与 AlNiCo－2 转子的输出功率曲线

图 9－22 还给出了另外一个涡轮发电机的输出功率与转速关系曲线，该涡轮发电机由 2 磁极钐钴合金转子和层叠式 2 磁极定子组成。可以看出，同样采取 2 磁极钐钴合金作为转子材料的情况下，输出功率曲线是有差异的。转速在 70 000 r/min 以下时，没有采用叠层式 2 磁极定子的涡轮发电机的输出功率要大于采用叠层式 2 磁极定子的涡轮电机，但在转速大于70 000 r/min 后，叠层式定子结构的涡轮发电机输出功率更大。在 78 000 r/min 转速下，叠层式定子结构的涡轮电机的输出功率为 4.8 W，没有采用叠层式定子结构的输出功率则为 4.0 W。

在载荷为 400 Ω、功率需求为 4 W 时，是否采用叠层式定子结构没有太大区别。当载荷为 100 Ω 时，叠层式定子结构的涡轮发电机在 60 000 r/min 转速下可以输出 7 W 功率。然而，在满足引信电路工作需求的前提下，非层叠式结构的经济性更好。

六、负载匹配与功率需求设计

图 9－23 给出了不同电阻负载下，模拟气流速度与输出功率的关系曲线。采用 30 号导线缠绕 600 圈时，气流速度为 107 m/s，如需满足输出功率要求，那么匹配的负载为 1 000 Ω[见图 9－23(a)]。如果选用 36 号导线，缠绕 2 100 匝，那么匹配负载在 1 000～2 000 Ω[见图 9－23(b)]。需要指出，无论选取哪种线圈，当气流速度为 107 m/s 时，输出到匹配载荷的功率都是 11.5 W。

图 9－23(a)还表明，在线圈一定时，输出功率与气流速度间的关系取决于载荷的阻抗。对 1 000 Ω 的匹配载荷来说，输出功率气流在速度小于 104 m/s 时与气流速度呈线性关系，当汽流速度大于 104 m/s 时，输出功率将恒定不变。如果将载荷电阻降为 400 Ω，输出功率与气流速度虽呈线性关系，但其斜率为负。在更低的载荷电阻(200 Ω 和 100 Ω)下，输出功率与气流速度无关。因此，合理选择载荷及线圈阻抗将使涡轮发电机具有恒定的输出功率。

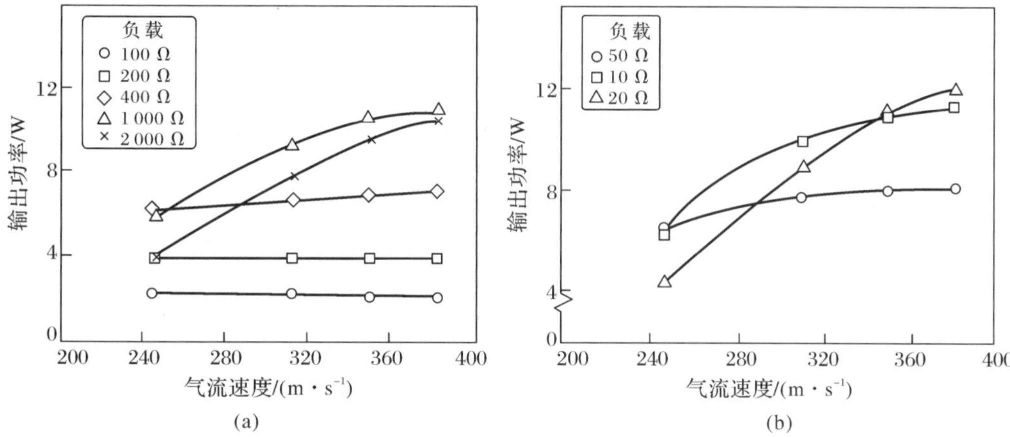

图 9-23　电载荷与线圈对输出功率的影响

(a)30 号线，线圈匝数为 600；(b)36 号线，线圈匝数为 2 100

七、耐高过载设计

耐高过载设计主要涉及涡轮、转子、定子(或电枢)等结构部件，目的是防止涡轮发电机组件的结构在弹丸发射时较大的后坐力和离心力作用下发生破坏，影响涡轮发电机的工作可靠性及其后续供电功能、性能。

(一)涡轮耐高过载设计方法

涡轮耐高过载设计方法有两种。

第一种方法是在原塑料涡轮的底部镶嵌金属件，增加其抗冲击强度，涡轮叶片仍为尼龙材料，如图 9-24 所示。理论研究及多次马歇特 23 齿锤击试验证明，该涡轮能满足强度方面的应用要求。

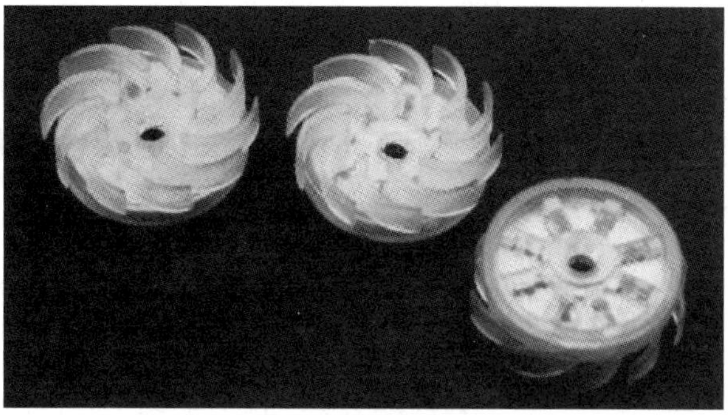

图 9-24　镶有金属件的涡轮

吹风试验表明，该种涡轮可使涡轮电机的转速降低 30%左右，有利于涡轮发电机在 800～3 000 m/s 风速范围内正常工作。同时，该方案还不降低涡轮发电机的低速阈值，对通用于迫弹、火箭弹引信有利。

弹丸在超声速飞行时，引信表面会产生高温。该高温由于在射流吹风模拟装置上无法模拟，必须通过遥测试验来验证高温对涡轮的影响程度。

第二种方法是采用铝材等轻质高强度金属作为涡轮的制作材料。选用金属材料完全可满足耐高过载冲击及耐高温的要求，但失去了利用塑料涡轮(尼龙材料)的叶梢切根伸张限速的功能。

采用铝材涡轮，还需进一步通过理论估算和相应的模拟试验，以确定高、低速均能满足要求的进、排气孔的具体结构及尺寸。

(二)转子结构耐高过载设计方法

耐高过载转子由轴杆、环形磁体和连接材料组成,提高其耐高过载的设计方法有四种。一是增大环形磁体的下端锥形体底直径,减轻磁体质量,这有利于转子的低速启动。二是塑封后增加连接材料对磁体的托力。试验表明,采取塑封后托力增加了 1/3。三是改变轴杆的加工工艺,提高轴杆的同轴度。四是改进塑封模具,解决因环形磁体内、外圆不同心而造成的转子质心不在轴线上的问题。这样可有效解决转子在高转速时对轴承的损伤。

(三)定子(或电枢)耐高过载设计方法

在外形尺寸相同的情况下,可通过以下方法提高定子(或电枢)的耐高过载性能。一是将外筒、后盖由尼龙材料改为强度更高的质量较轻的铝;二是外筒上的上轴承由内装式改为外装式;三是发电机的引出线与线圈的连接采用耐高冲击的直线式磁发电机的连接形式;四是改进线圈骨架上的导磁片安装槽,以利于导磁片在骨架上的固定,确保高冲击时涡轮发电机的磁气隙不发生变化,同时也利于减小低速启动的时间散布;五是加高外筒及后盖上轴承座尺寸,对安装好的轴承进行环铆,以防涡轮发电机在转动时上、下轴承前移而影响涡轮发电机的转动。

八、试验验证

为验证上述设计的可行性,并重点考核涡轮发电机的环境适应能力,分别在迫击炮弹多选择引信和炮弹电子时间引信上进行了试验。

(一)迫击炮弹多选择引信试验

从零号装药到 4 号装药,对用于多选择迫弹引信的涡轮发电机进行了成功的射击试验。试验中最大后坐力达到 10 000 g,在所有射击试验中,涡轮发电机都完成了预定的机械和供电任务。位于引信中的涡轮发电机满足了所有标准的要求。

(二)炮弹电子时间引信试验

为验证涡轮发电机的强度,基于炮弹电子时间引信平台对小体积的 2 磁极涡轮发电机进行了试验。涡轮发电机采用了速度调节手段和适用炮弹发射环境的强度设计方法。涡轮机构中,合金定子坐在铝底盘上,通过缓冲提高耐过载能力。由于铝不具有导磁能力,所以转子内流出的磁力线分布于设计的磁路相通,不会被干扰。

涡轮轴装配于两个球形轴承之间,其中一个轴承安装在前部平面,另一个在后部。涡轮轴的后部采用扩孔翻边工艺,内装一个坐在后部的铝盘上的小型硬化钢球。该钢球的主要作用是保护球形轴承,并保证轴的旋转。线圈被置于槽中,防止线圈运动,保证线圈在后坐力作用下和飞行过程中不会断裂。这种设计特征足以保证涡轮发电机的强度。空气炮试验结果表明,采用上述设计和结构的涡轮发电机的强度基本满足要求。

(1)限速特征验证试验。用于炮弹电子时间引信的涡轮发电机与用于迫击炮弹多选择引信的涡轮发电机类似。该涡轮发电机在弹丸速度较低时非常有效,并含有底部被切削的叶片。这就使得在弹丸速度较高时,叶片转动更大角度,并降低涡轮的旋转速度。迫击炮弹的最大速度是 244～305 m/s,而炮弹的速度则达到了 1 015 m/s,因此,减低涡轮转速,从而保证轴承寿命是十分必要的。出于这个目的,在涡轮上安装一个有 5 爪金属盘,减少冲击涡轮叶片的气流流量。进气口处的文丘里管也可以减少空气流量,并对限速起到辅助作用。同时采用这两种方法,对高速区内限制涡轮转速非常有效,而且在弹道顶点处空气较为稀薄时也不会影响涡轮发电机的性能。

为达到质量更轻、强度更好的目的，减小了永磁体材料的体积，在应用于负载电阻为 2 000 Ω 的引信中时，2 磁极涡轮发电机的输出功率为 0.7 W，足以满足炮弹电子时间引信的工作需求。

(2)靶场试验结果。在试验室内利用空气炮进行强度试验(试验条件：最大后坐力为 17 000 g，转速为 3 000 r/s)后，用 75 mm 榴弹炮对涡轮发电机的性能进行了靶场试验。

为采集足够的飞行数据以验证涡轮发电机的强度，在 15°的仰角对 75 mm 榴弹炮进行射击试验，在弹丸飞行时间为 15～18 s、后坐力为 17 000 g、转速为 15 000 r/min 的条件下，监测经过调理的涡轮发电机的输出电压。试验采取了一种特殊的测试系统，该系统有一个可在射击前随时激活的镍-钙系列可充电电池。图 9-25 给出了通过试验收集到的编号分别为 2、9 和 10 的 3 个涡轮发电机在飞行过程中的输出数据。图中的曲线表明了涡轮发电机的标准输出电压与飞行时间的关系。可以看到，最大输出电压出现在弹丸发射后 0.2 s，与在弹丸出炮口时达到最大值的预期相符。在后期的飞行过程中，输出电压基本保持平稳，是最大输出值的 80%～85%。图 9-25 表明在中间弹道飞行中，涡轮发电机的输出电压减小，这可能是受发射直线过载影响，涡轮变形引起摩擦力增大造成的。试验结果表明，后坐过程中，轴支撑系统能够保证球形轴承不发生损坏，而且在炮口速度为 381 m/s 时，速度调节方法非常有效。

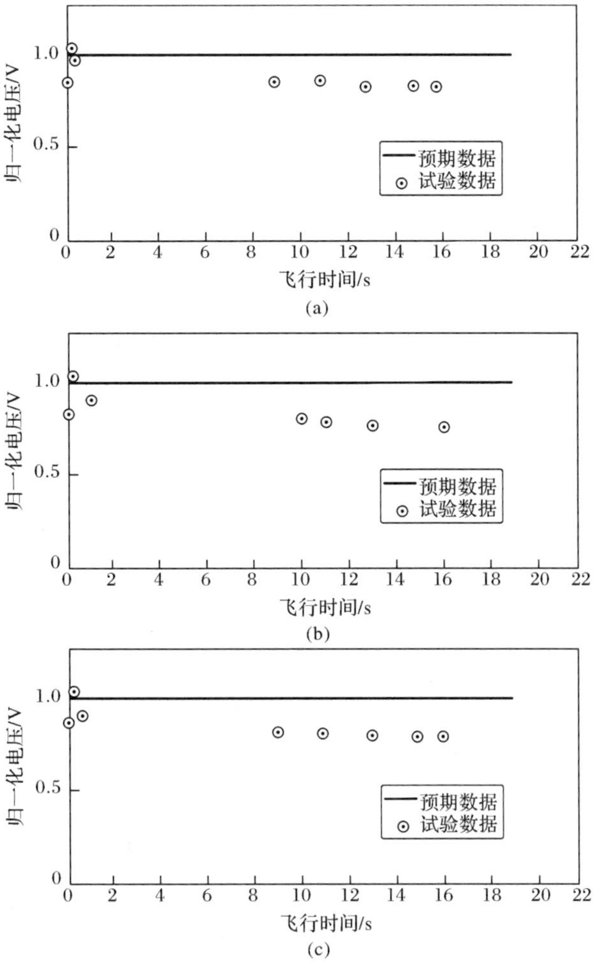

图 9-25　炮弹飞行过程中监测到的涡轮发电机输出数据

(a)2 号；(b)9 号；(c)10 号

第十章　压电电源

第一节　概　　述

自1880年J.居里和P.居里发现压电效应以来，压电学已成为现代科学与技术的一个重要领域。压电材料在外力作用下所产生的电能可被直接用来制作电子打火机、煤气点火器等，但将这部分电荷收集、储存起来用作驱动微功率电器电源的研究近年来才刚刚开始。早期压电发电技术没有引起足够重视的原因是以往压电材料的机电转换效率较低、发电量很小，而电子器件的功耗相对较大。随着物理学、材料科学、微电子、微/纳米加工制备等技术的发展，以及高压电、高介电性能的新型压电陶瓷材料的开发，使压电材料的机-电能量转换能力大幅提高，为压电发电技术的实际应用提供了保障。因此，有关压电发电与能量转换/存储技术的研究越来越受到关注。截至目前，压电材料在运动及健康监测、公共场所供电等民用领域应用广泛。

在弹药上，压电电源最早用在破甲弹引信上，近年来被用在攻坚弹计层数引信中。压电电源是一种典型的基于材料压电效应工作的机-电转换型电源。它的功能有以下两个：一是目标感知。碰击目标时，将目标的反作用力或引信部件受到的前冲力通过压电材料转换为脉冲信号，感知目标的存在以及地下工事的层数。二是用作电源。大多数情况下，是将目标的反作用力或引信部件受到的前冲力转换为起爆引信传爆序列首发元件——电雷管的激发能量。由于机电转换时间短、瞬发度高，且压电元件可与执行元件分离，可实现弹头压电弹底起爆，因此，广泛用于破甲弹。同时，由于碰击目标时的过载极大，量级远大于发射前可能遇到的常规冲击、振动及大落高下遇到的冲击，对保证弹药勤务处理安全非常有利。另外，将其产生的电能储存到压电材料本身或电容器中，还可作为补充电源或辅助电源使用。

压电电源电能的产生依赖于瞬时的机械能，且普通电容器放电速度很快，因此，该类电源不能像贮备电源、涡轮发电机等弹载电源一样，持续为弹载电部件或电子部件供电。近年来，针对化学电池储存寿命较短、受工作环境（特别是低温）影响大、基于气动力工作的物理电源密封性要求高、弹道顶点不工作，以及空气稀薄地区工作不可靠等问题，随着弹载电子部件的微功耗技术的发展，国内外学者在提高发电量、提高机械能收集效率和机电转换效率方面做了大量的研究工作，提出了多种具有自维持特性的弹载压电电源。

鉴于传统压电电源的原理、结构、设计比较简单，且在前述章节中有涉及，故本章主要讨论自维持弹载压电电源。

第二节　压电电源相关技术的发展

压电电源技术涉及压电材料、压电发电结构、能量存储和转换，以及相关应用技术等多个方面。

一、压电材料

20 世纪 40 年代，压电材料的应用仅局限于石英和电气石等一些单晶材料。1942—1945 年，美国的韦纳等、苏联的伍尔和戈德曼、日本的小川分别发现多晶材料钛酸钡($BaTiO_3$)具有异常高的介电常数。1947 年，美国的 Roberts 对 $BaTiO_3$ 陶瓷施加一定的直流偏压场，发现 $BaTiO_3$ 在一定直流偏压下具有压电效应，并且这种效应在撤去电场后仍能保存下来。应该说，$BaTiO_3$ 陶瓷的发现是压电陶瓷材料的一个飞跃，使得多晶材料得到发展。1954 年美国的 B. 贾菲等发现了压电 $PbZrO_3-PbTiO_3$(PZT)固溶体系统。PZT 压电陶瓷具有 $BaTiO_3$ 压电陶瓷不可媲美的压电性，机电耦合系数、机械品质因数比 $BaTiO_3$ 大，且温度稳定性和时间稳定性比 $BaTiO_3$ 好。经过改性以后，其压电性能还能提高。PZT 系压电陶瓷的出现大大扩展了压电陶瓷的应用领域，并且之后又以其为基础派生出一系列新的压电陶瓷材料。1965 年，日本松下电气公司的科研人员在二元系 PZT 组成中加入铌镁酸铅[$Pb(Mg_{1/3}Nb_{2/3})O_3$]后，试制成了三元系压电陶瓷 PCM(松下电器公司商品名称)。这种三元系压电陶瓷材料比 PZT 陶瓷更易于烧结，而 PbO 挥发极少，其相界由 PZT 的点扩展为线，因而其可供选择的组成范围更广，比 PZT 的性能更为优越。之后，陆续出现了以 $Pb(Mg_{1/3}Sb_{2/3})O_3$、$Pb(Co_{1/3}Nb_{2/3})O_3$ 等不同复合钙钛矿型化合物为第三成分及第四成分的三元系、四元系压电陶瓷材料。20 世纪 70 年代，以聚偏氟乙烯(PVDF)为代表的高分子压电材料迅速发展。其化学性能稳定、重量轻、柔顺性好、声阻抗易匹配，但其压电常数和耦合系数较小，工作范围窄。1972 年，日本的北山一中村试制了 PVDF-$BaTiO_3$ 的柔性复合材料，开创了压电复合材料的先河。1978 年，美国宾夕法尼亚州州立大学材料试验室的 R. E. Newnham 首次提出了压电复合材料的概念。80 年代至今，许国国家相继开展了压电复合材料的研究工作，如澳大利亚的 Helen L. W. Chan、日本的 Hiroshi Takeuchi、意大利的 H. Zewdie 和 Montero de Espinosa 等。

我国对压电陶瓷材料的研究始于 20 世纪 50 年代末期，经过几十年的努力，压电陶瓷材料有了很大发展。1966—1969 年，我国压电与声光技术研究所张福学、刘一声等在二元系 PZT 的基础上，研制成了三元系压电陶瓷 PMS。后来，以不同化合物为第三成分及第四成分的三元系、四元系压电陶瓷材料陆续出现。80 年代，我国的研究工作者开始了对压电复合陶瓷材料的研究。中国科学院声学所的庄永缪等研制出了用于制作宽带换能器的 3-3 型压电复合材料；南京大学的水永安等参与制作了 1-3 型复合材料的理论研究工作；中国科学院声学所的耿学仓等研制出了 1-3 型和 2-2 型复合材料；北京信息工程学院张福学、王丽坤和李邓化等进行了压电复合材料及其换能器的研究，制备出了 0-3 型、1-3 型压电复合材料和换能器；哈尔滨材料工艺研究所的王彪等还从细观力学角度对 0-3 型压电复合材料宏观性能与微观结构的关系进行了初步研究。

二、压电发电结构

压电陶瓷自身的压电发电能力有限，故在实际应用中需要通过设计一些机构来实现较大的输出电压或输出电流。目前，最常用的结构包括压电陶瓷叠堆、压电悬臂梁及压电圆薄板三种。压电陶瓷叠堆主要用于收集冲击载荷能量，如图 10－1 所示，将各类参数完全相同的压电陶瓷片通过电气上并联或串联的方式连接在一起组合而成，属于 3－3 型压电发电结构。其中，多层并联压电叠堆可以获得更大的电流，而串联压电叠堆则能获得更大的电压。

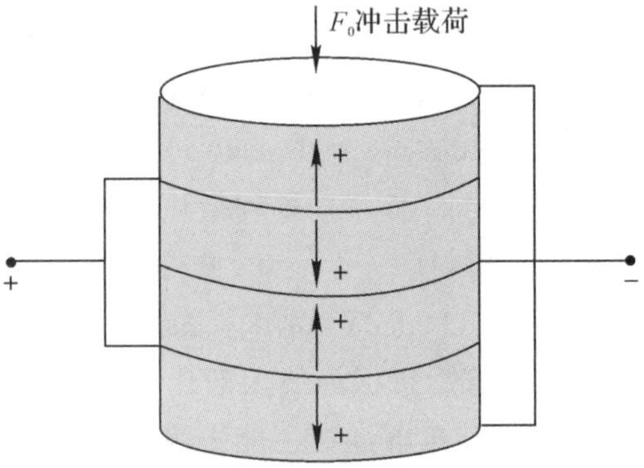

图 10－1　压电陶瓷叠堆结构示意图

图 10－2 的压电悬臂梁和压电圆薄板都属于 1－3 型压电发电结构，工作时压电悬臂梁一端固定，利用自由端的弯曲振动实现机械能向电能的转换。压电圆薄板周边固定，通过圆板面的弯曲振动输出持续的电能。虽然 3－3 型压电发电结构的压电常数 d_{33} 大约是 1－3 型结构压电常数 d_{13} 的 2 倍，但是电能的获得由陶瓷材料内部应变能转换而来，只有较高的压电系数，没有较大的应变输入，也难以激发较多的电荷。外部激励作用在 1－3 型压电结构上，可产生较大的挠度，增加压电层产生的机械变形量，同样能够表现出较高的输出电能。

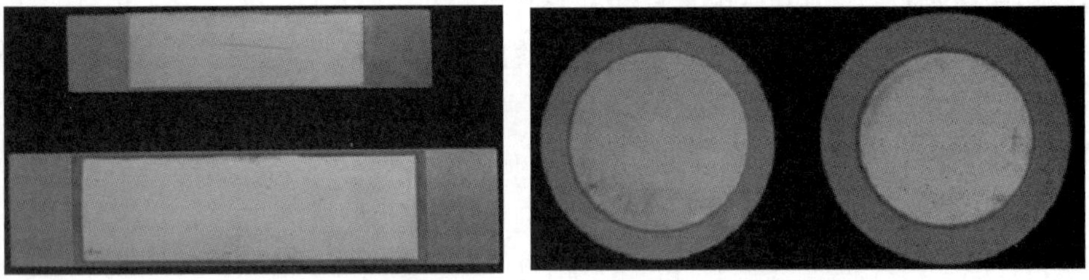

(a)　　　　(b)

图 10－2　压电发电结构

(a)压电悬臂梁；(b)压电圆薄板

20 世纪 80 年代开始，国内外学者通过压电结构的改进设计进一步提高机电转换效率，在这种需求下便产生了压电陶瓷-金属复合结构。这种新型压电陶瓷-金属复合结构较为简单，却集合了 3－3 型、3－1 型两种压电结构的压电特性，很大程度地增强了自身的发电能力，并降低了换能器系统的体积和质量。20 世纪 80 年代末，美国宾夕法尼亚州立大学材料研究试验室研制出一种微型的 V 形弯张换能器，结构如图 10－3(a)所示。该结构由 2 个金属端帽分别用导电胶黏接在圆形压电陶瓷盘(厚度方向极化)两个端面上制成。端帽内表面加工有新月形空腔，因而取名“Moonie”。Moonie 可将压电陶瓷较小的径向位移转化为金属端帽大的轴向位移,大大提高了输出功率。1997 年,Dogan Aydin 等发现 Moonie 换能器的黏接层会出现应力集中。这将导致机械能损耗,由此提出了在应力集中区正上方开槽,去除部分端帽材料而消除,并研制出改进型 Grooved Moonie 结构,如图 10－3(b)所示。为改变开槽后应力集中不能完全消除,以及应力在小区域内更加集中的现象,Newnham 教授在前人的基础上,提出钹型换能器(cymbal)压电换能结构,其基本结构形式如图 10－3(c)所示。钹形压电结构采用端帽弯曲与旋转相结合的复合运动位移机制,减小了换能器黏接边缘的应力,而且大大提高了压电陶瓷片的径向振动转化为端帽轴向振动位移的比率,提高了压电结构的机电转换效率。

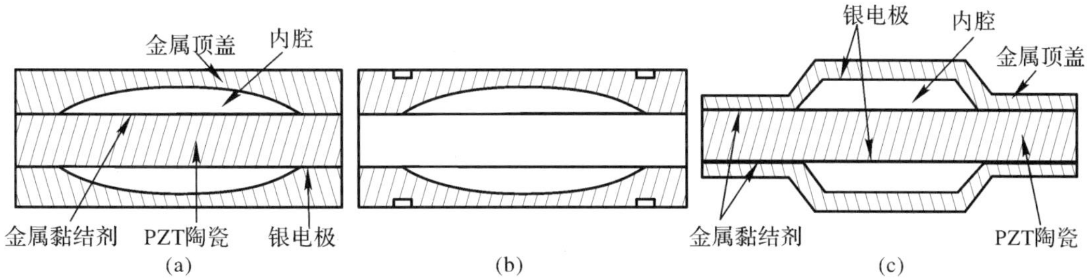

图 10－3　钹式复合压电结构的发展

(a)Moonie 结构;(b)Grooved Moonie 结构;(c)Cymbal 结构

之后,国内外学者针对各自的应用需求,提出了钹形换能器的改进结构。1999 年,张敬东为了克服标准钹形换能器耐压能力低的缺点,提出了一种凹钹形换能器,并通过试验证明了该结构对提高耐压能力的有效性。2004 年,Jenne Kirk 提出了一种可调谐振频率双头螺柱钹形换能器,即在标准钹形换能器的两金属端帽上各焊接一螺柱,螺柱具有调节换能器谐振频率的作用。同年,浙江大学柯映林教授等采用在标准钹形换能器金属端帽上开槽的方法,进一步减小端帽边缘应力分布,大大提高了该换能器的变形及能量转换系数。2005 年,赵兴中等设计了一种空心钹形换能器,提高了钹形换能器中陶瓷圆盘在收缩过程中产生的力度和范围。2006 年,Sun C. L. 提出了鼓形压电换能器,其压电陶瓷圆盘的直径与厚度比很大,在其厚度方向加激励电压,会产生较大的径向位移,从而导致复合圆盘发生很大的轴向变形。以上改进结构解决了提高换能器强度、扩大能量频率收集范围、减小迟滞效应和增大径向位移等关键技术问题,进一步提高了压电换能器单体的机电转换效率,使压电发电技术作为一种新型的有效供电方式迈进了一大步,但是还需要进一步优化结构参数,以最大限度地提高压电电源的发电性能。

三、能量存储和转换技术

虽然压电发电能量存储和转换技术对提高发电效率很重要,但研究起步较晚。1996 年,荷兰的 ThadStarner 等利用压电陶瓷收集的运动能量驱动笔记本电脑,开创了压电发电与能量存储技术研究的先河。1997 年,日本新潟工艺大学科学家 Umeda 测试了以电容为储存媒介的压电能量储存方法。压电式自供能测试装置由一个简支梁式压电换能元件和一钢球组成,外储存电路由整流桥与电容组成。测试发现压电振子输出电荷量随外界储存电容值的增加而增加。2001 年,英国剑桥大学材料学家 Elvin 优化了电容储能电路,并加入了控制电路。利用 PVDF 建立了简单传感装置,当梁弯曲变形时,产生的电量通过整流桥储存入电容,当电容电压达到预期值 1.1 V 时,控制电路导通,电容放电驱动传感器。电容放电至 0.8 V 以下时,控制电路关闭,电容再次进入充电状态。2002 年,美国智能材料研究中心科学家 Sodano 将压电陶瓷板弯曲变形产生的电量以电容、电池两种方式储存。当外界激励接近压电发电振子固有频率时,压电换能元件输出功率达到最大值 2 mW。2002 年,美国宾夕法尼亚大学科学家 Ottman 改进了压电储能电路,使压电换能元件发出电量达到最优值,并储存入化学电池中。该压电储能电路包括 DC－DC 降压转换器、同步波形校正器、电容器和化学能电池。储能电路中附加适时控制电路,变换 DC－DC 降压转换器的开关频率,以保证流入电池的电量达到最优。同样是宾夕法尼亚大学的科学家 Hofmann 进一步优化了电路执行部分,增大压电自供能装置能量输出。将电路中的控制部分迁回至开端,并利用脉冲充电电路,产生连续占空因数。试验表明,通过此电路,在共振情况下压电换能元件产生开路电压为 70 V,电路转化效率达 70%。

国内方面,江苏大学的王强利用超级电容器,以 Max1678 为核心的 DC－DC 电压转换电路和以 Max1811 核心的电源管理电路来收集和存储压电材料产生的电量。吉林大学的曾平、程光明等则采用镍氢电池来储存压电陶瓷材料产生的电能。研究发现,通过一个低频脉冲信号激振单晶片压电振子,能使压电振子发出的电量在 2 h 内使一个 15 mA·h 的电池充满电、80 mA·h 的电池在 7 h 内充满电。

四、压电发电应用技术

(一)冲击能量收集技术

冲击能量收集技术研究中,“压电发电鞋”和弹载压电电源受关注程度较高。其中,关于“压电发电鞋”的报道最多,其原理是将含有压电材料的装置植入鞋底,通过收集脚对鞋底的周期性冲击使压电陶瓷变形而产生电荷。由于人的行走具有一定持续性,因此,用“压电发电鞋”为微电子设备持续提供电能在技术上易于实现。典型的冲击收集研究成果是 2001 年 Shenck 等研究的置于鞋跟的步行能量收集系统,获得了 8.3 mW 的输出功率。

弹载电源方面,除在撞击式压电引信中的早期应用之外,将其用来为弹载电部件或电子部件供电却是近些年的事情。1996 年,Segal 等提出了可用于给炮弹引信全程供电的多层压电电源,并对其在炮弹引信中的应用进行了试验研究。随后关于引信压电电源的研究逐步展开并不断深入。1999 年,Oberlin 在其发明专利中提出了一种利用弹丸发射时产生的后坐力作用在多层压电叠堆上来发电的压电式电源(见图 10－4)。它可用于给引信低功耗处理电路和起爆电路供电。2002 年,Keawboonchuay C. 对压电换能器进行了计算机仿真研究和重物跌落试验、弹丸发射冲击试验研究。弹丸发射冲击试验得到了 58.2 A 的峰值电流、28.4 W 的峰值功率和 517 kW/cm^3 的峰值功率密度。

国内研究则侧重于对多层压电电源发电过程的分析和冲击试验研究。其中,2003 年北京理工大学刘飘楚在其博士论文中研究了压电能量激活引信携带的电源问题,同年南京理工大学机械学院赖百坛教授与其学生李豪杰、李映平等论证了利用冲击能量快速激活引信的可行性方案,并在开展能量与效率分析的基础上,于 2006 年针对 37 mm 高炮冲击压电性能进行了可行性分析和试验。总的来说,目前用于收集冲击能的压电电源的研究,都是基于 3－3 型压电叠堆结构开展的,没有结合引信工作环境对压电结构进行专门设计且主要集中在瞬时激活的冲击电能等方面,将能量延长至整个弹道的研究尚处于考虑和分析论证之中。

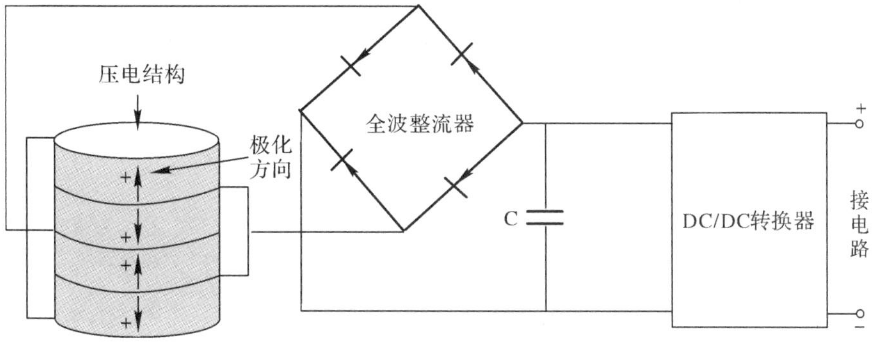

图 10-4 冲击式压电电源

(二)收集振动能量的压电发电技术研究

振动能量具有持续性,可连续供给机械能,使得压电发电结构和收集电路拥有足够长的时间进行能量转换和收集存储。因此,基于振动能量收集的压电发电技术已经比较成熟。其典型应用是利用工作环境中存在的风力、波浪等周期性载荷作用在压电结构上,不断将机械能转化成电能,并为无线遥控的微机电系统供电。

例如,美国得克萨斯州大学的沙善克·普里亚发明了一种可以为无线网络供电的袖珍风车,当风车凸轮旋转时可使一系列压电晶体不断伸缩。压电材料被挤压或伸展时便会产生电能。时速为 16 km 的微风便可以产生 7.5 mW 的持续电能。2003 年,NEC TOKIN 与日本 Heardea 联合开发出采用压电发电装置的新型道路标识。该标识是直径为 13.5 cm 的圆形结构,外围有受风的羽状物,内部配置了压电转换结构和钢球以及 6 个 LED。将其安装在交通量大的公路隧道内,可利用汽车驶过时产生的气流使标识旋转。美国新泽西州普林斯顿海洋动力技术公司的乔治·泰勒领导的科研小组已试制出 1～10 kW 的小型试验性海浪压电发电系统。该发电系统是把压电聚合物安装在海上的浮体和海底的锚之间的锚链内,当浮体随海浪上下浮动时,压电聚合物在浮体和锚之间被拉伸或放松,然后将产生的低频高压电通过一些电子元件变成为高压电流通过水下电缆送到岸上。

MIT 的 Rajendra K. sood,以及 Kim Sang. gook 等采用 MEMS 技术成功制备出压电能量采集器,其原形结构通过悬臂梁的振动,拾取悬臂梁上 PZT 膜的应力应变产生的电荷,其中悬臂梁的长、宽在 300 μm 范围内,结构在 13.7 kHz 的一阶共振频率下、尖端位移约 3 μm 时,可以输出 1 μW 的电能,峰值电压达 2.36 V。美国佐治亚理工学院王中林的工作小组成功地在纳米尺度范围内利用 ZnO_2 纳米线研制出纳米发电机。ZnO_2 同时具有半导体性能和压电效应,导致弯曲纳米线的内外表面产生极化电荷。他们用导电原子力显微镜的探针弯曲 ZnO_2 纳米线,输入机械能,再利用其半导体性质将纳米线的压电特性耦合起来,从而将电能储存在纳米线内,再利用导电探针接通这一电源,从而实现了纳米尺度的发电功能,为开发自发电的纳米器件奠定了较好的物理基础。

应用振动式压电发电技术为弹药引信供电的研究报道极少,美国的 Rastegar 提出了炮弹引信用的一种振动压电发电方案,并申请了专利。如图 10-5 所示,该方案是在炮弹头部开口,使得高速空气喷入时形成涡流,引起弹头内部的压电片振动而发电。南京理工大学的杨亦春等将压电片贴于弹丸头部,当弹丸超声速飞行时,在弹丸头部产生的激波引起压电片振动而生电,交变电流经整流后稳压,供给引信工作电路。南京理工大学的李映平在其博士论文中提出一种引信用激振式压电发电机，并对其进行了原理性验证试验研究。与涡轮发电机相同，振动式压电发电方案的应用需要改变弹丸头部形状和引信结构，在一定程度上破坏了弹药的飞行动力学特性。

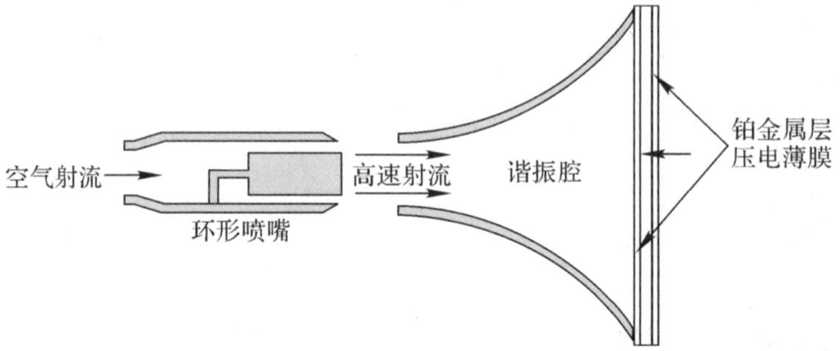

图 10－5　振动式压电发电机示意图

第三节　自维持压电电源技术

具有持续供电能力的自维持压电电源技术涉及压电材料、压电发电结构、能量存储和转换，以及相关应用技术等多个方面。

一、自维持压电电源结构设计

自维持压电电源由自维持压电结构（发电单元）与电源控制电路构成。自维持压电电源中的发电单元有钹式压电结构、压电圆薄板结构、压电悬臂梁结构，以及压电复合结构几种形式。它们皆利用质量块-弹簧组件将类似弹丸发射环境中的冲击能量转换为弹簧形变势能，致使质量块产生自由振动而不断对压电结构施加周期性载荷，压电结构便在此重复载荷下产生持续的交流电输出，然后利用电源控制电路经过整流和滤波处理后进行存储或直接为引信工作电路进行供电。各类自维持压电发电结构都主要由质量块-弹簧组件、压电结构以及外壳构成，但是各自内部的压电结构不同，整体结构形式上亦相应存在着差异。

（一）自维持钹式压电结构设计

如图 10－6 所示，自维持钹式发电结构主要由保护外壳、钹式压电阵列结构，以及质量块-弹簧组件等构成。

图 10－6 中，质量块-弹簧组件的弹簧末端穿过压电结构附着在外壳底座上，压电结构定位在弹簧末端和外壳底座之间，整个发电结构则附着在基础构件上（如弹药引信底部）。

（1）外壳设计。外壳相当于一个支撑结构，将质量块-弹簧组件与压电结构部分（钹式压电阵列）全部包裹在内。外壳完全封闭，钹式压电阵列通过环氧树脂黏接剂固定在外壳的上下底部，并在底部中心处留一小孔供导线引出使用。外壳内壁需紧贴弹簧外壁，以防止在引信非工作期间内部部件出现径向松动现象。外壳高度应小于内部部件高度总和，目的是压缩弹簧产生预压应力载荷以防止平时内部部件出现轴向松动现象，同时也给压电元件提供预压载荷，以避免压电结构产生过大的拉伸应力（因为压电陶瓷较为脆弱，所以受到拉伸载荷时易损坏）。

（2）钹式压电阵列设计。将单个钹式压电叠堆结构在外壳底座上按照一定的间距均匀排列成圆形阵列，形成平面压电叠堆阵列结构。压电叠堆采用并联方式，压电叠堆之间通过导线并联，导线从压电叠堆和外壳底部的中心小孔处引出至压电电源控制电路。这种结构不仅减小了单个压电叠堆的极面面积，而且增加了压电叠堆的总数量，成倍地提高了压电结构的发电能力，同时增大了整体结构的受力面积，提高了抗过载能力。并联阵列具有较大的电容量与较小的等效阻抗，更进一步提高了电能输出能力。此外，压电阵列结构最好被一个相对平整且坚硬的表面支撑住（可以在压电结构的上下接触面涂上一层很薄的硬环氧树脂黏接剂），以使每个压电单元表面所受作用力更加均匀，提高整体发电效果。

（3）质量块-弹簧组件设计。质量块-弹簧组件由两个弹簧和质量块组成，质量块固定在两弹簧中间位置，以提高产生的载荷效果。弹簧末端是圆形平面，通过环氧树脂黏接剂与钹式压电阵列固定在一起。质量块-弹簧组件的弹簧应通过设计使其被压缩至一个固定长度（由最大加速度值及其弹簧自身参数决定）时所产生的形变完全属于弹性形变范围，以防止弹簧在压缩过程中发生断裂。在必要时，同时需要通过外壳或内部支撑结构提供固定制动装置，以限制弹簧的拉伸变形量，从而防止在拉伸过程中钹式压电阵列发生断裂损坏。通过上述方法，质量块-弹簧组件的弹簧与压电结构才能够在弹药引信的过加速或减速过程中受到保护。弹簧选用螺旋形弹簧，且由三股或更多股等间距分布的螺旋形弹簧组合而成，以减小弹簧在振动过程当中出现横向弯曲或扭转现象。弹簧将外部冲击能量储存为弹性形变势能，致使质量块产生振动而对压电阵列施加重复载荷，同时起到延长载荷时间和缓冲保护的作用。

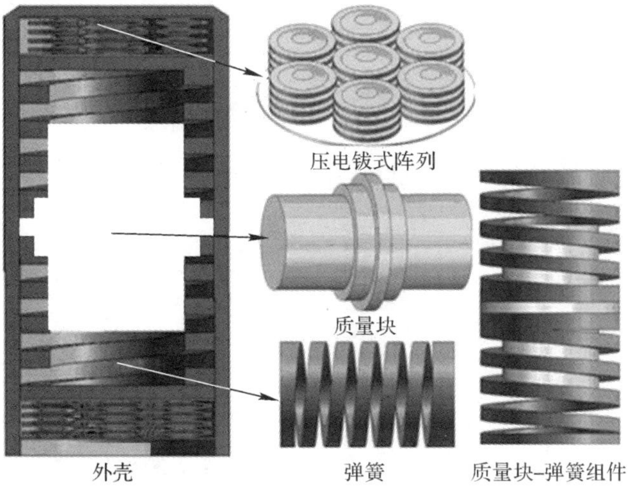

图 10－6　自维持钹式压电结构

（二）自维持压电圆薄板结构设计

如图 10－7 所示，自维持压电圆薄板结构主要由保护外壳、压电圆薄板、质量块-弹簧组件及连杆构成。

（1）外壳设计。外壳完全封闭，将带有连杆的质量块-弹簧组件与压电圆薄板包裹在其内部，仅在底部中心处留一小孔供导线引出使用。外壳内壁紧贴弹簧外壁以防止质量块-弹簧组件在工作时出现横向振动或摆动现象。外壳内壁向内伸展部分恰好与弹簧末端圆孔边缘对齐，并将弹簧末端固定在其表面，以保证质量块-弹簧组件在轴线方向自由振动时不发生松动。在外壳内壁中部（质量块法兰对应位置）开一个凹槽，以限制质量块-弹簧组件的最大振幅，从而防止过载状态下连杆将压电圆薄板击穿。

（2）压电圆薄板设计。在工程应用当中，圆薄板一般包括周边固定支撑和周边简支支撑两种方式。圆薄板在简支方式下工作时，其外表面呈向外伸展状态，这时在相同表面产生同种电荷。而在固支方式下工作时，圆薄板同一表面被分成了压缩区和伸展区，压缩区产生的电荷与伸展区产生的电荷的性质相反而相互抵消。最终导致压电圆薄板在简支方式下的发电能力更加优越，因此，经这里采用简支支撑方式将两压电圆薄板分别固定在外壳内壁凹槽内。

(3)质量块-弹簧组件设计。质量块-弹簧组件由双弹簧、质量块及两连杆组成，弹簧一端黏接固定在圆柱状质量块上，另一端则固定在外壳内壁突出部分。在质量块中间部位安装一法兰，并在外壳内壁对应地方开一个凹槽，法兰上、下表面分别与凹槽下、上表面的间隙决定了弹簧压缩或拉伸的最大形变量，可见弹簧和压电圆薄板都通过此设计方法得到了过载保护。两连杆分别嵌入在质量块两端面中心处，弹簧末端设置圆孔(圆孔直径大于连杆直径)，以给连杆腾出空间。每个振动周期，两连杆都分别撞击对应圆薄板一次，直到质量块－弹簧组件的振幅开始小于连杆末端到圆薄板的距离。这种结构设计提高了自维持压电悬臂梁结构的机电转换效率，并延长了供电时间。

(4)质量块-弹簧组件与压电悬臂梁结构匹配设计。在质量块-弹簧组件的振动过程中，连杆反复碰撞压电圆薄板使其发电。通过匹配设计，将质量块-弹簧组件的固有振动频率通过调节而与压电圆薄板的固有频率接近时，它们的振幅都将呈现出最大值，即最大限度地增加了储存在其内部的机械能量，继而增加了压电层产生的形变量，从而最大化地提高了自维持压电结构的发电能力。

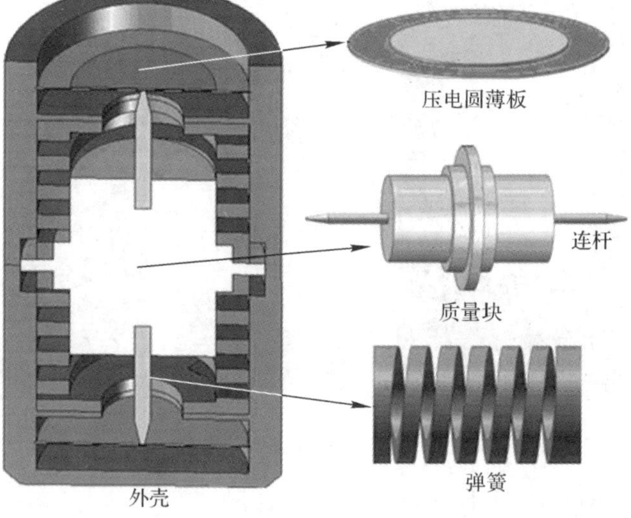

图 10－7　自维持压电圆薄板结构

(三)自维持压电悬臂梁结构设计

如图 10－8 所示，自维持压电悬臂梁结构主要由保护外壳、压电悬臂梁阵列、质量块-弹簧组件及激励圆环组成。

(1)外壳设计。外壳完全封闭，将带有激励圆环的质量块-弹簧组件与压电悬臂梁阵列包裹在内，仅在底部中心处留一小孔供导线引出使用。外壳内壁中央处向内伸展至恰好紧贴质量块凹槽外壁，以防止质量块-弹簧组件在工作期间出现横向振动或摆动现象。外壳上、下底部开圆形凹槽以将弹簧末端嵌入其中并固定住，以保证质量块-弹簧组件仅在轴线方向自由振动，且不出现松动。在外壳内壁图示位置开凹槽，将压电悬臂梁阵列固定在这些凹槽内部。

(2)压电悬臂梁阵列设计。先设计制作基板圆环,在基板圆环内壁按均匀间距打矩形孔,将单体压电悬臂梁分别嵌入,固定在这些孔内(要求基板环紧紧夹持住压电悬臂梁),构成压电悬臂梁阵列结构。单个压电悬臂梁在电气上并联,压电悬臂梁阵列之间通过导线并联。压电悬臂梁阵列分别安装在外壳内壁凹槽内,上、下阵列必须一致排列,以保证振动过程中每个激励圆环都能与对应悬臂梁阵列发生碰撞。这种结构成倍增加了并联压电悬臂梁的总数量,大幅提高了压电结构的机电转换效率,同时提高了抗过载能力。

(3)激励圆环设计。在基板圆环外侧均匀间距处加工突出尖头,即制成了激励圆环,其尖头数与压电悬臂梁阵列中单体悬臂梁数量相同。激励圆环固定在圆柱质量块外壁处,每一个激励圆环可以激励上、下两个压电悬臂梁阵列。在实际应用过程中,物理撞击方式实现了尖头对压电悬臂梁的振动激励,不仅转换效率不高,而且极易造成接触部分发生磨损。因此,为了使整套系统能够更加有效且安全地完成工作任务,可以将激励圆环的突出尖头利用强力磁铁代替,并同时将在悬臂梁末梢处安装一个磁性相反的磁铁。上述两磁铁应尽量接近对方,以增加两磁铁之间的吸引力,从而提高激励效果。

(4)质量块-弹簧组件设计。质量块-弹簧组件同样由双弹簧和质量块组成,弹簧一端套在圆柱桶状质量块内部,另一端则固定在外壳底座圆形凹槽内。质量块中间部分开出凹槽(凹槽上、下表面的间距决定了弹簧压缩或拉伸的总形变量),以限制弹簧的形变范围,防止弹簧在拉伸、压缩过程中发生损坏。沿着质量块外壁均匀排列固定一组激励圆环,它们与对应的悬臂梁阵列发生碰撞,从而激励各悬臂梁产生相一致的振动。显然,带有激励圆环的质量块-弹簧组件对压电结构进行每次撞击作用时,并不是一次性将内部所有的机械能转换到压电结构中,而是一个逐步渐进的过程,一直到质量块-弹簧组件停止振动,从而大幅度延长了自维持压电悬臂梁结构的供电时间。

(5)质量块-弹簧组件与压电悬臂梁结构匹配设计。在质量块-弹簧组件的振动过程中,激励圆环反复碰撞悬臂梁阵列使其发电。通过匹配设计,通过调节使质量块-弹簧组件的固有振动频率与压电悬臂梁的固有频率接近时,它们的振幅都将呈现出最大值,继而增加了悬臂梁压电层产生的形变量,从而使自维持压电结构产生的电能最大化。

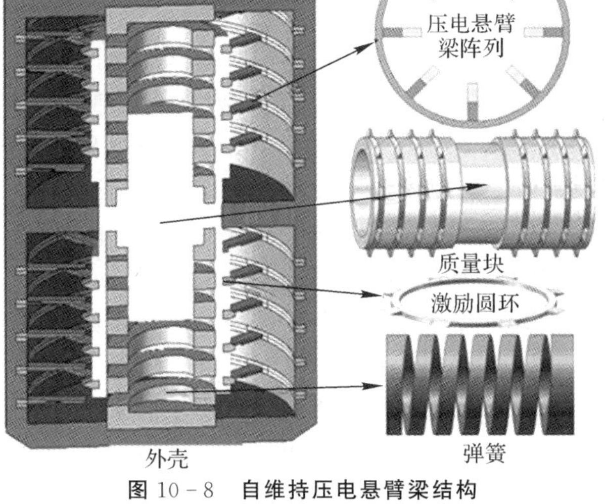

图 10-8 自维持压电悬臂梁结构

(四)电源控制电路的设计

自维持压电结构输出的是交流电，且压电陶瓷产生的电信号具有高电压、小电流的特点，不能直接用来驱动外部微电子设备，因此，必须借助如图 10-9 所示的电源控制电路，将此类电信号储存、转化为可以利用的形式。电源控制电路主要由全波整流器、储能电容器、直流电压(DC/DC)转换器及滤波电容组成。

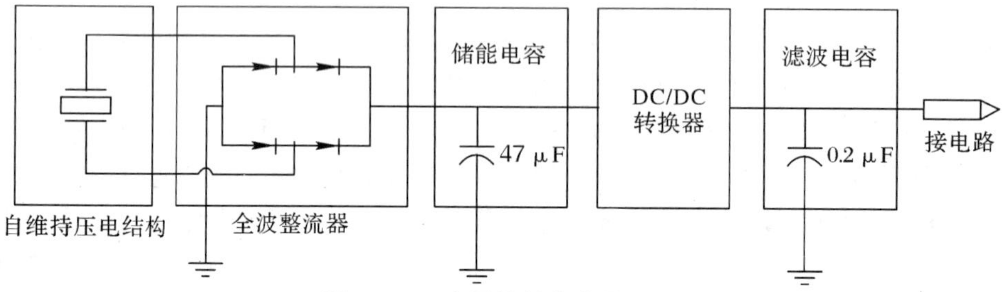

图 10-9　电源控制电路原理图

自维持压电电源的发电单元在工作过程中产生的交变电量通过全波整流器向储能电容器充电，达到充电平衡状态时，储能电容上呈现的电压值与发电单元的输出电压幅值成一定比例；但是此时储能电容器上的电压仍不能直接进行供电，需要加入降压型 DC/DC 转换器将高电压、小电流的电输出转换为较低电压、较高电流的满足引信电路工作需求的电信号。所以，要求 DC/DC 转换器的输入电压范围宽，同时它还应满足静态电流小、功耗低、体积小、输出电压满足工作电路需要等要求。

DC/DC 转换器的输出电压可能含有部分脉动成分，因此，必须利用滤波电容两端的电压不能突变的特性，滤掉其中的脉动成分，使最终获得的输出电压波形更加接近于理想的直流电压。此外，对自维持压电电源进行模块化设计，即依照发电单元尺寸设计，并制备电源控制电路的 PCB 圆形板，在发电单元外壳顶部预留空间，并将 PCB 板集成嵌入其中。电源模块化的优点是可以根据所配备不同引信的供电需求，调整压电电源的尺寸参数和电能输出参数，提高自维持压电电源的适用性和通用性，更有助于批量化生产。

二、引信自维持压电电源的工作原理

弹药丸发射时，由发射药燃烧产生的高压气体作用在弹丸底部，推动弹丸在炮膛内做加速运动。此过程中，安装在引信底部的自维持压电电源随着弹丸向前做加速运动而受到后坐力的作用，发电单元内部的质量块-弹簧组件在后坐力作用下首次离开平衡位置，并迅速移动至最大幅值处。在此过程中，质量块-弹簧组件上的弹簧(对应于钹式压电结构)、连杆(对应于压电圆薄板)或激励圆环(对应于压电悬臂梁阵列)将第一次对各自的压电结构施加载荷，压电结构则由于自身的正压电效应第一次将机械能转换为电能，并进行输出，实现了自维持压电电源的快速激活性。与此同时，质量块-弹簧组件将一部分后坐冲击能量储存为其弹性形变势能，弹丸离开炮管后，即当加速过程结束时，质量块-弹簧组件将产生自由振动，致使激励部件进一步对压电结构施加重复载荷，于是在质量块-弹簧组件由于能量耗尽而停止运动之前，压电结构通过收集这部分振动能而产生持续的周期性电能输出，最后利用电源控制电路将发电单元输出的交流电转化为满足所配备引信供电需求的形式，并为引信工作电路进行供电，从而实现自维持压电电源的持续供电功能。

为在不同的冲击载荷环境条件下满足不同微功耗设备的供电需求，需要对自维持压电电源各参数进行调整，包括压电结构尺寸参数、质量块-弹簧组件的结构参数等。由于自维持压电电源将冲击形式的机械能转化为质量块-弹簧组件的形变势能，在弹簧的振动过程中产生周期性变化的作用力逐步加载给压电结构，而非直接将冲击载荷一次性作用在压电元件上，延长了外部载荷对压电元件的作用时间，即延长了压电元件将机械能转化为电能的时间，提高了机-电转换效率，同时保护了压电结构不因承受过高载而损坏。

三、压电结构的制作工艺

本节以钹式压电阵列结构为代表，对压电结构的制作工艺进行描述。制作钹式压电阵列首先需要加工出单体钹式压电结构(钹式阵元)，然后通过黏结固定工艺将钹式阵元组合成钹式压电阵列。

(一)钹式阵元制作工艺

如图 10-10 所示，钹式压电阵元为金属-陶瓷压电复合结构，它的金属端帽腔体为翘钹式，形状为轴对称薄壳截锥形状，腔内为空气。厚度方向极化的压电陶瓷片夹在 2 个薄金属端帽之间，金属端帽与压电陶瓷之间的接触面由聚合物黏接。这种结构利用了金属端帽的特殊形状，将施加在轴向的应力转换并放大成为轴向和径向的应力，使得压电陶瓷的压电常数 d_{33} 和 d_{31} 都对复合结构的机-电转换有贡献，提高了整体结构的发电性能。

(a)

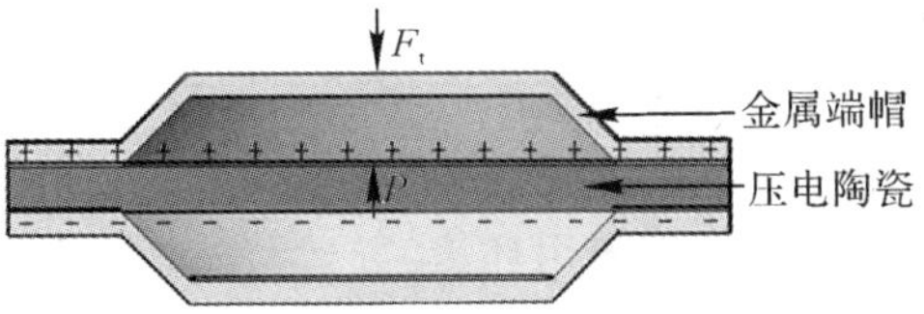

(b)

图 10-10 钹式阵元示意图

(a)立体图;(b)剖视图

根据钹式阵元的结构与工作原理，钹式阵元的制作过程如下：一是传统压电陶瓷材料的加工工艺，二是根据设计规律制作相应的金属端帽结构，三是将二者经过黏接技术复合为整体结构。虽然压电陶瓷片仍然是钹式压电阵元的核心材料，但其制作工艺与普通压电换能器一样并没有特殊要求，仍然属于传统的加工工艺，即冲压成型、烧制、磨床成形和极化等流程。不需要进行专门研究，可以根据设计规律，通过购置获得所需压电陶瓷片。而金属端帽的形状对钹式阵元发电特性的影响是很大的，所以端帽的制作工艺以及与压电陶瓷层的黏结合成工艺才是提高钹式阵元技术指标的主要因素。

1. 材料选择

钹式压电阵元的制作材料包括压电陶瓷材料以及用于制作端帽的金属材料。

(1)压电陶瓷材料。较为常用的几种压电陶瓷材料的应用及相关性能见表 10-1。理论研究与仿真分析表明，压电陶瓷材料的压电常数 d_{31} 及 d_{33} 越大，相同激励下钹式压电阵元激发出的电能也越大。从表 10-1 中可知，PZT-5H 的压电常数在该系列中最高，是压电材料的优先选项。压电陶瓷的电极选用银金属制备，极化方向为纵向极化，将银电极在 800 ℃高温下烧成后极化即可。

表 10－1　常用压电材料的用途及特点

材　料	应　用	突出特点
PZT－4 锆钛酸铅压电陶瓷	声呐辐射器、换能器、高压发生器、压电陶瓷变压器	高激励特性良好，耦合系数和压电常数高
PZT－5A、PZT－5H	水听器、仪器换能器、电唱机拾音器、微音器、扬声器元件	介电常数高，耦合系数及灵敏度高，老化小，时间常数大
PZT－6A、PZT－6B	电滤波器	突出的温度稳定性，老化小
PZT－7A	延迟线换能器	介电常数小，老化小
PZT－8	声呐辐射器、换能器	突出的高激励特性
钛酸钡	声呐辐射器、换能器	严重的温度依赖性
95W%钛酸钡、5W%钛酸钙	声呐辐射器、换能器	成本低，小功率时相当稳定
95W%钛酸钡、5W%钛酸钙、0.75W% $CoCO_3$－NRE－4	声呐辐射器	高激励特性良好，但压电效应弱
$PbNb_2O_6$	超声探伤换能器	机械品质因数小
$Pb_{0.6}Ba_{0.4}Nb_2O_6$	超声探伤换能器	无明显特点
$K_{0.5}N_{0.5}NbO_3$（热压）	延迟线换能器	介电常数小、声速高

（2）端帽金属材料。金属端帽的主要作用是使压电陶瓷片在外界轴向载荷作用下产生的轴向形变转换，并放大为径向形变，形变越大，发电能力也越强。金属材料不同，放大倍数也不一样。同时，鉴于特殊应用环境，导致钹式压电阵元将会受到较大的冲击力载荷，所以还要综合考虑材料的刚度和强度问题。表 10－2 给出了几种常见金属的性能参数，其中铍青铜是以铍为基本合金的铜基合金材料，弹性较好，同样条件下产生的形变较大。它还具有高的强度、硬度和弹性极限，弹性滞后小，弹性稳定性好，以及耐疲劳、耐腐蚀、耐磨、耐寒、无磁性、高导电导热性、受冲击时不产生火花等优良的综合特性。在工艺方面，它承受冷热压力加工的能力很强，铸造性能也很好，是具有良好综合性能的结构和功能材料。因此，为了满足使用要求，最终选择铍青铜作为端帽的制作材料。

表 10－2　几种常见金属的性能

金属材料	黄　铜	磷青铜	锰青铜	铍青铜	镍铬铜	低碳钢
$E/(10^{10}\ N \cdot m^{-2})$	9.8	11.5	11	12.5	13.8	20.7
μ	0.32/0.42	0.32/0.35	0.35	0.3	0.35	0.24/0.28
$\sigma/(10^{12}\ N \cdot m^{-3})$	2.39	1.93	2.07	1.72	1.24	1.8

2.钹形金属端帽加工

钹式压电阵元的两个金属端帽被固定在压电陶瓷片的两面，且相对压电陶瓷片成对称结构。为制作钹形金属端帽，需先针对不同尺寸的钹式阵元结构设计出不同尺寸的冲压模具，端帽成型模具的结构示意如图 10－11 所示。

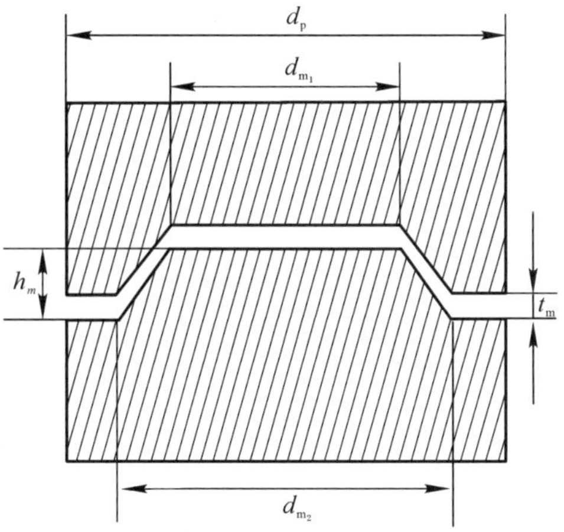

图 10－11　金属端帽加工模具示意图

该模具主要由上模、下模、外模和模架组成。上模与下模都为压模，压模为圆台形，它们用来决定金属端帽的形状和尺寸。图 10－11 中显示的是上模和下模处于压紧时的状态，其中冲制金属端帽外部直径为压电陶瓷片的直径 R_p，圆台的顶部用来冲压金属端帽顶部直径 R_{m1}，圆台底部直径为金属端帽底部直径 R_{m2}，圆台深度为金属端帽的高度 h_m，压紧状态时上、下模之间的距离就是金属端帽的厚度 t_m。外模为冲模，冲、压模的制作材料为切割工具钢，上模、下模分别与外模间隙配合。模架的用途是为了固定并保证上模、下模与外模之间处于同心状态，进而起到保护模具的作用，同时也有利于冲压模具与冲床的夹钳和固定。

金属片在冲压模具的冲压下，形成预定几何尺寸的金属端帽。为达到理想的冲压效果，利用 15 个标准大气压的压力冲压 4 次，冲压时每次旋转 90°。冲压后，将金属端帽浸没在丙酮溶液中，以除掉冲压过程中产生的残留污物。被冲模切边后的金属端帽外沿会产生粗糙的毛边，需要用细沙粒的金刚砂进行打磨，打磨时应将金属端帽垫在支撑物上，以防止金属端帽损坏。

3.黏结固定方式

压电陶瓷片与金属端帽的黏结固定方式主要包括焊锡焊接与环氧树脂黏接两种。焊锡焊接固定压电陶瓷片与端帽的方法是，先用烙铁将很薄的一层焊锡均匀地涂在端帽外环上，然后将压电陶瓷片与端帽紧密结合在一起，用夹具将其固定并放置在 220 ℃温度下的鼓风烤箱内烤制数分钟。但是相关文献显示焊锡与端帽或压电陶瓷片之间会出现局部裂痕，而且焊接薄层的厚度和宽度非常难以掌握。因此，这种方法不适用于压电陶瓷片与金属端帽的固定。

环氧树脂黏接固定方法需要用到绝缘环氧树脂和导电环氧树脂两种黏结剂。绝缘环氧树脂是以环氧树脂与固化剂配置(它们之间的配置比例一般选为 1∶3)而成的双组份胶黏剂，固化后的环氧树脂具有良好的物理化学性能。它对金属和非金属材料的表面具有优异的黏接强度，这是因为环氧树脂分子链中固有的极性羟基和醚键的存在，使其对各种物质具有很高的黏附力，而且环氧树脂固化时的收缩性低，产生的内应力小，有助于提高黏附强度。同时环氧树脂具有介电性能良好、制品尺寸稳定性好、耐久性好、硬度高以及柔韧性好等特性，非常适合将其用于压电陶瓷片与金属端帽的黏接。

环氧树脂种类较多。从机械强度上选择，环氧值过高的树脂强度较大，但较脆，环氧值中等的在高、低温度时强度均好，环氧值低的则在高温时强度较差；从操作要求上选择，不需要耐高温，对强度要求不大，希望环氧树脂能快干，不易流失，可以选择环氧值较低的树脂。若希望渗透性能好、强度较高，则可以选择环氧值较高的树脂，且需尽量降低黏接剂厚度来提高压电陶瓷片与金属端帽之间的导电能力。

最后选用导电环氧树脂将钹式阵元的金属端帽与外接导线连接在一起。这种方式能够替代金属端帽与导线的焊接，不仅操作方便，而且可以对阵元起到一定的保护作用。通过上述方法即可完成压电陶瓷片、金属端帽及导线的黏结固定操作，所需钹式压电阵元也相应制作成功。

4. 钹式阵元制作工艺流程

钹形压电阵元制作工艺中最为关键的两个环节是金属钹形端帽的加工，以及端帽与压电陶瓷片的黏接固定。金属端帽的加工利用已经设计的冲压模具进行冲压完成，考虑到铍青铜金属的弹性，冲压过程需考虑一定的加工余量。在黏接固定环节中，由于需要将两个金属端帽与压电陶瓷片对称黏接，因此，在注意压电陶瓷片极化面的同时，还应保证端帽与压电陶瓷片之间的同轴度。

图 10－12 给出了钹式压电阵元的制作工艺流程图，其中虚线框内为钹式压电阵元的制作工序，虚线框外为所需制备材料的准备工序。

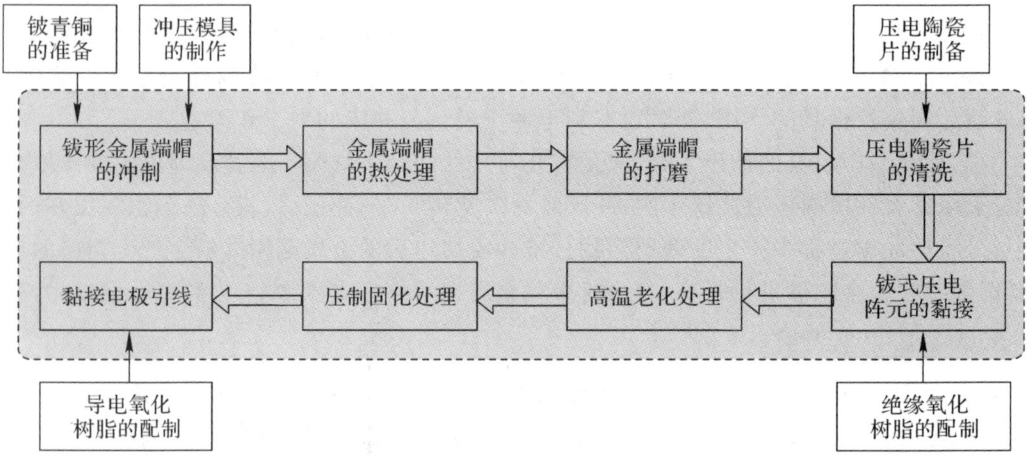

图 10－12　钹式压电阵元的工艺流程图

(1)清洗。主要是清洗压电陶瓷片表面的灰尘、油污等污渍，用镊子夹住脱脂棉蘸取少许丙酮溶液轻轻擦拭准备黏接的压电陶瓷片，然后将清洗好的压电陶瓷片放入烘箱内，在低温条件下干燥 30 min。

(2)热处理。作为端帽铍青铜，在黏接之前要先进行热处理。把已经加工成所要求的尺寸、形状的金属端帽放入加热炉内，将温度设定为 300 ℃，保温 2 h 之后将金属端帽取出，并在空气当中自然冷却到常温即可。

(3)打磨。去除金属端帽黏接面的氧化膜，把经过热处理的铍青铜先以粗砂纸(200＃)将黏接面的氧化膜除去，然后再用细砂纸(1000＃)将黏接面进一步打光，为了减少铍青铜端帽的形变，在打磨时要均匀用力。打磨结束后，用丙酮溶液进行清洗，将清洗好的端帽放入控温烤箱中，在室温条件下干燥 30 min 后取出待用。

(4)黏接。需要将 2 片金属端帽对称黏接到压电陶瓷表面。将经过预处理的第一片金属端帽放置在黏接操作平台上，黏接面朝上，并用定位加压螺杆定位。在需要黏接的表面涂上已配制好的环氧树脂黏接剂，用小刮板将所涂黏接剂刮匀、刮平，然后把定位加压螺杆旋松，并迅速将压电陶瓷片放到第一片金属端帽上。再用定位缓慢加压螺杆压电陶瓷片与金属端帽，使它们黏接在一起，同时均匀施压，挤出多余的黏接剂并排出气泡，再用沾有少许丙酮液的脱脂棉将挤出的黏接剂擦净。然后重复上述过程黏接第 2 片金属端帽。

(5)固化。将已黏接好的钹式压电阵元放入加压工装模具内，准确定位该阵元结构，然后将其放入 60 ℃的自动恒温箱内下进行固化，5 h 以后取出并放置在常温条件下让其自然冷却。

(6)老化。在金属端盖的冲压和黏接过程，会使钹式压电阵元内部产生内应力，导致阵元压电性能与机械性能的降低，因此，必须除去存留的内应力。其方法是将阵元进行高温老化处理，即将制作完成的阵元试样放入 130 ℃的烘箱内烘焙 1 h，可有效地消除内应力，使其性能达到设计指标。

(7)用细导线在黏接好的压电弯曲元件上下两表面连接起来后，引出一电极，在基板上引出另一电极，待用。然后选用导电环氧树脂用于阵元金属端帽与外接金属引线的连接。这种方式能够替代金属端帽与导线的焊接，可以对阵元起到一定的保护作用。

(二)钹式压电阵列制作

1.钹式压电阵列的设计要求

为研制出适合安装在常规炮弹引信内部，并为引信工作电路供电的环境能源，其发电单元的性能指标将是取得成功的关键因素，因此，进行钹式压电阵列的结构设计时必须满足下列基本要求：

(1)供电要求。钹式压电阵列需具有较大的输出电压、电荷以及输出电能，以至于由阵元构成的钹式压电阵列电源在工作环境中能够最大效率地将动能、机械能转换为电能，提供尽可能大的输出功率，并满足引信工作电路的供电需求，包括快速激活性，以及长时间持续供电等特性。

(2)尺寸要求。钹式压电阵列需要具有微小化能力，以满足引信内部等微小空间的作业环境。

(3)制作工艺要求。钹式压电阵列需要具有简洁、紧凑的结构，便于制作，从而提高其工作的可靠性和可维护性。

2.钹式压电阵列的制作

根据上述要求，设计了应用于某弹药引信的钹式压电阵列。该钹式压电阵列由若干组钹式压电叠堆共同构成，钹式压电叠堆则由数个钹式压电阵元组合而成。将钹式压电阵元金属端帽的顶部端面之间依次用导电胶紧密黏结，令相邻阵元压电陶瓷片的极化方向相反，并使得各电极引线在电路上并联，于是便构成了如图 10－13 所示的结构上串联、电路上并联的多层钹式压电叠堆结构。在用导电胶黏接固定的环节中，由于需要将多个阵元叠加黏接在一起，因此，在注意压电陶瓷片极化方向的同时，还需要保证整体装配时的同轴度，以至于每个阵元能够保持在其正确的位置而不会发生偏移或偏转等状况。

图 10－14 为钹式压电阵列结构的平面图，每个实心线绘制的小圆代表一组并联钹式压电

叠堆结构，每个阵元的尺寸参数完全相同。

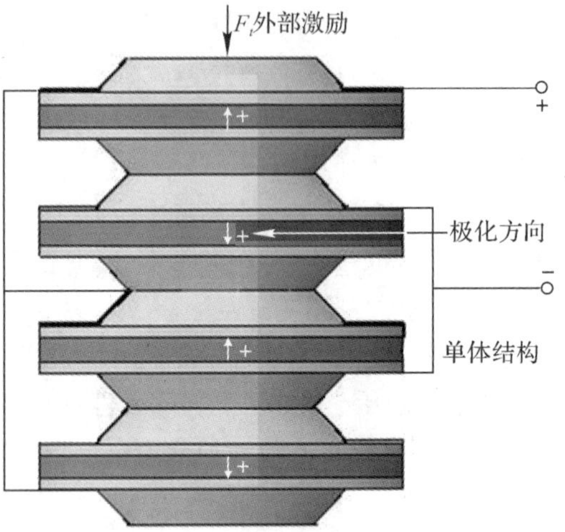

图 10-13　并联钹式压电叠堆结构示意图

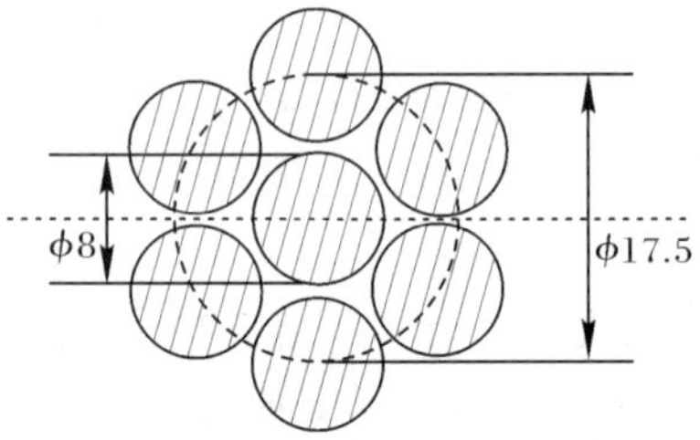

图 10-14　钹式压电阵列结构平面图

图 10-14 是由 7 组钹式压电叠堆在电气上并联构成的，其中图的中心处固定一钹式压电叠堆，另外 6 组叠堆按照圆形阵列依次排列在周围，由虚线绘制的大圆构成了阵列的轮廓边线。为了能够将所设计的压电电源装配到所选某引信中使用，并使得封装后必须恰好可以嵌入至该引信内部指定安装位置(底部)，将阵列的圆形轮廓直径确定为 17.5 mm，同时每组钹式压电叠堆之间需要预留一定的间隙，于是将阵元的最大直径确定为 8 mm。

这种结构不仅减小了单个压电叠堆的极面面积，而且增加了压电叠堆的总数量，成倍地提高了压电结构的发电能力，同时也增大了整体结构的受力面积，提高了抗过载能力。并联阵列具有更大的电容量和更小的阻抗，更进一步提高了电能输出能力。

3. 制作过程中的注意事项

(1)环氧树脂黏接剂一定要涂抹均匀，且在保证界面之间的黏接强度下使得黏接层越薄越好，因为太厚将会影响到钹式压电阵元的发电特性，更为严重则可能阻断压电陶瓷片与金属端帽之间的导电能力。

(2)黏接层的气泡会使钹式压电阵元的韧性降低，因此，在黏接的过程中，尽量不要让黏接层出现气泡，且黏接后应用真空抽气机将残留的气泡抽掉。

(3)阵元的尺寸较小，其厚度在 10^{-1} mm 数量级内，因此，黏接过程中要防止将压电陶瓷片折断及磨掉其表面的镀银电极层。

(4)在钹式压电叠堆的黏接过程中，要让相邻阵元压电陶瓷片的极化方向保持相反。而且在压电陶瓷片的准备阶段，最好先进行一次必要的极化处理，以保证其压电性能处于最佳状态。

(5)在热处理、固化与老化等处理过程中，一定要将温度控制在所需操作范围之内，否则即达不到理想的处理效果，更有可能降低试样的整体性能。

(三)质量块-弹簧组件的设计与制作

自维持压电电源是利用内部的质量块-弹簧组件将外部冲击能量转换为振动形式的机械能，再由压电结构逐步收集这部分能量，并产生持续的输出电能。可见，质量块-弹簧组件是该新型压电电源实现自维持供电特性的重要机构，其设计与制作工艺将在很大程度上影响到自维持压电电源的性能指标。

质量块-弹簧组件由弹簧与质量块组成。质量块的作用是增强对压电结构的载荷效果，以及调整质量块-弹簧组件的等效质量。质量块为实心圆柱状，其直径与弹簧外径相同，高度则根据所选定金属材料的密度与所需等效质量通过计算得出，然后将质量块左右侧面分别与两弹簧的自由端固定连接在一起。可见，质量块的设计较为简单，下面不再进行详细论述。而弹簧则是质量块-弹簧组件实现预期功能的关键元件，其设计更为重要也较为复杂，将在本章作主要叙述。

1.弹簧设计的一般步骤

虽然弹簧的种类繁多，但其共同点都是在外力作用下产生形变，通过形变来进行工作。在设计弹簧时，需要考虑的因素主要包括强度、刚度、制造和行程四个方面的内容，主要设计步骤和应遵循的条件大致分为以下几点：

(1)选择结构和材料。

(2)根据原始数据绘制示意图。

(3)根据示意图，考虑强度、刚度、制造及行程条件，通过弹簧设计计算公式计算获得弹簧的主要尺寸参数。

(4)根据主要尺寸计算次要尺寸参数。

(5)必要时，需验算弹簧的稳定性、疲劳度和静强度。

2.弹簧材料与类型的选择

弹簧是一种常用的机械零部件，利用材料的弹性和结构的特点，在工作时产生形变，将机械能或动能转变为自身的形变能，反之，把形变能又转变为机械能或动能。自维持压电电源中的质量块-弹簧组件就是先把弹丸发射时的后坐冲击能转化为弹簧的形变能，然后又把形变能转变为振动机械能，并反复施加于压电结构上。在这一过程当中，弹簧储存的形变能越大，则最后产生的电能也将更高。

弹簧的工作性能就是要求在不发生塑性形变的情况下，能够产生较大的弹性形变和积蓄较大的形变能。因此，为提高质量块-弹簧组件的工作效率，所选定的弹簧材料需有利于提高弹簧的积蓄形变能，可通过提高材料的弹性极限和降低弹性模量来实现。同时，弹簧主要是在动载荷作用下工作，因此，还要求弹簧材料具有较高的抗拉强度极限、屈服极限、弹性极限和疲劳极限，并且具有较高的冲击韧性和塑性。可见，设计弹簧时，选择合适的材料是一项技术性很强的工作。选择弹簧材料的原则旨在提高材料的弹性极限、降低弹性模量，以及满足特殊工作环境条件下的相关需求，分以下几个方面进行考虑：

(1)弹性极限。材料的化学成分和组织对其弹性极限有很大的影响，通过优选合金成分、热处理和冷热加工方法，可以提高弹性极限。加入硅、锰元素的合金弹簧钢，可以起到强化固溶体的作用，也能够提高弹簧材料的弹性极限。弹簧制备过程中一般采用淬火后中温回火处理的原因，是回火屈氏体具有较高的弹性极限和抗拉强度。

(2)弹性模量。弹性模量的大小主要取决于金属原子本性和晶格类型，与原子之间的距离有着密切关系。然而合金化一般对晶格常数改变不大，因而对弹性模量的影响很小，各种含碳量的碳钢、合金弹簧钢的弹性模量都接近于 21 000 kgf/mm^2。

(3)耐冲击性。弹丸的后坐力通常都在 10 万 g 以上，普通弹簧材料无法承受如此高强度的冲击载荷。在高应力或有冲击载荷条件下使用的弹簧，一般选用硅铬和硅钨合金弹簧钢。

(4)适应环境温度。现代战争战场环境日益复杂，弹丸常常需要在炎热或寒冷的环境下进行工作。而金属材料在高低温、长期载荷作用下，其内部组织结构会发生不同程度的变化，将导致其强度、硬度和弹性模量产生变化，因此，在高温中工作的弹簧材料必须具有足够的热稳定性，即有较高的蠕变极限和低的松弛百分率。在低温下，金属材料的抗拉强度、弹性极限均随温度的下降而增大，冲击韧性和塑性随温度的降低而减少，因此，在低温工作下的弹簧材料应具有稳定的低温性能和良好的低温韧性。

综合考虑分析后，选定硅钨合金弹簧钢作为质量块-弹簧组件中弹簧的制备材料。硅钨合金弹簧钢只有 $65Si_2MnWA$ 一个钢号，相当于在 $60Si_2MnA$ 钢中另外加入 0.8%～1.2%钨。钨在钢中形成难溶碳化物，能有效提高钢的回火稳定性及在高温时对蠕变的抗力，而且钨还降低了钢的过热敏感性，增加淬透性，提高了钢的硬度。

弹簧的类型较多，按照结构形状来分，弹簧大致分为圆柱螺旋弹簧、变径螺旋弹簧、非圆形螺旋弹簧、扭杆弹簧、碟形弹簧及环形弹簧等。此处选择的弹簧类型为圆柱状圆形截面材料螺旋弹簧，这是因为它属于线性特性线弹簧，其工作特性线更加接近于直线，刚度亦更接近于常数。该类型的弹簧结构简单、制造方便，而且在同样的空间条件下，其相对与其他类型具有较大的刚度系数，能够吸收较多的能量。

3. 弹簧设计计算公式的推导

下面对圆柱状圆形截面材料螺旋弹簧的设计计算公式进行推导，以得出外部载荷 F、弹簧形变量 X、弹簧直径 D_2、弹簧材料直径 d、弹簧工作圈数 n，以及刚度系数 k 之间的关系表达式，为弹簧的设计提供必要的理论依据。如图 10-15 所示，设弹簧所受压力或拉力为 F，作一个假想的截面将弹簧分成两部分，考察其中一个部分的平衡条件。

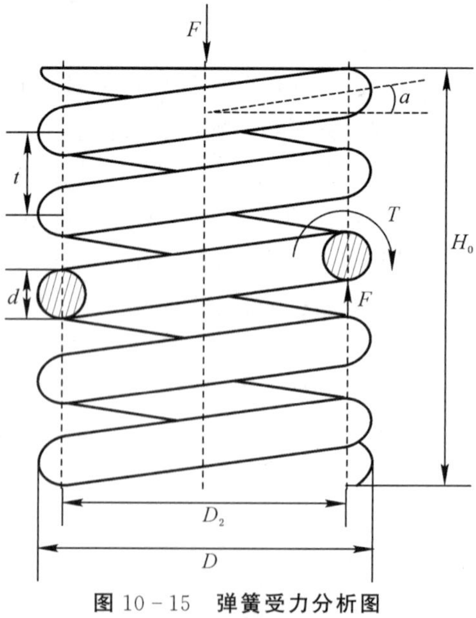

图 10-15　弹簧受力分析图

当圆柱螺旋弹簧在轴线方向只承受外载荷 F 时，形变在弹簧两端所引起的力矩较小，可以忽略不计。此时，弹簧材料截面共受到扭矩 T_t、弯矩 M_b、法向力 F_t 和径向力 F_b 的作用。法向力和径向力同扭矩或弯矩相比也可以忽略掉。因此，在弹簧材料截面主要承受扭转力矩和弯曲力矩的作用：

$$T_t = FD_2 \frac{\cos\alpha}{2} \tag{10-1}$$

$$M_b = FD_2 \frac{\sin\alpha}{2} \tag{10-2}$$

于是，在外部载荷作用下弹簧简化后的形变表达式为

$$X = \frac{\pi n D_2}{F\cos\alpha}\left(\frac{T_t^2}{GI_P} + \frac{M_b^2}{EI}\right) = \frac{\pi n F D_2^3}{4\cos\alpha}\left(\frac{\cos^2\alpha}{GI_P} + \frac{\sin^2\alpha}{EI}\right) \tag{10-3}$$

在实际应用中，圆形截面材料的圆柱螺旋弹簧的角度一般都较小（$\alpha < 10°$），此时，可取 $\cos\alpha = 1$，$\sin\alpha = 0$，则式（10－3）可简化为

$$X = \frac{\pi n F D_2^3}{4GI_P} \tag{10-4}$$

弹簧的许用切应力 τ 的表达式为

$$\tau = K\frac{FD_2}{2Z_t} \tag{10-5}$$

式中：$I_P = \pi d^4/32$ 为圆形截面的惯性矩；$Z_t = \pi d^3/16$ 为抗扭截面系数，将它们分别代入式（10－4）与式（10－5）中，得到弹簧在仅承受轴向载荷 F 时的形变 X 和许用切应力 τ 的表达式分别为

$$X = \frac{8nFD_2^3}{Gd^4} = \frac{8nFC^3}{Gd} \tag{10-6}$$

$$\tau = K\frac{8FD_2}{\pi d^3} = K\frac{8FC}{\pi d^2} \tag{10-7}$$

式中：n 为弹簧的工作圈数；D_2 为弹簧的中径；d 为弹簧材料的直径；G 为弹簧材料的切变模量，一般取值为 $G = 7.84\times10^4$ N/mm；C 为旋绕比，$C = D_2/d$；K 为曲度系数，一般取值为 $K = 1$。

根据弹簧的基本计算式（10－6），可以推导得出弹簧的刚度系数 k，以及工作圈数 n 的计算表达式如下：

$$k = \frac{F}{X} = \frac{Gd}{8nC^3} = \frac{GD_2}{8nC^4} \tag{10-8}$$

$$n = \frac{Gd^4X}{8FD_2^3} = \frac{Gd^4}{8kD_2^3} = \frac{GD_2}{8kC^4} \tag{10-9}$$

4. 弹簧的设计计算

从弹簧形变量和许用切应力的计算式（10－6）和式（10－7）中可以看出，对圆形截面材料螺旋弹簧的设计来说，共需要考虑载荷 F、形变量 X、弹簧中径 D_2、材料直径 d、圈数 n、许用切应力 τ、切变模量 G 和旋绕比 C 等 8 个基本参数。当弹簧材料选定后，其许用切应力 τ 与切变模量 G 都可以直接查到。因为 $C = D_2/d$，所以实际上仅需要确定 F、X、D_2、d 和 n 等 5 个参数。而且在弹簧设计时，一般只要知道其中 2 个基本参数，就可以根据弹簧设计计算公式计算出其他 3 个基本参数。

设计圆柱形螺旋弹簧时，一般给出最大工作载荷 F 和所对应的形变量 X，但是此处需要进行质量块-弹簧组件与压电结构的匹配设计，因此，必须先确定弹簧的刚度系数与最大形变量(当弹簧承受过载荷时，结构设计中的保护机构将限制弹簧进一步形变)。具体设计步骤如下：先根据工作条件选择材料，确定许用切应力 τ 的大小，然后初步选取弹簧旋绕比 $C=5\sim8$，根据式(10－7)的变换形式计算出弹簧材料的直径 d，圆整为标准值，再由 $D_2=Cd$ 计算出 D_2；根据式(10－6)的变换形式计算出工作圈数 n，并验算弹簧的极限载荷以及疲劳强度；计算出有关几何尺寸节距 t、螺旋角 α、内径 D_1、外径 D、自由高度 H_0 和弹簧材料的总长度 L 等，必要时需要进行弹簧稳定性的验算。设计弹簧时，往往先选取几个 C 值同时计算，将结果进行比较，最后选择出最佳适宜的数值。

5.弹簧的制造工艺

弹簧的制造方法根据成形工艺的不同分为冷成形和热成形两种。当弹簧材料尺寸较小时，其成形过程在常温下就能进行，称为冷成形；当弹簧材料尺寸较大时，需要在材料加热之后成形的，称为热成形。此处的圆柱状螺旋弹簧元件需利用冷成形法进行制造，基本工艺过程如下：

(1)卷簧。将弹簧卷制成形，是弹簧制造过程的主要工序，卷制的方法和精度决定着弹簧的几何尺寸、性能、材料的利用率和生产效率。

(2)热处理。去应力回火处理，目的是消除金属丝冷加工和弹簧卷绕成形时所产生的内应力，有效改善冷成形弹簧的机械性能和使用特性，稳定弹簧的尺寸，提高弹簧的疲劳寿命。

(3)支承端部或端帽加工。其简称磨簧，即将弹簧的两端面进行磨削加工，目的是使弹簧能够直立、与支承座接触良好、减少弹簧发生弯曲并使载荷分布均匀。

(4)机械强化。机械强化以使弹簧材料内产生有利的残余应力，提高弹簧的承载能力。它包括强压处理和喷丸处理，强压处理可以提高弹簧材料的弹性极限，喷丸处理可以提高机械零件的疲劳寿命。

(5)防腐蚀。防腐蚀就是选择抗腐蚀的材料覆盖于弹簧表面以形成保护层，把弹簧与周围环境介质隔开，达到防腐蚀的目的。可用电镀、热喷镀等方法获得金属保护层，或利用氧化、磷化、钝化处理获得化学保护层。

第四节　自维持压电电源发电理论及数值仿真

自维持压电电源发电的理论模型，是质量块-弹簧组件的振动理论模型、压电陶瓷的机电耦合能量特性、不同自维持钹式压电结构的发电理论模型，以及电源控制电路的电能输出特性的综合。鉴于质量块-弹簧组件的振动理论模型、压电陶瓷的机电耦合能量特性在相关专著或教材中有专门论述，钹式、圆薄板和悬臂梁三种结构压电发电特性的区别仅体现在受力情况不同，故本节仅涉及自维持钹式结构发电理论，以及数值分析、有限元仿真结果，以期为自维持压电电源设计提供参考。

自维持钹式压电结构在工作时，其质量块-弹簧组件在振动过程中对一侧的钹式压电阵列施加压缩载荷的同时，将对另一侧的压电阵列施加拉伸载荷。压缩力和拉伸力的大小相等、方向相反，所以两个完全相同且对称的压电结构由于其自身正压电效应的结果，将产生相同的电荷量、电压等电参数。

一、钹式压电结构的能量特性

钹式压电结构为金属-陶瓷压电复合结构，形状为轴对称薄壳截锥形。在轴对称问题中，通常采用如图 10－16 所示的圆柱坐标系(r,θ,z)进行求解更为方便，其中圆薄板为压电层，金属端帽没有在图中显示，原点 O 位于压电层的中心处。

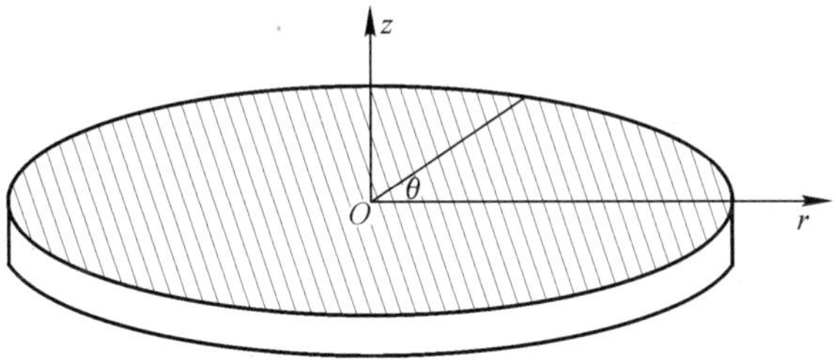

图 10－16　**圆柱坐标系示意图**

当外部激励作用在金属端帽顶部时，只存在有沿 z 方向、r 方向和 θ 方向的应力和应变，由于压电片厚度很小，因此，认为切向应力都为零，即有

$$T_z\neq 0,\quad T_r\neq 0,\quad T_\theta\neq 0,\quad S_r\neq 0,\quad S_\theta\neq 0$$

因为电极面就是压电陶瓷片的表面，所以只有沿 z 方向的电场分量，而沿 r 方向、θ 方向的电场强度分量为零，即

$$E_3\neq 0,\quad E_1=E_2=0$$

根据压电本构方程，可以得到柱坐标系下钹式压电结构的第一类压电方程式：

$$S_r=s_{11}^E T_r+s_{12}^E T_\theta+s_{13}^E T_z+d_{31}E_3 \tag{10－10a}$$

$$S_\theta=s_{11}^E T_\theta+s_{12}^E T_r+s_{13}^E T_z+d_{31}E_3 \tag{10－10b}$$

$$S_z=s_{13}^E T_r+s_{12}^E T_\theta+s_{33}^E T_z+d_{33}E_3 \tag{10－10c}$$

$$D_3=d_{31}(T_r+T_\theta)+d_{33}T_z+\varepsilon_{33}E_3 \tag{10－10d}$$

针对此问题，压电方程式(10－10)可以简化后进行近似计算。由于压电陶瓷片在 z 方向产生的应变 S_z 主要来自于轴向压力的作用，因此，径向应力对 S_z 的作用可以忽略不计。于是可将式(10－10c)简化为

$$S_z=s_{33}^E T_z+d_{33}E_3 \tag{10－10e}$$

把式(10－10a)和(10－10b)式相加，得

$$S_r+S_\theta=(s_{11}^E+s_{12}^E)(T_r+T_\theta)+2s_{13}^E T_z+2d_{31}E_3 \tag{10－10f}$$

分别将式(10－10f)中的径向应变之和与应力之和替换为压电陶瓷片径向平面内产生的合应力 $T_{r\theta}$ 与合应变 $S_{r\theta}$，其中 $T_{r\theta}=\sqrt{T_r^2+T_\theta^2}\approx\sqrt{2}\,T_r$、$S_{r\theta}=\sqrt{S_r^2+S_\theta^2}\approx\sqrt{2}\,S_r$。于是可将式(10－10f)简化为

$$S_{r\theta}\approx(s_{11}^E+s_{12}^E)T_{r\theta}+2s_{13}^E T_z+2d_{31}E_3 \tag{10－10g}$$

最终得到简化后的压电方程为

$$S_r=(s_{11}^E+s_{12}^E)T_r+\sqrt{2}\,s_{13}^E T_z+\sqrt{2}\,d_{31}E_3 \tag{10－11a}$$

$$S_z = s_{33}^E T_z + d_{33} E_3 \tag{10-11b}$$

$$D_3 = \sqrt{2} d_{31} T_r + d_{33} T_z + \varepsilon_{33} E_3 \tag{10-11c}$$

于是，可以求得柱坐标系下钹式压电结构能量密度与应力和电场的关系式：

$$\begin{aligned} dE &= \frac{1}{2}(S_r T_r + S_z T_z) + \frac{1}{2} D_3 E_3 \\ &= \frac{1}{2}(s_{11}^E + s_{12}^E) T_r^2 + \frac{1}{2} s_{33}^E T_z^2 + \frac{\sqrt{2}}{2} s_{13}^E T_r T_z + \\ &\quad \sqrt{2} d_{31} T_r E_3 + d_{33} T_z E_3 + \frac{1}{2} \varepsilon_{33} E_3^2 \end{aligned} \tag{10-12}$$

式(10－12)中前3项表示激励作用下产生的纯机械能部分，对压电结构的发电特性没有贡献，在以下求解过程中将其略去；第4、5项与外部激励直接相关，代表机械能转换成电能的耦合部分，是压电效应的能量表现形式；最后一项代表纯电能部分，是外部电场作用的结果，体现了压电结构电路特性。

二、钹式压电结构的受力分析

根据式(10－12)表示的简化后的能量密度公式，可通过对该结构进行受力分析求解 T_r 和 T_z 的表达式。钹式压电结构属于轴对称结构，将激励施加在端帽顶端，方向垂直于端帽。因为所施加激励也是轴对称的，而且结构的几何形状和激励都对称于同一固定轴，所以产生的位移、应力和应变都对称于该轴。

将钹式压电结构在任一包含对称轴的 xOz 平面内的受力情况用图10－17表示，点 O 位于压电陶瓷的中心处，x 轴指向半径方向，z 轴与对称轴重合。如图10－17(a)所示，在钹式压电结构上半部沿 xOz 面的法线方向取宽度为 dw 的体单元作为分析对象。其中压电陶瓷的厚度为 h_P，半径为 R_P，端帽的高度为 h_m，顶部半径为 R_{m1}，底部半径为 R_{m2}，端帽与压电陶瓷的夹角为 θ，其顶面受到压强 P_t 的作用，$P_t = F_t/(\pi R_{m1}^2)$，T_x 表示端帽施加给压电陶瓷的张应力。图10－17(b)为体单元在 xOz 平面内的受力分析图，F_3 为体单元顶面受到的压力，F_1 为体单元中压电层受到的向外张力。

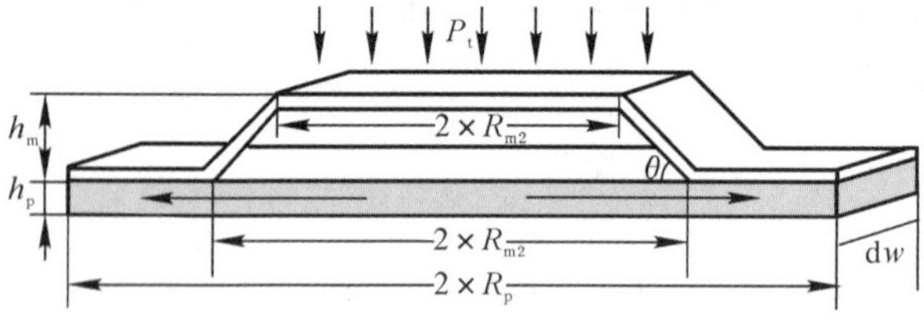

(a)

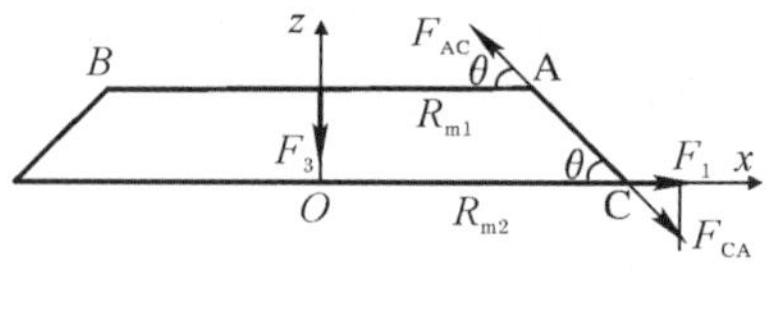

(b)

图10－17　钹式压电结构受力情况示意图

对于图10－17(b)，通过理论力学关于平面汇交力系与平面力偶系的关系，可得

$$F_3 R_{m1} + 2R_{m1} F_{AC} \sin\theta = 0 \tag{10-13a}$$

$$F_1 = F_{CA} \cos\theta \tag{10-13b}$$

因 $F_{CA} = -F_{AC}$，联立式(10－13a)和式(10－13b)，可求得

$$F_1 = \frac{F_3 \cos\theta}{2\sin\theta} = \frac{F_3 \cot\theta}{2} \tag{10-14}$$

联合图 10－17(a)(b)，可以得出

$$F_3=2P_t\,\mathrm{d}wR_{m1} \tag{10-15a}$$

$$F_1=2T_x\,\mathrm{d}wh_P \tag{10-15b}$$

结合式(10－10a)和式(10－10b)，有

$$T_x=\frac{P_tR_{m1}F_1}{F_3h_P}=\frac{P_tR_{m1}\cot\theta}{2h_P} \tag{10-16}$$

可知整个钹式压电结构中金属端面对压电陶瓷造成的张力 F_r 为

$$F_r=2\pi R_{m2}h_PT_x=\pi R_{m2}P_tR_{m1}\cot\theta \tag{10-17}$$

于是可得压电陶瓷在 r 处产生的张应力为

$$T_r=\frac{F_r}{2\pi rh_P}=\frac{R_{m2}P_tR_{m1}\cot\theta}{2rh_P}=\frac{R_{m2}F_t\cot\theta}{2\pi rh_pR_{m1}},\quad r\leqslant R_{m2} \tag{10-18}$$

式中：r 为压电层上任意一点到轴心的距离。由于端帽与压电层固粘在一起，所以当 $r>R_{m2}$ 时，T_r 为零。

压电陶瓷在激励作用下产生的 z 向应力为

$$T_z=P_t\frac{A_m}{A_{mp}}=\frac{F_t}{\pi(R_P^2-R_{m2}^2)} \tag{10-19}$$

式中：A_m 为金属端面顶部面积；A_{mp} 为端帽与压电陶瓷黏接处的面积。

将式(10－18)、式(10－19)代入式(10－12)，得到以激励与电场为自变量的能量密度表达式：

$$\mathrm{d}E=\frac{\sqrt{2}d_{31}R_{m2}F_tE_3\cot\theta}{2\pi rh_pR_{m1}}+\frac{d_{33}F_tE_3}{\pi(R_P^2-R_{m2}^2)}+\frac{1}{2}\varepsilon_{33}E_3^2 \tag{10-20}$$

压电结构产生的总能量可以利用其在机电耦合过程中产生的能量密度对整体结构进行体积分获得。将能量密度进行体积分，得

$$\begin{aligned}E&=\int_0^{R_P}\int_0^{2\pi}\int_{-\frac{h_p}{2}}^{\frac{h_p}{2}}\mathrm{d}Er\,\mathrm{d}r\,\mathrm{d}\theta\,\mathrm{d}z\\&=\frac{\sqrt{2}d_{31}R_{m2}^2F_tE_3\cot\theta}{R_{m1}}+\frac{d_{33}R_p^2h_pF_tE_3}{R_P^2-R_{m2}^2}+\frac{1}{2}\varepsilon_{33}\pi R_P^2h_PE_3^2\end{aligned} \tag{10-21}$$

因此，由 n 层钹式单体结构组成的压电阵列产生的总能量为

$$E_{total}=nE=\frac{\sqrt{2}nd_{31}R_p^2F_tE_3\cot\theta}{R_{m1}}+\frac{nd_{33}R_{m2}^2h_pF_tE_3}{(R_P^2-R_{m2}^2)}+\frac{n}{2}\varepsilon_{33}\pi R_p^2h_pE_3^2 \tag{10-22}$$

因为电能等于电荷和电压的积，公式表示为 $E_U=QU$，当定义 E_U 为钹式压电阵列产生电能时，Q 和 U 分别代表压电阵列对外部电路呈现出的总电荷和总电压。压电阵列各层串联连接时，其总电荷与各单体结构的电荷相等，可将总能 E_{total} 公式变化成以 Q 为自变量的表达式，再通过 E_{total} 对 Q 求偏微分的方法得到产生的总电压 U；压电阵列各层并联连接时，其总电压与各单体结构的电压相等，可将 E_{total} 公式变换成以 U 为自变量的表达式，然后通过 E_{total} 对 U 求偏微分的方法得到产生的总电荷 Q。由于采用并联结构，因此，下面仅对采用并联连接方式的自维持钹式压电结构的发电理论模型进行研究。

三、自维持钹式压电结构的发电特性

并联钹式压电阵列由若干组压电叠堆构成，如图 10－18 所示，当压电叠堆每层结构在电气上并联连接时，有如下关系：

$$U=U_1=U_2=\cdots=U_n$$

$$Q=Q_1+Q_2+\cdots+Q_n$$

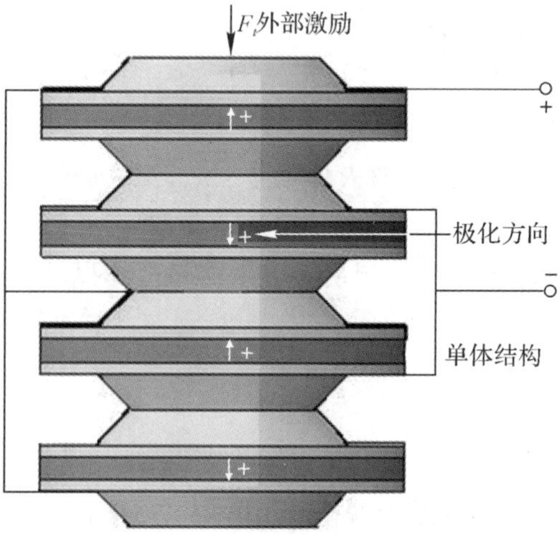

图 10－18　并联钹式压电叠堆示意图

压电叠堆两端表面涂覆有金属电极层，则两电极面之间的压电介质部分可等效为电容。于是得到并联模式下 E_3 的表达式 $E_3=U_i/h_{\mathrm{P}}=U/h_{\mathrm{P}}$。将它代入式(10－12)中得到以外部激励 F_t 和总电压 U 为自变量的并联钹式压电阵列总能量表达式：

$$E_{\mathrm{total}}=\frac{\sqrt{2}nd_{31}R_{\mathrm{m2}}^2F_{\mathrm{t}}\cot\theta}{R_{\mathrm{m1}}h_{\mathrm{P}}}U+\frac{nd_{33}R_{\mathrm{P}}^2F_{\mathrm{t}}}{R_{\mathrm{P}}^2-R_{\mathrm{m2}}^2}U+\frac{n\varepsilon_{33}\pi R_{\mathrm{P}}^2}{2h_{\mathrm{P}}}U^2 \tag{10-23}$$

式(10－23)对 U 求偏导得到产生的总电荷如下：

$$Q=\frac{\partial E_{\mathrm{total}}}{\partial U}=\frac{\sqrt{2}nd_{31}R_{\mathrm{m2}}^2F_{\mathrm{t}}\cot\theta}{R_{\mathrm{m1}}h_{\mathrm{P}}}+\frac{nd_{33}R_{\mathrm{p}}^2F_{\mathrm{t}}}{R_{\mathrm{P}}^2-R_{\mathrm{m2}}^2}+\frac{n\varepsilon_{33}\pi R_{\mathrm{P}}^2}{h_{\mathrm{P}}}U \tag{10-24}$$

式(10－24)中第一项为钹式压电阵列由于压电效应而产生的电荷，将 $\cot\theta=(R_{\mathrm{m2}}-R_{\mathrm{m1}})/h_{\mathrm{m}}$ 代入其中，将激励源 F_t 用振动理论模型中的表达式(10－21)替代，便获得自维持钹式压电结构在内部质量块-弹簧组件的振动驱动下产生的电荷：

$$Q_F=\frac{nma}{2}\left[\frac{\sqrt{2}d_{31}R_{\mathrm{m2}}^2(R_{\mathrm{m2}}-R_{\mathrm{m1}})}{R_{\mathrm{m1}}h_{\mathrm{m}}h_{\mathrm{P}}}+\frac{d_{33}R_{\mathrm{P}}^2}{R_{\mathrm{P}}^2-R_{\mathrm{m2}}^2}\right]\mathrm{e}^{-\xi\omega_0 t}\cos\omega_d t_t \tag{10-25}$$

由式(10.24)的第 3 项，得并联压电阵列等效电容：

$$C_{\mathrm{P}}=Q/U=\frac{n\varepsilon_{33}\pi R_{\mathrm{P}}^2}{h_{\mathrm{P}}} \tag{10-26}$$

式(10－26)与基于电容定义推导的电容表达式一致，由此也证明了通过本节方法推导过程的正确性。同时，可求得自维持钹式压电结构所产生的电压为

$$U_{\mathrm{F}}=Q_{\mathrm{F}}/C_{\mathrm{P}}=\frac{ma}{2}\left[\frac{\sqrt{2}d_{31}R_{\mathrm{m2}}^2(R_{\mathrm{m2}}-R_{\mathrm{m1}})}{\varepsilon_{33}\pi R_{\mathrm{P}}^2R_{\mathrm{m1}}h_{\mathrm{m}}}+\frac{d_{33}h_{\mathrm{P}}}{\varepsilon_{33}\pi(R_{\mathrm{P}}^2-R_{\mathrm{m2}}^2)}\right]\mathrm{e}^{-\xi\omega_0 t}\cos\omega_{\mathrm{d}}t \tag{10-27}$$

最终得到自维持钹式压电结构在机电耦合过程中产生的电能

$$E_{F}=Q_{F}U_{F}=\frac{nm^{2}a^{2}}{4}\left[\frac{\sqrt{2}d_{31}R_{p}^{2}(R_{m2}-R_{m1})}{R_{m1}h_{m}h_{P}}+\frac{d_{33}R_{p}^{2}}{R_{P}^{2}-R_{m2}^{2}}\right]$$
$$\left[\frac{\sqrt{2}d_{31}(R_{m2}-R_{m1})}{\varepsilon_{33}\pi R_{m1}h_{m}}+\frac{d_{33}h_{p}}{\varepsilon_{33}\pi(R_{P}^{2}-R_{m2}^{2})}\right]e^{-2\xi\omega_{0}t}\cos^{2}\omega_{d}t \tag{10-28}$$

从以上建立的发电理论模型中可见，自维持钹式压电结构在结合了质量块-弹簧组件的作用下，其产生的电荷、电压与电能等电参数都是呈衰减周期性的，且与质量块-弹簧组件振动位移波形的规律相似。与传统的脉冲式压电结构相比，它在很大程度上提高了机电转换效率，并延长了发电时间。自维持压电结构的发电特性不仅与压电结构各参数有关，而且与质量块-弹簧组件相关参数紧密联系。

四、电源控制电路的电能输出

将自维持压电结构的发电理论模型分别等效为如图 10－19 虚线方框内所示的等效电路，即将压电结构在机-电耦合过程中产生的交变电荷与其自身的等效电容相互并联，然后连接至电源控制电路的输入端。可见，自维持压电结构等效电路相当于一个周期性的交变电流源，经过整流器转化为直流电，并向储能电容充电，然后由储能电容向负载供电(当通过 DC/DC 转换器间接向负载供电时，将 DC/DC 转换器也视为负载电路)。下面利用电路分析知识推导出自维持压电电源最终输出的电参数模型，通过此模型能够得到负载两端的供电电压、电流和功率的表达式。

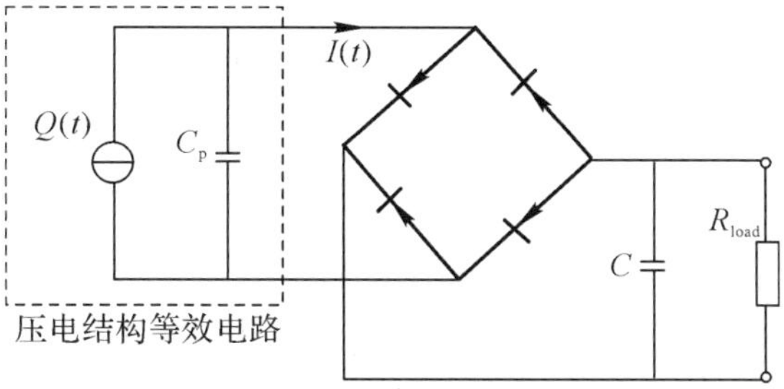

图 10－19　自维持压电结构等效电路图

根据压电学基础理论中关于压电结构在压电效应下的电学特性等效电路相关知识，可以将自维持压电结构的发电模型表示为电荷等效电路。其中，$Q(t)$为压电结构的等效电荷源，C_{P} 为压电结构的等效电容，C 为储能电容，R_{load} 为外部负载的等效电阻，V_{P} 为等效电容两端的电压。由于压电结构的绝缘电阻相对外部负载较大，因此，可将其忽略不计。结合等效电路图，由电路分流原理，可得

$$I(t)=\frac{dQ}{dt}-C_{p}\frac{dV_{P}}{dt} \tag{10-29}$$

发电理论模型表明，开路状态下自维持压电结构产生的电压、电荷波形与质量块-弹簧组件的振动位移波形相类似，都属于频率和相位相同，仅是幅值不同的余弦曲线，如图 10－20 所示。

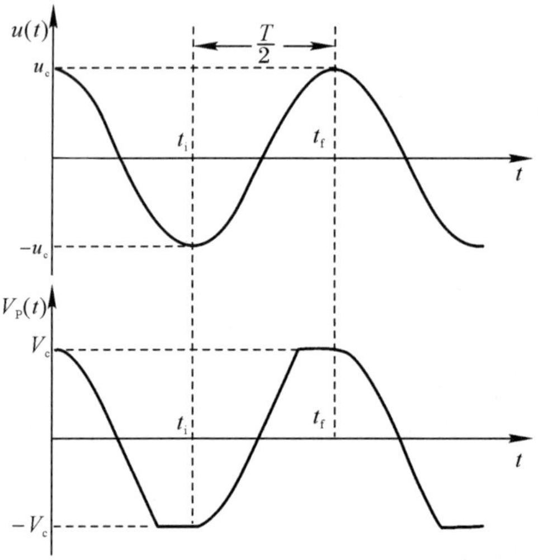

图 10-20　压电结构的振动位移曲线及输出电压波形

当把自维持压电结构接入电源控制电路中时，整流器与储能电容器构成的整流滤波（AC/DC）电路将交流电转变为直流电，通常选择储能电容器 C 远大于 C_P，则当 AC/DC 电路进入稳定输出直流电的状态时，储能电容器上的电压将保持不变，假设该电压值为 V_C。于是只有当自维持压电结构两端电压 V_P 的绝对值大于储能电容器两端的电压 V_C 时，整流器才能够处于导通状态，此时有关系式 $|V_P|=V_C$，而当 $|V_P|<V_C$ 时，整流器将重新回到阻止状态。由此可以得出自维持压电结构两端电压 $V_P(t)$ 与质量块-弹簧组件振动位移 $u(t)$ 的变化波形曲线，如图 10-19 所示，下面根据此波形图推导 V_C 的表达式。

相邻波谷与波峰对应的时间间隔为半个周期，即 $t_f-t_i=T/2$，$T=2\pi/\omega_d$，且可得

$$\int_{t_i}^{t_f} \mathrm{d}V_P(t)=V_C-(-V_C)=2V_C \tag{10-30}$$

$$\int_{t_i}^{t_f} \mathrm{d}Q(t)=Q_m-(-Q_m)=2Q_m \tag{10-31}$$

式中：$Q_m=C_PV_m$，为自维持压电结构产生的电荷幅值；V_m 为产生的电压幅值。

由以上可得出下式，并将式（10-30）与式（10-31）代入，得

$$\int_{t_i}^{t_f} I(t)\mathrm{d}t=\int_{t_i}^{t_f}\left(\frac{\mathrm{d}Q}{\mathrm{d}t}-C_P\frac{\mathrm{d}V_P}{\mathrm{d}t}\right)\mathrm{d}t=2Q_m-2C_PV_C \tag{10-32}$$

因经整流之后通过储能电容器的平均电流为零，故有

$$\int_{t_i}^{t_f} I(t)\mathrm{d}t=\frac{T}{2}\frac{V_C}{R_{\text{load}}}=\frac{\pi}{\omega_d}\frac{V_C}{R_{\text{load}}} \tag{10-33}$$

联合式（10-32）与式（10-33），可得到经电源控制电路整流滤波后输出的直流电压

$$V_C=\frac{2Q_m\omega_dR_{\text{load}}}{2\omega_dC_PR_{\text{load}}+\pi}=\frac{2\omega_dC_PV_mR_{\text{load}}}{2\omega_dC_PR_{\text{load}}+\pi} \tag{10-34}$$

同时也可以得到 AC/DC 电路的输出功率为

$$P=\frac{V_C^2}{R}=\frac{4\omega_d^2C_P^2V_m^2R_{\text{load}}}{(2\omega_dC_PR_{\text{load}}+\pi)^2} \tag{10-35}$$

对式（10-35）进行求偏导，得 $\partial P/\partial R=0$，可得最佳负载电阻的大小为

$$R_{opt}=\pi/2\omega_d C_P \tag{10-36}$$

把式(10－36)代入式(10－34)与式(10－35)，可分别求得经整流滤波后最佳负载对应的最大输出直流电压和最大输出功率：

$$V_{C,max}=\frac{1}{2}V_m \tag{10-37}$$

$$P_{max}=\frac{V_{C,max}^2}{R_{opt}}=\frac{C_P\omega_d}{2\pi}V_m^2 \tag{10-38}$$

从以上分析可知，自维持压电结构产生的交流电经过电源控制电路整流滤波后输出稳定的直流电压。此时，储能电容器相当于一个直流电压源，其输出的电压大小 V_C 与自维持压电结构产生的电压幅值 V_m 成一定比例关系，且在最佳负载 R_{opt} 时达到最大值(为 V_m 的一半)，输出功率也最大。它向负载电路进行供电，为了满足引信电子电路的工作需求，需在储能电容器后面接入降压型DC/DC转换器以将较高电压、小电流的直流电源转换为较低电压、较大电流的供电电源。同时在进行电路设计时，应将DC/DC转换器与后续的工作电路共同视为负载电路，并通过电路调整使整个负载电路的等效电阻满足上述最佳负载条件，以最大化提高自维持压电电源的输出功率。

五、数值分析与建模仿真

在理论分析基础上，通过数值分析软件和有限元建模仿真，以期为优化结构设计和材料选择提供指导和参考。

自维持压电结构的发电特性不仅与压电结构各个尺寸参数有关，而且与质量块-弹簧组件相关参数紧密联系。采用MATLAB软件进行数值分析和ANSYS进行有限元仿真分析中，选择PZT－5H作为钹式压电结构中压电层的制作材料，仿真中钹式压电结构的相关性能参数取值见表10－3。

表10－3　钹式压电结构性能参数表

尺寸参数		材料参数	
压电陶瓷半径 R_P/m	$3\times10^{-3}\sim6\times10^{-3}$	压电常数 d_{33}/(C·N^{-1})	593×10^{-12}
压电陶瓷厚度 t_p/m	$0.1\times10^{-3}\sim3\times10^{-3}$	压电常数 d_{31}/(C·N^{-1})	274×10^{-12}
端帽厚度 t_m/m	$0.5\times10^{-3}\sim3\times10^{-3}$	弹性柔性系数 s_{33}^E/(m^2·N^{-1})	1.38×10^{-9}
端帽顶部半径 R_{m1}/m	$1\times10^{-3}\sim4\times10^{-3}$	介电常数 ε_{33}	3.94×10^{-8}
端帽底部半径 R_{m2}/m	$1\times10^{-3}\sim4\times10^{-3}$	密度 ρ/(kg·m^{-3})	7.39×10^3
结构层数 n	1～100	机电耦合系数 K_{31}	0.39

由于自维持钹式压电结构是在冲击力的驱动作用下完成冲击能-振动能-电能的转化，为模拟弹丸发射时的真实受力情况，将该冲击力取为弹丸发射时产生的后坐力，其是由后坐加速度 a 乘质量块-弹簧组件的等效质量 m 得到的。设定该等效质量为 $m=4$ g，取此值的原因是初步研究发现，在规定尺寸范围内(受引信内部空间限制)选定制备材料加工成的样品质量为4 g左右，并假设其承受的后坐加速度为 $a=3\ 000g$，重力加速度值取 $g=10$ m/s^2。为观察自维持压电结构发电性能随激励源(即质量块-弹簧组件)的影响规律，设定弹簧的自由振动频率为

$f_k=500$ Hz，相应得到其阻尼振动频率为 $f_d=f_k\sqrt{1-c^2/4m^2\omega_0{}^2}=493$ Hz，则根据弹簧的频率计算公式，可换算得到质量块-弹簧组件的等效刚度系数约为 $k=4\times10^4$ N/m，同时设定质量块-弹簧组件的等效阻尼为 $c=0.2$。

数值仿真和有限元仿真的结果基本吻合，相关参数对自维持钹式压电结构发电能力的影响规律如下：

(1)振动系统的阻尼作用使得自维持钹式压电结构产生的电压与质量块-弹簧组件的振荡波形同步，电压幅值随时间缓慢衰减；增大质量块 m 及后坐加速度 a 并减少阻尼 c，能够提高输出电能。

(2)在给定的尺寸参数范围内，减少端帽顶部半径 R_{m1}、压电陶瓷半径 R_P、压电陶瓷厚度 t_P 与端帽厚度 t_m，增大端帽底部半径 R_{m2} 与结构层数 n，可提高自维持钹式压电结构的发电能力(即提高其产生的电能)。

(3)单体钹式压电结构能够产生毫焦量级的电能，若采用多层并联钹式压电阵列结构作为自维持压电电源的发电元件，则能够满足一般引信电路的供电需求。

参考文献

[1] 林登,雷迪. 电池手册:第 3 版[M]. 汪继强,等译. 北京:化学工业出版社,2007.

[2] 沈卫东. 军事特种电源[D]. 重庆:中国人民解放军重庆通信学院,2006.

[3] 黎晖. 引信用压电陶瓷电源的设计及其发电理论的研究[D]. 石家庄:中国人民解放军军械工程学院,2013.

[4] 刘飘楚. 引信电源系统分析与关键技术研究[D]. 北京:北京理工大学,2003.

[5] PAGE C H,ASTIN A V. Survey of proximity fuze development[J]. Am J Phys,1947,15(2):95-110.

[6] YOON S H,SON J T,OH J S. Miniaturized g-and spin-activated Pb/HBF_4/PbO_2 reserve batteries as power sources for electronic fuzes[J]. J Power Sources,2006,162(2):1421-1430.

[7] 雷军命. 耐高过载、耐高弹速涡轮发电机研究[D]. 西安:西安电子科技大学,2010.

[8] 赵广波,徐莹,汴纪庆,等. 热电池技术进展及在引信中的应用[J]. 探测与控制学报,2008,30(6):64-68.

[9] 王莹澈,李要民,李仁杰,等. 微电源发展及其在引信中的应用展望[J]. 探测与控制学报,2012,34(3):1-7.

[10] 陈东林,徐立新,赵广波. 引信物理电源技术进展及应用现状[J]. 探测与控制学报,2009,31(增刊 1):62-65.

[11] 王炜,刘更,韩冰,等. 引信贮液瓶冲击特性研究[J]. 机械科学与技术,2007,26(8):1090-1092.

[12] 马素杰. 锂储备电池现状与发展探讨[J]. 制导与引信,2008,29(4):27-31.

[13] 王莹澈,田昱,朱雅鹏. 铅酸储备电池在非旋转弹引信上的应用探索[J]. 探测与控制学报,2008,30(5):52-56.

[14] 马素杰. 无线电引信用锂储备电池[J]. 探测与控制学报,2008,30(5):57-59.

[15] 康峰,马素杰,马群峰. 储备式锂电池在高过载下的特性研究[J]. 探测与控制学报,2007,29(5):39-43.

[16] YOON S H,OH J S,LEE Y H,et al. Miniaturized inertia generators as power supplies for small-caliber fuzes[J]. IEEE Trans Magn,2005,41(7):2300 - 2306.

[17] 郭军献,李松福,王红丽,等. 火箭发动机气压驱动的直线发电机[J]. 探测与控制学报,2011,33(1):51 - 55.

[18] 王丽红,马旭辉,郭军献. 基于气动热的引信磁流体发电[J]. 探测与控制学报,2011,33(6):38 - 41.

[19] 吴涛,吴炎烜,范宁军. 基于相对旋转的子弹药引信基座式发电机[J]. 探测与控制学报,2014,36(5):14 - 17.